한국수산지 Ⅰ-1

부경대학교 인문한국플러스사업단 해역인문학 아카이브자료총서 01

한국수산지 Ⅰ - 1

농상공부 수산국 편찬
이근우 · 서경순 옮김

발간사

부경대학교 '인문사회과학연구소'와 '해양인문학연구소'는 해양수산 인재 양성과 연구 중심인 대학의 오랜 전통을 기반으로 연구 역량을 키워 왔습니다. 대학이 위치한 부산이 가진 해양도시 인프라를 바탕으로 바다에 삶의 근거를 둔 해역민들의 삶과 그들이 엮어내는 사회의 역동성에 대한 연구를 꾸준히 해 왔습니다.

오랫동안 인간은 육지를 근거지로 살아온 탓에 바다의 중요성에 대해 간과한 부분이 없지 않습니다. 육지를 중심으로 연근해에서의 어업활동과 교역이 이루어지다가 원양을 가로질러 항해하게 되면서 바다는 비로소 연구의 대상이 되었습니다. 그래서 현재까지 바다에 대한 연구는 주로 조선, 해운, 항만과 같은 과학기술이나 해양산업 분야의 몫이었습니다. 하지만 수 세기 전부터 인간이 육지만큼이나 빈번히 바다를 건너 이동하게 되면서 바다는 육상의 실크로드처럼 지구적 규모의 '바닷길 네트워크'를 형성하게 되었습니다. 이 바닷길 네트워크인 해상실크로드를 따라 사람, 물자뿐만 아니라 사상, 종교, 정보, 동식물, 심지어 바이러스까지 교환되게 되었습니다.

바다와 인간의 관계를 인문학적으로 접근하여 성과를 내는 학문은 아직 완성 단계는 아니지만, 근대 이후 바다의 강력한 적이 바로 우리 인간인 지금, '바다 인문학'을 수립해야 할 시점이라고 생각합니다. 바다 인문학은 '해양문화'를 탐구하는 차원을 포함하면서도 현실적인 인문학적 문제에서 출발해야 합니다.

한반도 주변의 바다를 둘러싼 동북아 국제관계에서부터 국가, 사회, 개인 일상의 각 층위에서 심화되고 있는 갈등과 모순들이 우후죽순처럼 생겨나고 있습니다. 근대 이후 본격화된 바닷길 네트워크는 이질적 성격의 인간 집단과 문화의 접촉, 갈등, 교섭의 길이 되었고, 동양과 서양, 내셔널과 트랜스내셔널, 중앙과 지방의 대립

등이 해역(海域) 세계를 중심으로 발생하는 장이 되었기 때문입니다. 해역 내에서 각 집단이 자국의 이익을 위해 교류하면서 생성하는 사회문화의 양상과 변용을 해역의 역사라 할 수 있으며, 그 과정의 축적이 현재의 모습으로 축적되어 가고 있습니다.

따라서 해역의 관점에서 동북아를 고찰한다는 것은 동북아 현상의 역사적 과정을 규명하고, 접촉과 교섭의 경험을 발굴, 분석하여 갈등의 해결 방식을 모색하여, 향후 우리가 나아가야 할 방향을 제시해주는 방법이 우선 될 것입니다. 물론 이것은 해양 문화의 특징을 '개방성, 외향성, 교류성, 공존성 등'으로 보고 이를 인문학적 자산으로 확장하고자 하는 근본적인 과제를 수행하는 일이기도 합니다. 본 사업단은 해역과 육역의 결절 지점이며 동시에 동북아 지역 갈등의 현장이기도 한 바다를 연구의 대상으로 삼아 현재의 갈등과 대립을 해소하는 방안을 강구하고, 한 걸음 더 나아가 바다와 인간의 관계를 새롭게 규정하는 '해역인문학'을 정립하기 위해 노력하고 있습니다.

부경대 인문한국플러스사업단은 바다로 둘러싸인 육역(陸域)들의 느슨한 이음을 해역으로 상정하고, 황해와 동해, 동중국해가 모여 태평양과 이어지는 지점을 중심으로 동북아해역의 역사적 형성 과정과 그 의의를 모색하는 "동북아해역과 인문네트워크의 역동성 연구"를 수행하고 있습니다. 이를 통해 우리는 첫째, 육역의 개별 국가 단위로 논의되어 온 세계를 해역이라는 관점에서 다르게 사유하고 구상할 수 있는 학문적 방법과 둘째, 동북아 현상의 역사적 맥락과 그 과정에서 축적된 경험을 발판으로 현재의 문제를 해결하고 향후의 방향성을 제시하는 실천적 논의를 도출하고자 합니다.

부경대학교 인문한국플러스사업단이 추구하는 '해역인문학'은 새로운 학문을 창안하는 일이기 때문에 보이지 않는 길을 더듬어 가며 새로운 길을 만들어가고 있습니다. 2018년부터 간행된 '해역인문학' 총서 시리즈는 이와 관련된 연구성과를 집약해서 보여주고 있으며, 또 이 총서의 권수가 늘어가면서 '해역인문학'의 모습을 조금씩 드러내고 있습니다. 향후 지속적으로 출판할 '해역인문학총서'가 인문학의 발전에 기여할 수 있는 노둣돌이 되기를 희망하면서 독자들의 많은 격려와 질정을 기대합니다.

부경대 인문한국플러스사업단 단장 김창경

■ 목차

제1편 지리

제2편 수산일반

서문

수산(水産)은 물에서 산출되는 것인데, 산출이 무한한 것이 물이 무한함과 같다. 과거에 나라의 부를 이야기할 때 먼저 강과 못의 이익을 들었는데, 강과 못의 이익이 이와 같으니, 하물며 천 배 만 배나 큰 바다야 더 말할 나위가 있겠는가. 해산물[海錯]을 산출함에 있어서 거두어들이는 수고로움은 아주 적으나 거래하고 판매하는 이익은 아주 크다. 이러한 까닭에 나라를 부유하게 만드는 무진장의 보고가 되는 것이다. 우리나라는 삼면이 바다에 면하여 있고 육지에도 산에도 물이 많아서, 해산물의 이익이 다른 나라에 뒤지지 않는다. 참으로 물에서 나는 산물이 사람의 생업을 도우니, 이를 개발하고 권장한다면 크게는 전국의 큰 재원이 될 것이고 작게는 한 사람의 생업을 유지하는 방도가 될 수 있다. 농상공부(農商工部)가 수산국(水産局)을 설치하였으니, 수산국이 힘써야 할 바가 바로 여기에 있다. 이에 통감부(統監府) 및 조선해수산조합(朝鮮海水産組合)과 더불어 서로 협력하기를 꾀하여 각도의 수산조사법을 시행하고, 편집하여 조사지를 만들고, 출판하여 간행하였다. 수산업에 있어서 경영의 지침이 되고 지도하는 기준이 될 것이다. 재능이 없고 부족한 농부가 이 책을 보니, 전국 재원의 이익과 국민에게 생업을 줄 수 있는 복이 밝혀져 있다. 또한 수산국에 종사하는 기술자와 조사 · 편집자들이 한마음으로 힘쓴 것을 치하하는 바이다. 본지를 인쇄 출간함에 있어서 내 글솜씨의 부족함을 헤아리지 않고, 대강을 약술하여 여러 권의 머리에 대신하고자 한다. 널리 나라를 부강하게 하고 백성을 복되게 하려는 뜻을 함께 가진 사람들에게 알리고자 한다.

융희(隆熙) 2년 12월 종1품(從一品) 훈1등(勳一等)
농상공부 대신 조중응(趙重應)

서문

장백의 산맥이 길게 뻗어 멀리 남쪽으로 달려 반도의 등뼈를 이루고, 큰 강들이 원천을 여기에서 발하여 동서로 나누어 흐르며, 해안선은 아득하여 6천 해리에 이르며, 무수한 섬들이 잔잔한 파도 사이에 별처럼 흩어져 있으며, 물고기가 풍부하고 조개와 해조가 풍요로워 다 쓸 수가 없을 정도이다. 아울러 캄차카와 오호츠크해에서 남하하는 한류와 필리핀 · 대만 · 팽호도에서 북상하는 난류가 대한해협에서 만나므로, 다양한 어족들이 떼로 모여들어 1년 내내 어기가 끊어지지 않는다고 한다. 한반도의 수산은 참으로 하늘의 은총을 누렸다고 할 수 있다. 더욱이 어업과 제염의 이익을 다 거두어들이지 못하였고 어로의 기술도 아직 발달하지 못하여, 다만 하늘이 준 것을 폭진(暴殄)하는 듯하니 어찌 유감이 아니겠는가. 이는 연해의 백성들이 구차하게 편안함만을 바라며 수산을 이용하는 법을 깨닫지 못한 데 비롯된 것이기도 하지만, 또한 위정자가 장려 · 계발하여 그 방도를 얻지 못한 것에 기인하는 것이라고 하지 않을 수 없다. 우리 농상공부는 이를 개탄하여 지도하는 도구[筌蹄]로 삼기 위하여, 수산국 직원으로 하여금 두루 13도의 연안 도서 및 하천에 대하여 수산에 관한 실상을 조사하게 하고, 이사청(理事廳) 및 수산조합 소속 기술원과 협력하여 직접 보고 발로 확인한 지 1년여 만에 수집한 재료의 개요를 채록하고, 이름을 붙이기를 『한국수산지(韓國水産誌)』라고 하였다. 바라건대 일한(日韓) 어민들에게 도움[檝筏]이 되었으면 한다. 만약 이 책이 나중에 황량한 섬 그늘에서 고기를 잡는 노래 소리가 들리고 적막한 바다 모퉁이에 오두막집[蜑戶]이 이어져 활발하게 천혜를 이용하는 날을 볼 수 있다면, 본부가 지도하는 취지가 여기에 있을 것이다. 덧붙여 이 책을 편찬하는 작은 뜻이 이에 이른다면 곧 오로지 한반도의 복이라고 할 것이다.

무신(戊申) 12월

통감부 참여관

농상공부 차관　기우치 쥬시로[木內重四郞]

서문

우리나라는 삼면이 바다로 둘러싸이고 하천이 끝없이 이어져 수산의 이익으로 나라의 부(富)를 증진시킬 수 있다. 그러나 종래에는 오로지 포기하여 이용하는 방법을 알지 못하였으니, 일찍이 견식이 있는 사람들이 애석히 여기는 바였다. 올해 봄 우리 농상공부와 통감부가 협의하기를, 인원을 파견하여 각 강과 바다를 두루 살펴보고자 하였다. 수산과장 이하라 분이치[庵原文一]군이 이 일의 책임을 맡아 열심히 처리하였다. 거의 1년 동안 조사실적을 수집하고 요원(僚員)들을 독려하여 이 책을 편집하였다. 지리(地理)·어류(魚類)·어구(漁具)·어기(漁期)·어법(漁法)·양식(養殖)·판매(販賣)·저장(貯藏) 등을 망라하여 실으니 부족함이 없는 듯하다. 이로 말미암아 사무를 담당하는 자와 어업을 하는 자들이 모두 의거할 바를 얻었으니, 각각 그 힘이 닿는 대로 노력한다면 생업이 진흥되고 재원이 확대될 것이다. 따라서 그 도움되는 바가 무릇 적지 않을 것이다. 나는 능력이 부족하여 수산국의 업무에 아무런 도움이 되지 않아 일찍이 관여하지 않았다. 이제 책이 완성되기에 이르렀으니 이하라 군과 종사한 사람들이 마음과 힘을 들인 것을 깊이 감사하고, 또한 이 책을 통하여 양국 어민이 화목하게 어업을 영위하여 어업의 이익이 발전할 것을 기원하는 바이다.

융희 2년 12월

농상공부 수산국장 정진홍(鄭鎭弘)

본서의 유래

일본국 해안선의 총길이는 약 8,000해리이며 그 수산액(水産額)은 무릇 1억만 원(圓)을 웃돈다. 한국 해안선의 총길이는 약 6,000해리이지만 수산액은 600~700만원에 불과하다. 곧 비슷한 길이의 해안선을 가지고 있는데도, 그 산출액을 비교하면 후자는 전자의 1/10에 미치지 못하는 상황이다. 게다가 한국의 연해는 무릇 한 · 난류 두 해류가 분기되는 곳이며, 이곳에 서식하는 어종은 계절 따라 회유 · 왕래하는 바가 대단히 많다. 토착 어패류 및 수조류와 함께 어업경영에는 가장 적합한 지세를 가지고 있다. 특히 바다에는 크고 작은 섬들이 바둑알이 흩어져 있는 것처럼 자리 잡고 있어, 이들 어종들이 모여 서식하게 하니 어업하기에 한층 편의를 얻을 수 있다. 따라서 어장으로서의 가치는 일본의 연해와 비교하면 오히려 뛰어나다고 할 수 있으며 결코 뒤떨어지지는 않는다고 믿는다. 그런데 종래의 생산액은 앞서 말한 바와 같이 대단히 적다. 사업이 부진한 까닭은 여러 가지가 있겠지만, 주로 개발 · 이용 방법을 알지 못하기 때문이다. 또한 행정상의 보호와 장려를 소홀히 한 것도 원인이라고 할 것이다. 그렇다면 아직 알지 못하는 것을 드러내고 얻을 수 있는 이익을 보여서 권유하고 장려하는 것은, 국가의 이익을 꾀하고 백성의 행복을 도모할 수 있는 가장 좋은 방법이 될 것이다. 그래서 융희 원년의 관제 개혁에 즈음하여 새롭게 수산국을 농상공부 내에 설치한 것도 또한 이에 기인하는 것이다. 나는 당시 수산국에 있으면서 이러한 여러 가지 사무를 처리하는 임무를 띠고 노심초사하여 얼마간의 계획을 세웠으나, 원래 재주가 없고 식견이 얕은 데다가 종래 이 분야의 실상을 밝혀주는 자료가 없어서 대부분 억측으로 시행할 수밖에 없는 상황이었다. 무릇 행정의 근본은 먼저 실정(實情)을 분명히 하고 그 시대에 맞추어 현재와 미래의 계획을 세워야 한다. 이 분야를 권유 · 장려할 필요가 생겨서 이를 본부에 제의하고 또한 통감부 및 탁지부와 교섭하였더니 다행히도 허락해주셨다. 명치 40년도에는 통감부가 소속 기술자의 여비 약간을 지출해주었고 또한 융희 2년도, 3년도에는 본부 임시수산조사비로 많은 경비를 지급해 주기에 이르렀다. 이에 조사 항목 및 순서를 갖추어 전국 연해 및 하천의 조사에 착수할 기회를 얻었다.

조사 방법은 전국을 나누어 14구로 하고 각 구역마다 담당 조사원을 두었다. 한편 특히 하천어업 및 염업조사원 몇 사람을 두어 조사하도록 하였고 편집원을 고용하여 이를 편찬하게 하였다. 나는 이를 총괄하고 그에 대한 사무를 처리하는 일을 맡았다. 올해 2월부터 11월까지 약 10개월간 각 도의 조사를 마쳤다. 이에 본서 제1집의 간행을 볼 수 있었다. 또한 다음 해에 별도의 항목에 의거하여 제2집 및 제3집을 간행하고자 한다. 아래에 이 일에 종사한 인원 및 담당사항을 밝혀둔다.

조사 및 편집총무	농상공부 기사 수산과장	庵原文一
염업조사 감사(제1집)	농상공부 기사 염무과장	塚本道遠
동 조사(동)	농상공부 기수	平井義人
편집주임	농상공부 편집사무 촉탁	熊田幹之介
동 보조	농상공부 기수/통감부 기수	吉崎建太郎
동	동	池內猪三郎
동	농상공부 기수	遠山龜三郎

조사원(구역 순서에 의함)

제1구	평안북도 및 부속 도서	농상공부 기수	池內猪三郎
제2구	평안남도 및 황해도 북서부	조선해수산조합 기수	樋口律太郎
제3구	황해도(북서부 제외) 및 부속도서	동조합 기수	松生猪三男
			正林英雄
제4구	경기도 및 부속도서	통감부 기수	下村省三
제5구	충청남도 및 부속도서	조선해수산조합 기수	高妻政治
		통감부 기수	大野潮
제6구	전라북도 및 부속도서	통감부 기수	大庭弘雅
	전라남도 서북부		
제7구	전라남도 서남부 및 부속도서	조선해수산조합 기수	富樫恒

第8구	제주도 및 부속도서	농상공부 기수	吉崎建太郎
第9구	전라남도 동남부 및 부속도서 동 경상남도 서부		遠山龜三郎
第10구	경상남도 중앙부 및 부속도서	통감부 기수	木村廣三郎
第11구	경상남도 동부 및 경상북도	통감부 기수	林駒生
第12구	강원도 및 부속도서	조선해수산조합 기수	正林英雄
		통감부기수	中西楠吉
第13구	함경남도 및 부속도서	조선해수산조합 기수	大坪興一
第14구	함경북도 및 부속도서	동	佐藤周次郎
	함경남북도 하천	농상공부 사무촉탁	岡田信利
		통감부 기수	中西楠吉
	낙동강	농상공부 사무촉탁	岡田信利
	한강	농상공부 서기관	嚴台永
	동	주사	堀部良七

생각건대 연해 수천 리에 이르는 광대한 구역에서 더구나 소수의 인원으로 단시일 내에 언어가 통하지 않는 지역을 섭렵하며 이러한 조사에 종사하였을 뿐만 아니라, 때마침 지방에는 비적이 출몰하는 움직임도 있어서 신변에 위험이 닥치는 상황에서 직무를 수행하게 되었으므로, 모든 일을 뜻하는 바대로 조사할 수 없는 경우도 많았다. 그래서 자세한 것도 있고 성근 것도 있으며, 잘된 것과 그렇지 않은 것도 섞여 있어, 그 내용이 결코 완전하다고 할 수 없다. 그러나 시정 당국자와 어업에 뜻이 있는 자들에게 참고자료로 제공하여 다소의 도움을 줄 수 있는 내용이 없다고는 할 수 없다. 이것이 본서를 간행하는 목적이므로, 어업 장려를 위한 하나의 단서가 될 수 있을 것으로 믿는다. 그리고 직접 조사와 편집의 임무를 맡은 여러 사람들이 많은 노력을 기울였으므로, 만약 이 책이 얼마간이라도 어업을 위해 도움이 되는 점이 있다고 한다면 그것은 곧 여러 사람들의 공적이라고 할 수 있다. 이와 아울러 통감부, 탁지부, 조선해수산조합 등의

당국자 여러분의 찬조로 말미암은 것이라고 하지 않을 수 없다.

끝으로 본 조사의 시행에 있어서, 황해도 방면을 담당하였던 조선해수산조합 기수 예비육군보병중위 마쯔오 이사오[松生猪三男]씨는 열심히 직무에 종사하면서 많은 어려움을 무릅쓰고 현지를 조사하다가, 연안군 증산도에서 갑자기 비도의 습격을 받아 목숨을 잃게 되었다. 이것을 나는 깊이 애통해 하는 바로 참으로 유감스러운 마음을 금할 길이 없다.

이에 본서 간행에 즈음하여 간단하게나마 그 유래를 서술하고 아울러 당국자 여러분의 찬조와 이에 종사한 여러 사람들의 노고에 감사하는 바이다.

융희 2년 12월

통감부 기사 농상공부 기사

농상공부 수산국 수산과장 이하라 분이치[庵原文一]

조선해수산조합(朝鮮海水産組合) 본부

본 조합은 조선 연해에 출어하는 일본 어업인들의 단체이다.

조선해수산조합(朝鮮海水産組合) 본부

연혁 : 일본 명치 30년에 당시 재부산 영사 이쥬인 히코키치[伊集院彦吉]씨가 재부산 일본 유지와 함께 통어자의 편리를 꾀하기 위하여 동 영사관 감독하에 조선어업협회라는 것을 설립하였다. 업무가 진전됨에 따라 역할이 점점 커져서 도저히 유지의 재력으로 수행할 수 없게 되자, 국고의 보조를 요청하게 되었고, 동영사는 이를 본국 정부에 제의하였다. 이로써 본 사업은 일본 정부의 문제가 되었다. 명치 32년 6월에 당시 수산국장 마키 나오마사[牧朴眞]씨가 직접 와서 시찰하고 귀국한 다음, 통어와 관련된 각 부(府)·현(縣)과 의논하여 각 부현마다 통어조합을 조직토록 하였고, 드디어 동 33년 5월에 연합회를 조직하여 부산주재 영사의 감독에 속하게 하였다. 이것이 현재 조합의 전신이

다. 명치 35년 3월에 일본 정부는 법률 제35호로 외국영해수산조합법을 발포(發布)하였다. 이에 동법에 의거하여 조합 조직을 필요로 하게 되었으나, 연합회의 조직을 변경하는 것이 낫다는 의견이 있어서, 해를 넘겨 동 36년 일본 시모노세키에서 창립총회를 열고 현 조선해수산조합이 성립되었다. 명치 40년 4월부터 조합은 통감부가 관리하는 바가 되었고, 이후 오늘에 이르렀다.

현재 : 조합은 본부를 부산에 두고 지부를 청진, 원산, 마산, 목포, 인천, 진남포 등의 이사청(理事廳) 소재지에 두고, 출장소를 울산, 거제도, 통영 등의 각 요지에 두고, 조장, 부조장, 평의원 등의 임원 및 지부장, 기사, 이사, 기수, 서기, 의사 등의 직원을 두고, 어장에는 현재 7척의 순라선을 파견하여 다음의 업무를 관장한다. (1) 조합원의 보호 단속 및 조난구제를 행한다. (2) 조합원의 통어출원 기타 수속에 관한 일을 대변(代辨)한다. (3) 조합원의 어업에 관한 통신·보고를 행한다. (4) 조합원의 통신 및 저금·환 취급을 대변한다. (5) 조합원의 분규 시 중재 및 조정을 행한다. (6) 조합원의 풍속을 교정하고 양국민의 화친을 도모한다. (7) 어획물 판매에 관한 편익을 도모한다. (8) 어선 어구의 개량 및 보관을 행한다. (9) 어장의 조사 탐검 및 어종의 번식 보호를 꾀한다. (10) 통어에 있어서 공적이 있는 자를 표창하고 또한 조합원의 통어 중 특별한 선행이 있는 자를 포상한다. (11) 기타 조합원의 공동 이익을 증진하는 데 필요한 시설을 마련한다.

조선 어민에 대해서도 명치 42년부터 조합원과 동일하게 취급할 예정이라고 한다.

어청도(於靑島)

군산 앞바다 어청도 정박지

어청도항 바깥 무학환(舞鶴丸) 난파 상황

어청도(於青島)는 군산 앞바다 외연열도(外烟列島) 남쪽에 있다. 동서가 1$\frac{1}{4}$해리이며, 폭은 1해리인 섬으로, 과거에는 수목이 울창하였다고 하나 일찍이 청나라 사람들이 와서 남벌한 결과 지금은 나무가 많지 않다. 일본 어부는 이 섬을 금비라석(金比羅石)이라고 한다. 아마도 수십 년 전 영국 측량선이 이 섬을 '컨퍼런스'라고 명명한 것이 '콘피렌스'가 되었고, 다시 '콘비라이소[金比羅磯]'가 되고, 현재는 금비라석이 된 것이 분명하다. 섬은 서해의 고도 중 하나이지만 일본 및 남연안 여러 항구로부터 인천 및 그 북쪽과 북청(北淸)에 이르는 항로의 요충에 위치하고 있으므로 범선의 기항이 끊이지 않고 있다. 또한 어업은 사철 내내 영위할 수 있으며, 일본인도 40여 호 남녀 170여 명이 거주하고 있다. 정박지는 섬의 중앙부 남쪽에 있으며 북쪽으로 만입된 곳이다. 수심이 깊어 큰 배도 정박할 수 있으나, 봄에서 여름으로 바뀔 무렵에는 남풍이 강하여 바람이 불면 출입이 모두 어려울 뿐만 아니라 정박해 있는 배도 피해를 입는 경우가 없지 않다. 또한 섬 주위는 험준한 절벽 혹은 암벽을 이루고 있어서 경계를 요한다. 단 해안을 조금 벗어나면 지장이 없다.

웅도(熊島)의 어살[魚箭]

웅도는 대동강 바깥 남쪽에 있다. 어살은 가지가 달린 나무 혹은 갈대로 만들며, 중앙에 고기를 잡는 부분을 만들고 길게 양 날개를 설치한다. 한쪽 날개의 길이는 큰 것은 100~200간(間)[1]에 달하는 것도 있다. 매년 다시 만들며, 사용 시기는 춘하(春夏)와 하추(夏秋)의 두 계절이다. 큰 것은 조기를 포획하는 것을 주목적으로 하고, 대부분은 봄에서 여름으로 바뀔 무렵[春夏]에 사용한다.

대동강 바깥 웅도의 어살

1) 간(間)은 일본에서 그물의 길이를 재는 단위로 사람이 양팔을 펼쳤을 때 손끝에서 손끝까지의 거리로 약 1.8m에 해당한다. 100간을 1단(反, 段)이라고 하며, 흔히 그물은 1단 단위로 거래되었다고 한다.

상동

가도(椵島)

가도(椵島) 정박지 1

상동 2 예사포(曳沙浦)

가도(椵島)는 철산반도(鐵山半島) 앞에 떠 있다. 정박지는 북서풍을 피하는 데 적합하며, 수심은 간조 시에도 여전히 8길[尋][2] 이상이어서, 큰 배가 정박할 수 있다. 황해 연안에서 가장 좋은 피박지(避泊地)이며, 또한 어업 근거지로도 적당한 장소이다. 이 섬은 황해 연안에서 신미도(身彌島)에 버금가는 큰 섬으로 주위 약 13해리이다. 수목이 무성하고 용수가 풍부할 뿐만 아니라 수질도 또한 양호하다. 논밭도 쉽게 일굴 수 있어서, 어민들은 농업을 위주로 생활한다. 섬의 산정에는 성벽의 흔적이 여러 곳에 존재한다. 명나라 말기의 장군 모문룡(毛文龍)이 부하 수백 명을 이끌고 근거지로 삼았던 곳이라고 전한다. 세 번째 사진은 가도에서 탄도(炭島)를 바라본 광경이다.

상동 3

2) 단위 심(尋)은 수심을 나타낼 경우에는 길로 기록한다.

청천강 바깥 애도(艾島)

청천강 바깥 청국인과 조선인의 새우잡이 광경

압록강 바깥 청국인과 조선인의 새우잡이 광경 1

상동 2

반성열도(磐城列島)

반성열도 ― 수운도

(책도)

(장도)

반성열도의 원도(圓島) 어살[漁箭]

반성열도(磐城列島)는 압록강 바깥 남쪽에 있는데 원도, 책도, 장도, 수운도의 네 섬으로 이루어져 있다. 그래서 사자도(四ツ子島)라고도 한다. 기암절벽으로 이루어져 절경을 이룬다. 부근은 압록강 수로 중 난소(難所)이며 또한 어살을 설치할 수 있는 좋은 어장이다.

압록강(鴨綠江)

압록강변 안동현(安東縣, 현재의 丹東市) 중국선박 계류 상황 1

상동 2

압록강은 수심이 얕아서 항운하강(航運河江)으로 가치가 없으나, 무역하강(貿易河江)으로는 무한한 가치를 지닌다. 압록강의 1년 수출총액은 5천만 원에 달한다고 한다. 그림은 압록강변(안동현)의 중국 정크선[戎克][3]의 정박 광경, 돛대가 줄지어 서 있는 것이 마치 빽빽한 숲과 같다. 정크선의 성황을 짐작하기에 충분하다.

안동현 청국인의 어물전

청국인의 어물전은 안동현 동첨두가(東尖頭街)에 있다. 거리는 압록강을 등지고 있으며, 어물전 20여 곳이 있는데, 가게들이 즐비하게 들어선 모습이 상업의 활황을 말해준다.

---

3) 룽커라고 읽으며, 중국의 정크선(junk)을 뜻한다.

여도등대(麗島燈臺)

영흥만 입구 여도등대

여도(麗島)는 동해연안의 영흥만 입구에 있으며, 원산항로의 요충에 해당한다(북위 39.14, 동경 127.38). 이 등대의 첫 점화는 일본 명치 39년 12월, 등탑은 콘크리트로 만든 팔각형 백색이며, 등화는 제4등 연섬백색(連閃白色)이고, 15초 간격으로 5초간 3연속 섬광을 발한다. 명호(明弧)[4]는 남 3도 40분 서로부터 서 · 북 · 동을 거쳐 남 86도 30분 동까지, 269도 50분 사이이다. 수면에서 등화에 이르는 높이는 221척이다. 그래서 날씨가 청명한 밤에 15척의 높이에 있는 사람이 어둠 속에서 처음으로 이 등화를 인식하였다면 그 위치는 이 등대로부터 21해리임을 알 수 있다. 다만 어선의 경우에는 16해리 이내에 있어야 확인할 수 있다.

4) 등대의 불빛이 비치는 각도를 말한다.

갈마반도(葛麻半島) 어귀 등간

갈마반도 어귀 등간(燈竿)

원산항 입구 갈마반도(葛麻半島) 북단에 있으며(북위 30.12, 동경 127.28), 첫 점화는 명치 39년 4월로 러일전쟁 당시 일본 해군이 건조한 것이다. 등간은 목조 백색이며, 광력(光力)은 100촉광 미만, 등질(燈質)은 부동홍색(不動紅色), 명호(明弧)는 북 33도 동으로부터 동 · 남 · 서를 거쳐 북 60도 서까지 267도이다. 수면에서 등화에 이르는 높이는 182척이고, 광달거리는 8해리이다〈단 수면 위 50분 사이이다. 15척의 높이에 있는 자가 날씨가 청명한 밤에 인식할 수 있는 거리는 이하 모두 같다.〉.

장덕도등대(長德島燈臺)

원산진(元山津) 장덕도등대

원산진에 있다(북위 39.11, 동경 127.26). 첫 점화는 명치 40년 3월, 등대는 철조 장방형 백색이며, 등화는 제6등 부동백색, 광력은 100촉광 미만, 명호는 전도(全度)[5], 광달거리는 10해리이다.

5) 불빛이 360도 회전한다는 뜻이다.

홍도등간(鴻島燈竿)

홍도 등간의 원경

홍도(鴻島)는 거제도 남쪽에 떠 있는 고도로 남해 연안항로의 요충에 해당한다(북위 34.32, 동경 128.44). 이 등간(燈竿)은 러일전쟁 당시 일본해군이 건조하였으며, 첫 점화는 명치 39년 3월이다. 등간은 목조 백색이며, 등질은 부동백색, 명호는 전도(全度)이다. 수면에서 등화에 이르는 높이는 382척, 광력은 100촉광 미만, 광달거리는 8해리이다.

마산포괘등(馬山浦挂燈)

마산포괘등입표(挂燈立標) 건설 중의 모습

마산포 항구 부도(釜島) 수도에 드러난 3피트의 암석 위에 건설되었다. 사진은 건축 당시에 촬영한 것이다. 이 입표(立標)는 마산포 항구를 나타낸 것이며 첫 점화는 명치 40년 12월, 입표는 콘크리트로 만든 원형의 홍(紅)·흑(黑) 가로선, 등질은 부동백색, 명호는 전도, 수면에서 등화에 이르는 높이는 28척, 광달거리는 6해리이다.

우도등대(牛島燈臺)

제주도 속도(屬島) 우도등대

우도(牛島)는 제주도의 동쪽 끝에 떠 있는 섬이며, 등간은 이 섬의 동쪽 끝에 있다(북위 33.29, 동경 126.56). 이 등대는 일본에서 서해안 항구 및 북청에 이르는 항로를 비춘다. 이 등대도 또한 러일전쟁 당시 일본 해군이 건조한 것으로, 첫 점화는 명치 39년 3월, 등간은 목조백색이다. 등질은 부동백색, 명호는 남 65도 32분 동으로부터 남 · 서 · 북을 거쳐 북 19도 28분 동까지 265도 사이, 수면에서 등화에 이르는 높이는 442척, 광력은 100촉광 미만, 광달거리는 8해리이다.

거문도등대(巨文島燈臺)

거문도등대

거문도는 남해 연안 앞바다에 있으며, 일본 서해 연안 제항 및 북청항로 중의 중요 지점인 동시에 동아시아 해상에서 극히 중요한 지점에 위치한다. 섬은 세 개의 섬으로 이루어져 있으므로 삼도(三島)라고도 한다. 삼도의 내해는 수심이 깊어서 큰 배와 함선이 여러 대 정박할 수 있다. 해밀턴항[6]이라고 칭한 것도 역시 이 때문이다. 섬은 일찍이 영국 함대가 점거함으로써 세상에 알려지게 되었다. 해밀턴항이라는 이름도 당시의 흔

6) 영국은 러시아의 남진 세력을 견제하기 위하여 1885년 4월부터 1887년 3월까지 만 2년 동안 조선 정부의 허가 없이 이곳에 해군기지를 두고 주둔하다가 청국과 러시아 등의 항의로 철수했다. 영국 해군은 이 해군기지를 해밀턴항으로 불렀는데 해밀턴은 당시 영국 해군성 차관이었다. 영국 해군은 이곳과 양자강 하구 중개소를 거쳐 홍콩까지 케이블을 깔고 장기 주둔을 계획하기도 하였다. 현재의 거문항이다.

적이라고 할 수 있다. 등대는 이 항의 남쪽 입구(북위 34.00, 동경 127.13)에 있다. 이 등대는 러일전쟁 당시 일본 대본영(大本營)[7]이 건조한 것으로, 첫 점화는 명치 38년 4월이며, 등탑은 벽돌 및 석조 백색이며, 등화는 제3등 섬광 홍색교섬(紅色交閃)으로 매 15초에 1섬광을 발한다. 명호는 남 29도 서로부터, 서 · 북 · 남을 거쳐 남 64도 15분 동까지 266도 45분간이다. 해면에서 등화에 이르는 높이는 220척, 광력은 67,000촉광, 광달거리는 22해리이다.

7) 大本營은 日本 帝國陸軍 및 海軍을 통솔하는 天皇 직속의 最高統帥機關으로, 원래는 戰時 · 事變에만 설치되었다. 1893년 5월 19일에 勅令 第52号 戰時大本営條例로 법제화되었다. 러일전쟁 때는 1904년 2월 11일에 대본영이 설치되었으며, 1905년 12월 20일에 해산되었다.

죽도등대(竹島燈臺)

맹골군도(孟骨群島) 죽도등대

죽도(竹島)는 진도의 남쪽 맹골군도 중 서단에 위치한다(북위 34도 14분, 동경 125도 51분). 이곳은 일본 및 부산 등에서 서해안 제항 및 북청에 이르는 전침지점(轉針地點)[8]에 해당하며, 항로 중에서 험난한 곳의 하나이다. 이 등대는 원래 러일전쟁 당시 일본군 대본영이 등간으로 건조한 것이며, 첫 점화는 명치 39년 3월, 나중에 등대로 개축하여 명치 40년 12월에 준공되었다. 등화는 제3등 연섬백색(連閃白色), 매 25초 간격으로 15초간, 3섬광을 발한다. 무적호(霧笛號)를 갖추었는데, 무적은 안개 · 눈, 기타 날씨가 흐릴 때 매 30초 간격으로 5초간 울린다. 수면에서 등화에 이르는 높이는 276척, 명호는 북 5도 30분 서로부터 북 · 동 · 남서를 거쳐 북 33도 서에 이르는 332도 30분간이며, 맑은 날의 광달거리는 23해리이다.

8) 나침반의 바늘이 가리키는 방향 즉 針路를 바꾸는 지역을 말한다.

명양도(鳴洋渡)

남해안 명양도

명양도(鳴洋渡)는 화원반도(花源半島)의 모서리와 진도의 북단 사이를 지나는 좁은 수로로 남해안의 여러 항에서 목포로 항해하는 지름길이다. 이 수로는 장애물이 없고 수심이 깊지만 탁류가 빠르게 맴돌아 그 속도가 7.5노트에 달한다. 그래서 범선 또는 속도가 늦은 기선은 게류(憩流)[9] 때 이외에는 항해하기 어렵다.

9) 조류의 방향이 바뀌는 과정에서 바닷물이 거의 흐리지 않는 상태를 말한다.

칠발도등대(七發島燈臺)

서해안 칠발도등대

칠발도(七發島)는 목포 앞바다 나주군도(羅州群島)의 서쪽에 있다. 등대는 섬의 가장 높은 지점을 골라 건설하였다(북위 34.47, 동경 125.47). 이 등대는 원래 러일전쟁 당시 일본 대본영이 건조한 것이며, 첫 점화는 명치 38년 11월이다. 등대는 벽돌 석조 원형 백색, 등화는 제1등 백색 섬광으로 매 15초 간격으로 1섬광을 발한다. 명호는 전도(全度)이고, 수면에서 등화에 이르는 높이는 334척, 광력은 568,000촉광, 광달거리는 26해리이다. 전 연안의 각 등대 중에서 제1등에 속하는 등대는 이 등대뿐이다.

옹도등대(甕島燈臺)

옹도등대

옹도(甕島)는 서산반도의 서남각(西南角) 관장수(官長首)의 서남쪽 가의도(價誼島) 앞에 떠 있는 작은 섬이다. 등대(북위 36.39, 동경 126[10])는 인천 동수도의 입구를 가리킨다. 등탑은 콘크리트로 만든 팔각형 백색, 등화는 제4등 백색 섬광으로 매 20초 간격으로 1섬광을 발한다.[11] 명호는 전도이고, 수면에서 등화에 이르는 높이는 237척, 광달거리는 22해리이다.

10) 동경 126도 21분으로 되어 있는 곳도 있다.
11) 등대표에서는 4섬광을 발한다고 하였다.

백암입표괘등(白岩立標挂燈)

인천 동수도 백암입표괘등

백암(白岩)의 입표괘등은 인천 동수도 가운데 있다(북위 37도 14분, 동경 126도 25분). 조선의 항로표지 중 가장 먼저 성립된 것 중 하나로, 일본인 이시바시[石橋] 기사가 총세무사(總稅務司)[12]의 요청으로 설계한 것이다. 첫 점화는 명치 36년 6월, 구조는 육각형 흑색, 등급 및 등질은 제6등 섬광백색, 매 15초 간격으로 1섬광을 발한다. 명호는 전도이고 수면에서 등화까지 높이는 45척이며 광력은 1,750촉광, 광달거리는 11해리이다.

12) 清의 海關行政을 관리하던 외국인 관리를 말한다. 太平天国의 난중인 1853년에 영국은 上海 海関을 점거하였고 다음 해는 영미불 삼국에 의한 해관세무관리위원회를 조직하였다. 이것이 세무사 제도의 기원이 되었다.

부도등대(鳧島燈臺)

부도등대

부도(鳧島)는 인천 동수도에 있다(북위 37도 09분, 동경 126도 21분). 조선의 항로 표지 중 가장 먼저 만들어진 것 중 하나로, 일본인 이시바시 기사가 총세무사의 요청에 응하여 설계한 것이다. 첫 점화는 명치 37년 4월이며, 구조는 석조 원형백색, 등화는 제4등 연섬백색, 매 20초 간격으로 4연속 섬광을 발한다. 명호는 전도이고, 수면에서 등화에 이르는 높이는 121척, 광력은 1,750촉광, 광달거리는 17해리이다.

소월미도등대(小月尾島燈臺)

소월미도등대 원경

소월미도(小月尾島)등대는 인천항 입구에 있다(북위 27도 28분, 동경 126도 36분). 조선 항로표지 중 가장 먼저 건조된 것으로, 일본 이시바시[石橋] 기사가 총세무사의 요청에 응하여 설계한 것이다. 첫 점화는 명치 36년 6월, 등탑은 벽돌 석조 원형백색이며, 등화는 제6등 연속홍백교섬으로 30초 간격으로 백홍 2연섬광과 홍색섬을 교대로 발한다. 명호는 남 43도 서로부터 서·북·동을 거쳐 14도 30분동까지 302도 30분 사이이다. 수면에서 등화에 이르는 높이는 94척, 광력은 300촉광, 광달거리는 15해리이다.

서도등대(西島燈臺)

서도등대 원경

서도등대는 대동강 입구 서도의 서쪽에 있다. 첫 점화는 지난 융희 원년 12월이며, 등탑은 콘크리트로 만든 원형 백색, 등화는 제4등 백색 섬광, 매 20초 간격으로 1섬광을 발한다. 해면에서 등화에 이르는 높이 20장 2척이고, 광달거리는 24해리이다. 무포(霧砲)[13]를 갖추었다.

13) 안개가 낀 날에 대포를 쏘아 등대의 위치를 알리는 것이다.

자매도등대(姊妹島燈臺)

대동강 바깥 자매도등대 원경

자매도(姊妹島)는 대동강 입구 석도(席島) 북쪽에 있는 작은 섬이다. 이 등대의 첫 점화는 서도 등대와 마찬가지로 작년 12월이며, 등탑은 콘크리트로 만든 원형 백색, 등화는 제4등 부동백색, 해면에서 등화에 이르는 높이 12장 9척, 광달거리는 15해리이다. 이 등대는 서도 등대와 마주보고 대동강 동수도 및 진남포 수도를 비춘다. 그러므로 항해자를 크게 이롭게 한다.

대화도등대(大和島燈臺)

대화도등대

대화도 전경

대화도(大和島)는 평안북도 선천만 앞바다에 있으며, 등대는 그 서쪽 산의 중턱에 있다(북위 39.26, 동경 124.35). 이 등대는 선천만 입구 및 압록강 항로를 비추는데, 러일전쟁 당시 일본 대본영(大本營)에 의해서 건설된 것이다. 첫 점화는 명치 37년 6월이며, 일본군이 세웠다. 여러 등대 중 가장 먼저 점화된 것이다. 등탑은 목조 사각형 백색이고, 등질은 제6등 백색 섬광이며, 매 15초 간격으로 1섬광을 발한다. 명호는 북 29도 서로부터 북 · 동을 거쳐 남쪽까지 209도 사이이다. 수면에서 등화에 이르는 높이는 280척이고, 광달거리는 17해리이다.

주안천일제염전(朱安天日製鹽田)

주안천일제염전 1

상동 2

염업시험장 사업의 하나이며, 인천부로부터 동북 20리 정도 떨어진 인천군 주안면에 있다. 천일제염법의 시험을 행한 염전 총면적은 2정보(町步)[14]이다. 그 중 증발(蒸發) 면적은 1정보 정도이다. 융희 2년의 채염량[採鹽高]은 132,000근에 이르렀다. 그 품질은 중국 천일염보다 뛰어나고, 대만 천일염과 비슷한 정도이다. 생산비에 있어서는, 시험한 일수가 오래되지 않았고 또한 규모가 아주 작아서 구체적으로 명시할 수 없으나, 이를 자염(煮鹽, 煎熬鹽)과 비교하면 훨씬 저렴한 것은 말할 나위가 없다. 그리고 이 염전은 조선에서 천일제염의 효시이다. 앞의 사진(사진 1)은 결정지(結晶池)에서 소금을 긁어모은 광경, 아래의 사진(사진 2)은 채취한 소금을 바구니에 넣어 창고로 운반하는 광경이다.

14) 1정보는 3,000평이다.

용호시험염전(龍湖試驗鹽田) 및 제염 가마와 화덕

용호시험염전. 절충식 염전(한국식과 일본식을 절충한 것)

상동. 일본식 염전(일본식 四國 坂出鹽田을 따름)

상동. 한국식 염전(용호지방의 재래방식을 그대로 채용한 것)

상동. 제염 가마와 화덕(高田式, 가마솥을 쓰고 석탄으로 가열함)

경상남도 부산항에서 동남쪽으로 25리 정도 떨어진 동래부 석남면(石南面) 용호리에 있다. 자염식 제염법의 시험을 행하고 있다. 염업시험장의 사업으로 염전 면적은 2정 3단(段, 反) 7무(畝) 13보(步)이다. 이를 일본식, 절충식, 한국식 3가지로 나누어 채함법(採鹹法)의 비교시험을 행하고 있다. 소금물을 끓이기 위해 가마와 화덕을 마련하였다. 상세한 것은 본문에 있다.

제1편 지리

제1장 위치

조선은 아시아 대륙의 동쪽에 있으며, 남쪽을 향하여 돌출되어 있는 반도로서, 동쪽은 동해[1]가 위치하고 있다. 남단의 해협을 건너면 일본의 산요[山陽] 및 규슈[九州]로 이어진다〈이를 조선해협이라고 칭하며, 그 가운데 떠 있는 쓰시마와 겨우 30여 해리 떨어져 있다. 이를 서수도(西水道)라고 하고, 쓰시마와 규슈 사이를 동수도(東水道)라고 한다.〉. 서쪽은 황해에 면하고 있는데, 멀리 청국(淸國)의 강소성(江蘇省), 산동성(山東省), 성경성(盛京省) 등과 마주한다. 북으로는 대륙에 이어져 있는데, 장백산(長白山) 및 압록강이 청국의 길림성(吉林省)·성경성과의 경계를 이룬다. 동북쪽의 한 모서리는 러시아령 우수리주와 접하는데, 두만강이 경계를 이루고 있다. 조선의 가장 북쪽은 함경도 온성(穩城) 부근의 청국 길림성과 경계를 이루는 곳과 두만강 연안으로, 대략 북위 43도 2분에 해당하고, 가장 남쪽은 제주도의 속도인 마라도로 북위 33도 7분이다〈반도 내에서는 전라도 해남각(海南角)으로 북위 34도 18분이다〉. 동쪽은 러시아령 포세트와 경계를 이루는 두만강 입구로 동경 130도 42분이다. 가장 서쪽은 황해도 장산곶[小乳轟岬]으로 동경 124도 39분에 해당한다. 그래서 조선은 전역이 북온대(北溫帶)에 위치한다.

---

1) 원문에는 日本海로 되어 있다.

제2장 면적

가장 북쪽에서 반도 본토의 가장 남쪽에 위치하는 해남각까지는 위도 약 8도 40분 정도로 대략 520마일(832km)이다. 나라의 가장 남쪽인 마라도〈제주도 부속도서〉까지는 위도 9도 55분으로 590마일이다. 동서는 가장 동쪽인 두만강 하구에서 압록강 하구까지는 320마일이지만, 반도 내부에서는 넓은 곳이 150마일, 좁은 곳은 100마일에 그친다. 면적은 실측된 확실한 것은 없고, 지금까지 소개된 것으로는 트로크니츠 씨와 스트렐비츠키 씨가 측정한 것으로 다음과 같다(단위 ㎢).

	트로크니츠	스트렐비츠키	측정 차
본토	213,800	219,098	5,298
제주도	1,850	1,046	804
기타 도서	3,000	3,379	379
합계	218,650	213,523	4,873

두 사람이 측정한 것이 과연 어느 쪽이 옳은지는 알 수 없으나, 일단 트로크니츠가 측정한 것이 널리 채용되고 있는 것 같다. 그래서 이 책에서도 잠정적으로 이 측정치를 따르고자 한다. 이를 환산하면 84,088 제곱마일이다. 이를 일본의 총면적 161,523 제곱마일(사할린을 제외)과 비교하면, 절반이 조금 넘는다. 일본 혼슈[本州]의 86,789 제곱마일과 비교해도 조금 적다.

제3장 구획

전국을 구분하여, 함경 · 강원 · 전라 · 경상 · 충청 · 경기 · 황해 · 평안의 8도로 나누었다. 함경 · 경상 · 전라 · 충청 · 평안도는 다시 남북의 양도로 나누어 모두 13도이다. 모두 자연적인 경계를 이용하여 구획하였다. 이러한 지리적인 구획은 곧 현재의 행정 구획이며, 또한 역사적 · 지리적으로 별명을 가지고 있기도 하다. 반도를 종관하는 분수령의 동쪽에 해당하는 함경 · 강원 양도를 영배(嶺背)라고 하고, 분수령의 서쪽인 평안 · 황해 · 경기 · 충청의 4도를 영서(嶺西)라고 부르는 것이나, 나라의 남쪽에 위치한 충청 · 전라 · 경상 3도를 삼남(三南)이라고 부르는 것처럼 지리적으로 포괄하는 명칭이 있다. 또한 경상도는 중축(中軸) 산맥[2]의 남쪽에 위치하기 때문에 영남(嶺南)이라고 부르고, 또한 금강은 과거에 호강(湖江)이라고 하였으므로, 그 남쪽인 전라도를 호남(湖南), 그 북쪽인 충청도를 호북(湖北), 두 도를 합쳐서 양호(兩湖)라고 부른다. 평안도를 관서(關西), 강원도를 관동(關東), 함경도를 관북(關北)이라고 부르는 것도 역사 혹은 지리에서 유래한 별칭이라고 할 수 있다.

제4장 인구

인구는 아직 정확한 통계가 없다. 지난 광무 11년 5월〈일본 명치 40년 5월〉의 호구조사에 따라서 9,638,578명이라고 하는데, 이를 총면적 218,650㎢으로 나누면 1㎢ 당 약 45명이 된다.[3] 이는 일본 전국〈사할린 제외〉의 1㎢ 당 118명〈『第二十六 日本帝國統計年鑑』에 의함〉과 비교하여 훨씬 희소하다. 그러나 일본 홋카이도[北海道]의 10.25명보다는 훨씬 조밀하고, 아키타현[秋田縣]의 51.19명에 가깝다. 다음에 각 도

2) 백두대간을 뜻하는 것으로 보인다.
3) 원문에는 일본의 1리(里, 4km) 제곱(16㎢) 당 인구로 되어 있으나, 이해를 돕기 위하여 ㎢로 환산하였다.

별로 구별하여 그 호구를 나타내었다.

지방	호수(戶數)	인구
함경북도	72,725	390,045
함경남도	127,076	582,463
강원도	138,974	627,833
경상북도	272,730	1,061,902
경상남도	294,783	1,268,100
전라남도	229,945	766,890
전라북도	157,412	597,393
충청남도	162,723	641,116
충청북도	115,929	491,717
경기도	256,833	1,067,297
황해도	195,985	854,686
평안남도	158,144	689,017
평안북도	138,971	600,119
합계	2,322,230[4]	9,638,578

표를 보면 조선의 인구는 남서쪽은 조밀하고 북동쪽이 적다. 기후 · 지리 및 토지의 비옥도 등 생활하기에 쉽고 어려움에 따라서 자연적으로 이러한 결과에 이른 것으로 보인다.

일본인으로 거주하는 자는 명치 40년 말의 조사에 의하면, 총수는 20,418호, 77,932명이고, 그 중 남자는 44,709명, 여자는 33,223명이다. 이를 지방별로 나타내면 다음과 같다.

관할이사청(管轄理事廳)	호수(戶數)	남	여	합계
성진(城津)	340	585	382	967
원산(元山)	1,448	3,788	2,783	6,571
부산(釜山)	4,599	10,152	8,084	18,236
마산(馬山)	994	2,139	1,513	3,652[5]
대구(大邱)	1,055	1,912	1,323	3,235

4) 원문에는 합계가 2,322,430으로 되어 있으나 항목별 합으로 바꾸었다.

목포(木浦)	808	2,486	1,252	3,738
군산(群山)	933	1,860	1,445	3,305
인천(仁川)	3,359	7,607	5,971	13,578
경성(京城)	4,823	9,665	7,449	17,114
평양(平壤)	1,351	2,775	1,755	4,530
진남포(鎭南浦)	807	1,740	1,246	2,986
합계	20,517[6)]	44,709	33,203[7)]	77,912[8)]

이 표에 포함된 일본 어업자의 이주지 및 그 개략적인 인원수는 다음 표와 같다.

주소	호수	인구		합계
		남	여	
함경북도 웅기(雄基)	3			15
동 청진(淸津)	5			25
함경남도 어태진(魚太津)	1			5
동 신포(新浦)	1			5
동 서호진(西湖津)	2			10
동 원산(元山) 거류지	20			100
강원도 장전(長箭)	1			5
동 삼척(三陟)	5			100
경상북도 영일만(迎日灣)	5			5
경상남도 울산(蔚山)	8			25
동 부산거류지(牧島[9)]를 포함)	100			25
동 다다포(多多浦)	8			40
동 용당(龍塘)	6			30
동 하단(下端)	10			50
동 마산(馬山) 거류지	20			100
동 율구미(栗九味)	12			60
동 부도(釜島)	17			85
가덕도 대항리(大項里)	1			5
거제도 장승포(長承浦)	66			330
동 지세포(知世浦)	25			125
동 옥포(玉浦)	3			15

5) 원문에는 합계가 3,653으로 되어 있으나 항목별 합으로 바꾸었다.
6) 원문에는 합계가 20,418로 되어 있으나 항목별 합으로 바꾸었다.
7) 원문에는 합계가 33,223으로 되어 있으나 항목별 합으로 바꾸었다.
8) 원문에는 합계가 77,932로 되어 있으나 항목별 합으로 바꾸었다.

동 칠천도(漆川島)	8			40
동 구조라(舊助羅)	3			15
동 저구미(猪九味)	1			5
동 미조도(彌助島)	1			5
동 송신포(松信浦)	3			15
소계	110			550
동도 부근 욕지도(欲知島)	5			25
진해만 부근 통영(統營)	12			60
고성군 도포면(萄葡面)	10			50
통영 부근 삼천리포(三千里浦)	2			10
동 사량도(蛇梁島)	3			15
좌수영 부근 외나로도(外羅老島)	13			95
동 내나로도(內羅老島)	1			5
거문도(巨文島)	10			50
소안도(所安島)	2			70
추자도(楸子島)	10			50
제주도 고포(古浦)	2	3	2	5
동 성산포(城山浦)	3	34	1	35
동 모슬포(摹瑟浦)	1	2	1	3
동 비양도(飛揚島)	1	1	1	2
동 하귀리(下貴里)	1	3	0	3
동 성내(城內)	2	2	2	4
동 함덕(咸德)	1	3	1	4
동 행원(杏源)	2	30	0	30
동 표선(表善)	2	35	0	35
동 서귀포(西歸浦)	2	35	0	35
동 가파도(加波島)	1	25	0	25
동 협방(狹方)	1	2	0	2
동 곽지(郭支)	1	4	1	4
소계	20	178	9	18
목포(木浦) 거류지	17			85
영산강 부근 몽탄(夢灘)	4			20
군산거류지 및 부근	22			110
동 부근 강경(江景)	3			15
동 앞바다 어청도(於靑島)	49			245
동 외연도(外烟島) · 황도(黃島)	1			5
인천(仁川) 거류지	23			115
황해도 용위도(龍威島)	4			20
동 백령도(白翎島)	2			10
동 초도(椒島)	3			15
평안남도 진남포(鎭南浦)	25			125

평안북도 용암포(龍岩浦)	4			20
동 신의주(新義州)	2			10
동 이호포(耳湖浦)	2			10
동 대계도(大溪島)	1			5
동 원도(圓島)	1			5
청국령 안동현(安東縣)	15			75
합계	602			3,182

비고) 표의 호수는 실제 조사를 한 것이지만 인구는 파악된 것 이외에는 남녀노소를 가리지 않고 1호당 5인씩으로 계산하였다.

그 밖의 외국인 거주자는 작년에 간행된 『통감부 통계연보』에 의하면 총수 1,178호, 4,290인이다. 그 내역은 다음과 같다.

〈외국인 국적별 통계〉

국적	관리	선교사 기타 학예	농업	상업	공업	노동자	잡업	합계
청국	54	4	641	1,468	276	335	883	3,661
영국	19	24	13	2	0	0	80	138
미국	7	181	0	5	2	0	91	286
독일	10	2	0	21	0	0	21	54
프랑스	4	27	0	16	1	0	55	103
호주	0	6	0	0	0	0	0	6
이태리	2	0	0	0	0	0	2	4
포르투갈	1	0	0	3	0	0	0	4
노르웨이	1	10	0	0	0	0	0	11
러시아	3	0	0	5	0	0	5	13
벨기에	2	0	0	0	0	0	2	4
그리스	0	0	0	6	0	0	0	6
	103	254	654	1,526	279	335	1,139	4,290

9) 牧島는 영도를 뜻한다.

제5장 지세

나라의 척량을 이루는 것은 이른바 대관령(大關嶺) 산맥인데, 북부의 대륙지체(大陸地體)에서는 남북으로 비스듬하게 뻗어나가지만, 반도지체(半島地體)를 만나면 심하게 분기되면서 모두 서남쪽으로 달린다. 반도지체에서 보이는 연봉(連峯)은 그 성인지반(成因地盤)의 함몰[陷落]로 인하여 융기된 것으로 보고 있다. 그래서 주향(走向)도 전자와는 달리 현저히 동쪽으로 치우쳐 있으며 북북서로부터 남남동으로 달린다. 강원도 경상도의 도계에 이르러 변위(變位)하여 서쪽으로 향하며, 다시 방향을 바꾸어 서남단의 해남각(海南角)에 이른다. 이 산맥 중 북부에 위치한 것은 대개 수목이 무성하고 높이가 2,000m 이상에 이르며 산의 모습이 웅장한 것이 많다. 그러나 반도지체에 늘어서 있는 산은 대개 헐벗고 또한 낮아서 1,500m에 이르는 것도 드물다. 하지만 이 나라에서 이름난 영산(靈山)인 금강산과 오대산의 여러 봉우리는 반도지체에 위치하며 그 밖에도 명산의 대열에 속하는 것이 없지 않다. 이 산맥 중 강원도에 연속해 있는 것이 고토[小藤] 박사[10]가 말하는 이른바 태백산맥이며, 해남각으로 비스듬히 달리는 것은 소백산맥이다. 그래서 반도지체의 외형은 실로 이러한 산맥의 지세에 의하여 형성되었다. 동시에 동 · 서 · 남쪽의 각 사면이 차이가 있다고 하더라도 남북의 지체가 다르므로 지형도 현저한 차이를 만든다.

동측[嶺背]

동측의 대륙지체에 있어서는 대관령산맥에서 분기되어 북동쪽의 두만강 연안, 회령부근에 도달하는 한 산맥이 종관한다. 또한 별도로 장백산맥의 최고봉인 백두산에서 시작되어 함경도의 남북을 분계(分界)하고, 남동으로 달리는 한 산맥이 횡단한다. 지체는 이처럼 종횡의 두 산맥에 의하여 네 구역으로 나누어질 뿐만 아니라, 모든 봉우리들이 대체로 높고 험하고 또한 그 지맥이 면면히 이어지므로, 이르는 곳마다 높은 산악을

10) 小藤文次郎(1856~1935). 일본의 지구과학 · 지질학자. 活斷層에 의한 지진을 입증한 것으로 유명하다.

형성하여 평지가 적고 아주 험난하다. 해안 또한 대체로 급사면을 이룬다. 산맥의 주향(走向)이 이와 같으므로 이들이 분수령이 되어, 중축(中軸)의 북서쪽, 북쪽 절반에서는 북동쪽으로 흘러 두만강을 이룬다. 남쪽 절반은 북류하여 압록강으로 들어간다. 남동측은 모두 동해로 흘러들어간다. 게다가 중축은 해안 가까이를 나란히 달리므로 그 남동의 분수는 모두 바로 바다로 흘러들어가서 강이 큰 것이 없다. 그러나 하저(河底)가 점점 완만한 경사를 이루어 조수(潮水)가 거슬러 올라가는 경우도 있다. 두만강은 북동의 국경을 우회하여 동해로 흘러가는데, 이곳에서는 이 강이 다소간 교통수단을 제공한다. 반도지체에 있어서는 중축 산맥이 해안에 아주 가까이 붙어 있어서, 아주 좁고 긴 지반이 있을 뿐이다. 그래서 이 일대가 급경사를 이루고 분수는 바로 떨어지므로 강물이 평소에 흐르지 않는 경우도 있어서, 모두 맨발로 건널 수 있다. 해안은 중축과 나란히 뻗어 있어서 특별히 심한 굴곡은 볼 수 없다.

남측[嶺南]

이곳의 지반은 형성 원인이 중축의 변위와 관련되어 있다. 그래서 산악구릉이 종횡으로 이어지고, 그 주향(走向)도 한결같지 않다. 따라서 강의 흐름도 또한 이에 따라 굽이굽이 꺾이며 흐르는 모습은 다른 곳에서 볼 수 없는 광경이다. 그러나 심하게 굽이쳐 흐르면서도 강이 길게 이어져서 낙동강이나 섬진강의 경우는 모두 조선에서 대표적인 강으로 꼽힌다. 또한 곳곳에 경사지가 나타나며 특히 연안은 굴절이 심하고 섬이 많아서 좋은 항만이 많은 것도 이 때문이다. 이와 같은 점은 참으로 이 지역의 특색인 동시에 조선의 장점이 아닐 수 없다. 다만 이 지역의 동쪽에 이르면 중축의 지맥이 해안을 달리므로 연안이 급경사를 이루고, 강도 큰 것이 없는데 이는 강원도의 모습과 비슷하다.

서측[嶺西]

이 지역의 북부에서는 분기한 여러 개의 연령(連領)들이 서남으로 뻗어 지형이 험준한데 동측의 북부 지역과 다를 바가 없다. 그러나 중축은 멀리 동에 있으며, 이 지역

연령(連嶺)의 배치는 대체로 나란하여 복잡하지 않다. 그래서 강 주변의 곳곳에는 경사지가 있고, 특히 연해에 가까이 가면 평탄한 지반이 남아 있어서 논밭을 볼 수가 있다. 반도지체에 있어서는 연봉이 중첩되어 꿈틀거리듯 이어지지만, 일대는 대체로 구릉지이며 평지가 곳곳에 펼쳐져, 논밭이 두루 분포하는데 북부와 비교할 바가 아니다. 그리고 하천 중에서 크고 긴 것은 대부분 서측에 분포한다. 북부의 압록강 · 대령강 · 청진강 · 대동강 · 재령강, 중부의 강화만으로 흘러들어가는 예성강 · 임진강 · 한강, 남부의 금강 · 영산강 등은 모두 수운으로 활용하는 데 크게 이롭다.

이상을 개관하면, 나라의 북부는 그 중축의 동서를 불문하고 이른바 산악지대로, 일대가 아주 험준하지만, 그 서측은 곳곳에 고원이 있다. 강도 크게 지형에 따라서 현저한 차이를 보인다. 그리고 반도지체에 있어서는 동안이 융기하고 서안이 침강하여 마치 한쪽이 높은 지붕과 같은 모습을 보인다. 평지나 강은 주로 서남쪽에 분포하고 동측에는 볼 만한 것이 없다.

이를 요약하면, 동 · 서 · 남측의 차이는 단지 지형에만 그치지 않는다. 지형이 원인이 되어 전반적인 상황에 이르기까지 뚜렷한 차이를 초래하였다. 특히 동부에서는 인구가 적고 도시도 없다. 서남부는 이에 대하여 인구가 조밀하고 농업과 상업이 발달하였으며 도시나 마을도 큰 것이 많다.

(보완) 지세의 개요는 전술한 바와 같지만, 동측에도 평야가 전혀 없는 것은 아니다. 최근 세간에 이름이 떠들썩한 간도의 북강(北崗) · 서강(西崗) · 남강(南崗)은 나라 안에서 비교할 만한 곳이 없을 정도이다. 그 전체 범위는 회령의 북방으로부터 북경(北境)인 온성 부근에 이른다. 서북방은 두만강의 지류인 해란하(海蘭河)에 이르며 동서 약 100리, 남북 6~70리에 걸쳐서 좋은 토양이 펼쳐져 있는데 어떤 곡식이라도 잘 자란다. 예로부터 관북(關北)의 농산지로서 그 이름이 알려져 있었다. 더욱이 간도의 면적은 이미 통감부에서 조사하였는데, 동간도만 해도 이미 일본 시코쿠(四國)와 거의 비슷하고, 서간도 또한 이와 비슷한 면적이라고 하므로, 그 밖에도 아

직 모르는 평야가 있을지 알 수 없다. 덧붙여 간도지역의 산지 일원은 삼림이 울창하고 일찍이 채벌을 한 적이 없는 곳이 많으며, 광물 또한 유망하다고 하므로, 그곳의 자원이 무한하다고 할 수 있으며 관북의 보고라고 볼 수 있을 것이다.

제6장 하천[河江]

조선 하천의 형상은 이미 지세와 함께 개설하였다. 여기서는 그 주요한 것을 열거하고자 한다. 동해로 흘러들어가는 것으로는 두만강이 있다. 남조선해협[11]으로 들어가는 것은 낙동강과 섬진강 두 강이 있다. 황해로 들어가는 것으로 영산강 · 만경강 · 금강 · 한강 · 임진강 · 예성강 · 대동강 · 청천강 · 대령강 · 압록강이 있다. 그 중에서 압록강 · 대동강 · 한강 · 낙동강 · 두만강이 가장 큰 강으로, 이를 조선의 5대강이라고 한다. 또한 여기에 청천강 · 금강 · 영산강 · 섬진강을 합하여 9대강이라고 부르기도 한다. 이제 각 강의 개요를 서술하고자 한다.

동해 사면

두만강

도문강(圖們江) 또는 토문강(土門江)이라고도 쓴다. 근원은 백두산 동록(東麓)에서 발원하여 관북을 종관하는 산맥의 서북쪽 협곡을 북동으로 흘러내려 무산군에 이르면 다소 큰 흐름이 된다. 회령에 이르면 북쪽으로 흐르고 온성의 북쪽에 이르러 만주에서 흘러온 포이합도하(布爾哈圖河)의 물길이 합해져서 동남쪽으로 방향을 바꾼다. 경원

11) 남해안을 이 책에서는 남조선해협, 조선해협, 남연안 등으로 표기하고 있음.

군에서 혼춘하(琿春河)와 만나고 경흥을 지나 러시아령 우수리주와 경계를 이루며 동해로 흘러들어간다. 강의 전체 길이는 900리로 동해안 방면에서는 유일하게 큰 강이다. 그러나 하상의 경사가 급하여 물의 흐름이 빠르고, 많은 양의 토사가 간석지로 유출된다. 하구가 넓어서 10여 정(町)에 달하지만, 곳곳에 모래가 퇴적되어 수심이 얕아 2~3길에 불과하다. 그래서 유역이 대단히 넓은데도 불구하고, 항운을 이용할 수 있는 곳은 하구에서 경원에 이르는 불과 70리 사이뿐이다. 일찍이 이 사이에서 작은 증기선을 이용하여 소항(溯航)하려고 해보았으나 결과가 나빠서 그만두었다. 강의 상태가 이와 같으므로 항운 수로로 거의 가치가 없다. 다만 간도 일대의 비옥한 평야에 물을 댈 수 있으며, 특히 어업의 이익이 큰 점에서는 이 강보다 나은 것이 없다. 강구에서 소항하여 10리를 가면 길이 약 60~70칸, 폭 24~25칸에 이른 삼각주가 있다. 이곳은 연어와 송어 어장으로 유명하다.

용흥강

두류산의 서쪽 평안도 양덕 부근에서 발원하여, 협곡을 따라 북쪽으로 흐르다가 방향을 바꾸어 동쪽으로 흘러 내려가서, 영흥을 지나 영흥만 내의 송전만(松田灣)으로 들어간다. 강구는 유사(流砂)가 퇴적되어 세 줄기 혹은 네 줄기를 이루기도 한다. 수심은 깊어도 반 길에서 두 길에 지나지 않으므로, 수운교통으로 이용하기에 부적합하다. 그러나 강은 연어의 산지로 유명하다.

이 두 강 이외에 함흥만으로 들어가는 성천강(成川江), 신창 정박지로 흘러들어가는 신대천(新大川)·단천읍을 지나는 남대천(南大川)·이포(梨浦) 정박지로 들어가는 북대천(北大川)이 다소 이름이 있지만, 모두 수운교통으로 이용할 수는 없다. 그러나 모두 연어와 송어가 거슬러 올라오므로 그 이익은 적다고 할 수 없다.

조선해협 사면

낙동강

태백산에서 발원한 본류가 남하하여 안동 부근에서 해안산맥 등에서 발원하는 여러 지류를 모아 서쪽으로 흘러 예안에 이른다. 여기에서 다시 소백산맥에서 발원하는 여러 지류가 모인 후 동쪽으로 꺾여 서안동부(西安東府)를 휘감고 남쪽으로 용궁(龍宮), 함창(咸昌)의 경계에 이르면 낙동강이라고 불리게 된다. 낙동산(洛東山)과 상주 사이를 지나고, 선산 인동의 여러 읍을 거쳐, 대구 · 성주 사이를 횡단하여 창녕 · 영산을 지나서 서쪽 진주에서 오는 용강(龍江)과 합류한다. 한산산맥(韓山山脈)에 막혀 동으로 꺾인 후 삼랑진 부근에서 밀양에서 오는 강과 합쳐진 다음 다시 남으로 흘러 다대포를 통해 조선해에 들어간다. 용강은 근원이 지리산의 동북쪽인데, 남하하여 진주를 지나 꺾여서 동으로 흘러 낙동강과 합류한다. 그 외의 지류로는 좌측에서 오는 것으로 칠천(漆川) · 가양천(伽陽川) 등이 있다. 모두 작고 급류를 이룬다. 낙동강의 전체 길이는 700리에 이르며, 조선해협 사면에서 유일하게 큰 강이다. 그 본류와 지류가 모두 경상도의 주요 지역을 관통하며, 경상도의 도시와 마을 대부분이 이 유역에 위치하지 않은 것이 없다. 또한 경상도 내의 평야 중 이 강에서 물을 대지 않는 곳이 없다. 삼랑진 부근에서 강의 조수간만의 차이는 1척 정도이다. 이 부근까지는 100톤 미만의 작은 증기선이 오르내릴 수 있다. 이보다 상류 수십 리까지도 간만의 영향이 있지만 모래톱이 많고 수심이 얕아 바닥이 평평한 작은 배가 아니면 다니기가 어렵다. 이 강을 따라 형성된 유명한 시장으로는 상주 · 성주 · 낙동주(洛東州) · 사문진(砂門津) · 삼랑진 · 구포 등이다. 강어귀의 삼각주를 명호도(鳴湖島)라고 하는데 염전이 있다. 해산물로는 대합을 으뜸으로 치며, 또한 장어, 바닷장어의 좋은 어장으로 봄 · 가을의 환절기에 일본 어선의 출입이 많다. 또한 밀양 부근은 은어의 산지로서 유명하다.

섬진강

악양강(嶽陽江) 또는 하동강(河東江)이라는 별명이 있다. 노령산맥 중의 만마관도(萬馬關道)에서 발원하여 남으로 흘러 남원에 이르러 요천(蓼川)을 합하고, 구례에 이르러 서쪽의 지류들을 모은 다음, 백암산(白巖山) 기슭을 휘감으며 하동의 서쪽을 지나 경상도와 전라도의 도계를 이루며 광양만으로 흘러들어간다. 강어귀는 얕아서 큰 배가 들어갈 수 없으나, 유역의 화물은 이 물길을 통하여 반출할 수 있으며, 선박의 출입도 빈번하다. 하구에는 장어와 새우가 많이 생산되고 또한 부근 일대의 연해에서는 김 양식을 위한 나뭇가지를 세워둔 것이 수십 리에 이르러, 조선 제일의 김 양식장이다.

황해 사면

영산강

노령(蘆嶺)의 남록(南麓)에서 발원하여 전라도의 남서를 지나서 나주의 남쪽에서 시설산(矢雪山)에서 발원한 여러 강물들과 합쳐진 다음, 서남으로 흐르며 강폭이 넓어지면서 목포에 이르러 바다에 들어간다. 이 강은 그 유역이 넓지는 않지만 전라남도의 비옥한 평야에 물을 공급하여 크게 농사를 돕는다. 또한 강 입구에서 영산포에 이르는 구간은 작은 기선이 통과할 수 있으며, 작은 배는 나주를 지나 더 위쪽으로 소항(溯航)할 수 있어서, 항운의 이익이 또한 크다. 하구에서는 굴이 많이 나고 양식하는 사람들도 있다.

만경강

전주강(全州江) 또는 김제강(金堤江)이라고도 부른다. 전라북도의 큰 강으로, 덕우산(德祐山)의 서맥(西脈)인 운제(雲梯)·위봉(威鳳)·청량(淸凉)의 여러 산에서 발원하여, 전주의 남천(南川)·추천(湫川) 등과 합쳐져 안천(雁川)이 되어 전주평야를 관류(貫流)하고, 만경에 이르러 바다에 들어간다. 하구에서 상류 약 90리 정도인 대장리(大場里) 부근까지 조수간만의 영향을 받으나, 대조(大潮)가 아니면 선박이 들어갈 수 없다. 더욱이 강은 굴곡이 심하고 또한 급류여서 항행이 어렵다. 연안 포구 중에서 가장 선박의 출입이 많은 곳은 대장리, 쌍구포(雙口浦) 및 몽산(夢山)이라고 한다.

금강

전라북도 마이산 부근 유령산(杻嶺山)의 동쪽 용담(龍潭) · 진안(鎭安)의 계곡 및 충청북도의 천마산(天摩山) · 청산(青山) · 황간(黃澗) 등의 계곡에서 발원하여 부근의 세류(細流)를 모으고 북서로 흘러 금산의 동쪽을 지나 충청남도 남단을 거쳐 연기의 동진강(東津江)과 합류한 다음, 서남쪽으로 흐름을 바꿔 공주의 동쪽을 지나 남으로 꺾인 다음 금강천(金剛川)을 합하고, 강폭이 점점 넓어지면서 백마강(白馬江)이 된다. 임천군에 들어가서는 장암강(場巖江)이 되며, 강경에 이르러 서쪽으로 흐르는데 진강(鎭江) 또는 용당강(龍塘江)이라고 부르는 등 곳곳에서 명칭이 달라진다. 전라 · 충청 양도의 경계를 이루며 서해로 흘러들어간다. 유역이 아주 크지는 않지만, 하구에서 강경까지 100리 사이는 수심이 3~4길, 강폭이 400~700간으로 작은 기선이 항행할 수 있다. 강경보다 상류는 공주를 지나 부강(芙江)에 이르기까지 배를 이용할 수 있다. 강 유역에는 논밭을 일구어 인구가 조밀하고 농산물이 풍부하다. 상류 일대의 산물은 대부분 부강에, 중류 일대의 물산은 강경에 모인 다음, 다시 군산으로 배로 운반되며, 이곳에서 다시 각지로 수송된다. 군산은 수심이 깊지 않으며 조수간만의 차이가 심해서 출입이 어렵다. 그러나 대단히 중요한 위치를 차지하여 이 강 유역 일대의 물화를 유통하는 곳으로, 개항 이래 수심이 얕음에도 불구하고 그 발전이 두드러진다.

한강

한강은 조선 5대강의 하나로 유역은 강원 · 충청 · 경기 3도에 걸쳐져 있다. 원류는 남북의 2줄기로 나누어지는데, 북쪽 줄기는 함경 · 강원의 경계인 철령에서 발원하여, 태백산맥의 금강산 및 여러 곳에서 발원하는 계곡물을 모으고, 남쪽으로 흘러 양구의 전천(前川)을 합하고 점차 커져서 춘천에 이른다. 이곳에서 태백산맥의 오대산 북록(北麓)에서 발원하여 인제의 남쪽을 지나 서남으로 흘러온 조양강(照陽江)과 합류한 다음, 꺾여서 서남을 향하여 흐르다가 홍천강(洪川江)을 품고 경기도에 들어간다. 광주의 기두원(起頭院) 부근에서 남한강[南江]을 합한다. 남한강은 태백산맥의 오대산 서북록 및 금강산의 서남록에서 발원하여 동남으로 흘러 정선에 이른다. 이곳에서 꺾여서 남쪽으로 향하여 영월 부근에서 평창천(平昌川)을 합하여 충청도에 들어가 청풍·충주의 동쪽을 지나 충주의 서부에서 남으로 흘러온 달천(達川) 및 청미천(淸美川)을 모은다. 다시 흥원원(興原院)의 서쪽에 이르러 섬강(蟾江)을 합하고, 여주를 지나 기두원 부근에서 북한강을 만난다. 이곳에서 수량이 많아지고 경성의 동남쪽에 이르면 더욱 커져서 덕적산(德積山)의 남쪽에 이르러 임진강과 만나 강화만으로 들어간다. 이 강은 그 유역이 길고 큰 것에 비해서 수량이 많지 않으나 조수간만의 영향을 많이 받으므로 이를 이용하면 하구에서 경성 부근의 용산까지 작은 기선으로 소항하는 데 지장이 없다. 그러나 하구에는 쓸려온 토사가 퇴적되어 사주가 많고 또한 암초가 곳곳에 숨어있어서 위험이 따른다. 다만 머지않아 항로표지를 설치하게 될 것이므로 저절로 그러한 위험은 감소하게 될 것이다. 강의 상류인 북한강은 경사가 급하여 소항이 어렵지만 그래도 춘천(春川)의 낭천(狼川)을 거쳐 수십 리를 나아갈 수 있다. 남한강은 경사가 다소 완만하여 충주·청풍을 거쳐 영춘(永春)까지 거슬러 올라갈 수 있다.

임진강

함경도 원산의 서쪽 마식령의 남쪽 계곡에서 발원하여 금산산맥의 여러 계곡물을 모아 이천(伊川)의 북쪽에 이르러 넓은 곡간평야를 만들고, 다시 남쪽으로 흘러 안기(安岐)를 지나 경기도의 삭녕과 연천을 거쳐 마전의 남쪽에 이르기까지 산과 깊은 계곡 사이를 구불구불 흐른다. 이곳에 이르면 강원도와 함경도의 도 경계에서 발원하여 평강·철원 지방을 거쳐 온 물줄기와 합쳐져 서남쪽으로 흐른다. 경의선 철도를 가로질러 풍덕(豊德) 남쪽에 이르러 한강과 같은 하구로 바다에 들어간다. 강폭이 크게 넓지 않고 물살이 아주 급해서 수운으로 이용하기 힘들지만, 넓은 지역에 관개하므로 농업 생산에 도움이 되는 바가 적지 않다.

예성강

곡산 또는 수안 부근에서 발원하여 남으로 흐르다가 토산에서 오는 계곡물을 합하고, 금천 · 평산 사이에서 경의선을 가로지른다. 이곳에서 황해와 경기도의 경계를 이룬다. 서쪽에서 오는 옥산포강(玉山浦江)과 전포(錢浦) 아래에서 합류하면서 강폭이 커지고, 벽란도(碧瀾渡)와 예성강리(禮成江里)를 거쳐 강화만으로 들어간다. 이 강의 본류는 조포(助浦)까지 작은 기선으로 소항할 수 있으며, 지류인 옥산포강은 백천읍(白川邑) 부근까지 작은 범선으로 항행할 수 있다. 벽란도는 백천 · 연안(延安) · 해주(海州)에 이르는 가도의 요충으로 여객의 왕래가 빈번하다. 이곳은 또한 토성(土城)에서 분기하는 경의철도 지선의 종점으로 주로 연료 및 기타 철도재료의 육양지(陸揚地) 역할을 한다.

대동강(재령강 포함)

본류는 평안도와 함경도의 도계를 이루는 낭림산의 남쪽에서 발원하여, 서남쪽으로 흘러내리다가, 영변 · 덕천 · 수천 · 은산 · 자산의 여러 읍을 지난다. 이 부근에서 마식령의 서쪽에서 발원하여 성천읍을 흘러온 비류강(沸流江)과 합류하여 남하한다. 이를 대동북강(大同北江)이라고 한다. 평양의 동쪽에서 대동남강과 합류하여 평양을 지나 이리저리 굽이치며 혹은 남으로 혹은 서로 흐르면서, 황해도와의 경계를 이룬다. 강폭이 넓어지고 수심이 깊어지면서, 철도(鐵島)에 이르러 재령강과 합쳐진다. 그 후 서쪽으로 흐르면서 진남포(鎭南浦)를 지나 어은동(漁隱洞)에 이르러 황해도로 들어간다. 대동남강은 마식령의 서남쪽 또는 백년산(百年山)의 서북쪽에서 발원하여 곡산에서 오는 지류와 합친 다음 서쪽으로 흘러 황해와 평안도의 경계를 이루면서 삼등(三登)에 이르러 북강과 합친다. 대동강은 총길이 700리에 이르며 황해 사면의 중요한 강으로, 유역에는 평양과 같은 큰 도시가 있고, 또한 겸이포(兼二浦) · 철도 · 진남포 · 어은동과 같은 좋은 정박지가 있다. 그리고 하구인 어은동부터 진남포에 이르는 약 10해리,

진남포에서 철도에 이르는 약 12해리, 철도에서 겸이포에 이르는 5해리는 강폭이 넓고 수심이 깊어서 큰 배도 항행하는 데 지장이 없다. 이곳에서 평양에 이르는 구간은 작은 증기선으로 통항할 수 있다. 평양의 위쪽은 대동북강의 경우에는 은산군 고동(庫洞) 부근까지, 그 지류인 비류강은 성천읍에 이르기까지, 대동남강은 곡산군 문성장〈文城場, 평양에서 육로 240리〉에 이르기까지 수운을 이용할 수 있다.

재령강은 서흥(瑞興)의 악멸산(惡滅山)에 발원하여 서쪽으로 흐르다가 재령읍의 동쪽에서 꺾여 북으로 흘러 대동강으로 들어간다. 대동강의 수심은 진남포에 부근에서 8~9길, 겸이포 부근에서도 여전히 6~7길에 이른다. 철도 부근에서는 조석의 차이가 17~ 20척에 이르고, 그 여파가 지류에도 미쳐 범선의 경우는 풍향과 관계없이 조류를 이용하여 항행할 수 있어서 대단히 편리하다. 그러나 철도 부근에서 상류는 겨울에 수십 일 동안 결빙되며, 하류는 유빙이 많아서 교통이 두절되기에 이르는 점이 아쉽다.

청천강

함경도와 평안도의 경계를 이루는 낭림산 남록에서 발원하여, 묘향 · 적유 두 산맥의 계곡을 흘러 여러 지류를 합하여, 묘향산맥의 협곡을 지나 그 남록을 흘러 안주의 북쪽을 통과한다. 하류 가까이에서는 경의철도의 정거장인 신안주(新安州)에 이르러, 대령강과 같은 하구로 바로 들어간다. 이 강의 유역은 산맥이 많고 평야가 적어서 관개와 수송의 이익이 적지만, 안주까지 큰 배가 소항할 수 있고, 작은 배는 본류는 희천(熙川)까지, 지류는 구강(九江)은 영변을 거쳐 운산(雲山) 부근의 화옹진(化翁津)까지 통행할 수 있다. 게다가 운산은 전국 제일의 금산지이며, 영변 부근 또한 유명한 사금 생산지이다. 그래서 이러한 사업의 발전은 실로 청천강의 본류가 촉진하고 있다고 할 수 있다.

대령강

상류는 동서의 두 가닥이 있다. 하나는 어백령(於白嶺) 남록에서 발원하고, 다른 하나는 대팔영령(大八營嶺)의 남쪽에서 발원하여 남하하다가 박천의 서쪽에 이르러 서로 합쳐져 서쪽으로 꺾여 청천강과 같은 하구로 황해에 들어간다. 이 강은 그 유역이 청천강처럼 넓지 않아서 그 이익이 될 만한 것도 적다.

압록강

이 강은 조선의 5대강 중에서 가장 큰 강이다. 백두산의 서록(西麓)에서 발원하여 북서 국경을 감싸고 흐르면서 가는 곳마다 함경남도의 허천강(虛川江)·장진강(長津江) 및 백두산맥의 계곡에서 발원하는 여러 세류와 기타 양안의 여러 지류가 합쳐지고, 초산(楚山)에 이르러 만주에서 남하한 혼하(渾河)와 합쳐진다. 이 지점에서 강폭이 커지고 의주 부근에서 다시 만주에서 오는 애하(靉河)를 받아들여, 구리도(九里島)·어적도(於赤島)·검정도(黔定島)·중강대(中江臺) 등의 삼각주를 이루며, 하류에서는 세 가닥으로 갈라진다. 남동을 통천하(通天河)라고 하는데 강폭이 100리 정도이다. 가운데를 중강이라고 하며 강폭은 200미터이다. 국경을 이루는 것을 상강(上江)이라고 하며, 폭이 100미터 정도이다. 이 세 강은 신의주에 이르러 다시 합쳐져 하나의 강이 되고, 다시 위화도(威化島)를 만들고 광대한 삼각강을 형성하면서 용암포(龍巖浦)를 지나 황해로 흘러들어간다. 이 강은 전장 1,400리에 이르며 전국의 강 중에서 가장 크지만, 하상의 경사가 급하고 격류가 흐르는 곳이 많다. 또한 수량이 많지 않고 암초도 적지 않다. 그래서 하구에서 몇십 리 사이에도 흘수(吃水)가 얕고 마력(馬力)이 강한 작은 증기선이 아니면 항행할 수 없다. 그렇지만 중국의 정크선을 사용하면 하구에서 40리 상류인 창성(昌城)까지 소항할 수 있다. 이 강의 실상이 이와 같으므로 항운하(航運河)로서의 가치는 적지만, 무역하(貿易河)로서는 대단히 가치가 있다. 이 강의 상류에는 넓은 삼림이 펼쳐져 있으며 그 가치가 무한하다고 할 수 있다. 매년 수출액이 1천만 원(圓)을 넘는다. 그 밖에 청국의 길림(吉林)·성경(盛京) 2성의 물산을 수출하고 또한 수입하는 양도 막대하여, 수출입을 합산하면 무려 5천만 원에 이른다고 한다. 이 강에 연한 중요한 시장은 용암포, 신의주를 들 수 있으며, 중국 쪽에는 대동구(大同溝)와 안동현(安東縣)이다.

제7장 연안

조선은 삼면이 바다로 둘러싸여 있을 뿐만 아니라, 그 남서쪽 연안은 매우 굴곡이 많고 섬들이 많아서 그 해안선의 길이가 매우 길어서 대략 6,000마일에 달하며(도서를 포함한다), 이것을 육지의 총면적 84,088제곱마일(方哩, 도서를 포함한다)에 비교하면, 14제곱마일당 1해리의 해안선을 가진다. 각 도 중에서 동해에 면한 것은 함경 · 강원 2도 및 경상도 일부로, 이를 동연안이라고 칭한다. 조선해협에 면한 것은 경상도와 전라도의 각 일부로, 이를 남연안이라고 하며, 황해에 면한 것은 전라도 일부와 충청도 · 경기도 · 황해도 · 평안도로, 이것을 서연안이라고 부른다. 즉 이와 같이 나라의 8도가 모두 바다에 연해 있다.

동연안

동연안은 경상도의 부산부터 북쪽 경계 두만강구에 이르는데 해안선이 가장 길다. 그렇지만 연안의 굴곡이 많지 않고 도서가 적어서 해안선이 매우 단조롭다. 본 연안은 대륙지체와 반도지체의 접속에 의해 크게 굴절되며, 이 지점에서 하나의 큰 만을 형성하였다. 이것을 동조선만(東朝鮮灣)이라고 한다. 그 만 안에 다시 하나의 작은 만이 있는데, 이를 영흥만이라고 한다. 영흥만은 본 연안의 중앙에 위치하여, 영흥만 내의 원산진에서 동북 조산만(造山灣)에 이르는 항로는 약 388해리이고, 여기서 동남쪽으로 부산에 이르는 거리는 318해리이다.

영흥만의 동남 연안은 부산(釜山) 항구 밖에서 강원도의 수원단(水源端)에 이르는 사이까지 대략 호면(弧面)으로 되어 있다. 그러므로 그 해안선은 부산구외(釜山口外)에서 강원 · 경상도 경계에 이르는 사이로 남서에서 북동으로 뻗어 있으며, 여기에서 점차 서쪽으로 기울어서 남북방향이 된다. 일단 용추갑(龍湫岬)을 돌면 앞의 해안선과 반대로 동남에서 서북으로 뻗어서 영흥만에 도달한다. 이 일대는 동연안 중 특히 굴곡이 적은 부분이어서, 오직 경상도의 울산과 영일의 두 만, 강원도의 장전동 정박지[錨

地]가 조금 두드러지게 들어가 있을 뿐이다. 그 외에는 사빈(沙濱)이 이어져서 거의 일직선을 이룬다. 그러나 연안과 나란하게 뻗은 산맥은 고도가 대체로 1,000척 이상 3,000~4,000척에 달하고, 지맥(支脈)이 곧바로 바다를 향하고 있어서 절벽이나 낭떠러지를 이루는 곳도 많다.

영흥만에서 동북쪽은 곧 대륙지체에 속하는 연안인데, 그 연안선은 영흥만에 인접한 함흥만에서 무수단(舞水端)에 이르는 사이로 서남서에서 동북동으로 뻗어 있지만, 무수단 갑각(岬角)에서 점차 북동쪽으로 방향이 바뀌어 북쪽 경계에 이른다. 함흥만에서 무수단에 이르는 사이는 남남동에 면하여 강원도와 호응하지만, 무수단에서 북쪽은 대개 동남동으로 향해서 일본의 호쿠리쿠[北陸]와 마주 보고 있다. 이 일대는 남 · 서 두 연안과 같이 출입이 복잡한 것은 아니지만 다소 굴곡이 많고 특히 영흥만은 남북 17해리와 동서 6해리에 달하여 조선에서도 유수한 큰 만이며, 그 외에도 좋은 항구가 풍부하여 함흥만에 비할 만하다. 단순히 정박지만 언급한다면 오히려 서연안보다 우수한 것이 많다. 그리고 연안의 형상은 전자와 비슷하고, 산봉우리가 연속되어 있어서 평지인 곳이 적다. 적어도 지맥(支脈) · 구릉(丘陵)은 바다와 면해서 급사면을 이루었지만, 영흥만처럼 낭떠러지인 경우는 적다. 또한 모래사장도 여러 갑각(岬角) 사이에 군데군데 끼어 있는 데 불과하다.

항만

영흥만 동남의 연안은 앞에서 설명한 것과 같이 매우 굴곡이 많지 않으므로 정박지로 양호한 곳은 앞에서 말한 울산, 영일과 장전동 3곳만이 있을 뿐이다. 그러나 어선을 기박(寄泊)하기에 적당한 곳으로, 경상도에는 대변(일명 기산) · 두모포 · 일산포 · 모포 · 축산포, 강원도는 죽변 · 주문진 · 거진 · 황금진 · 치궁 등을 들 수 있다. 그 밖에도 없는 것은 아니어서 울산만은 깊숙하게 북쪽으로 만입하고 수심이 깊어서 크고 작은 선박이 정박하기에 적당하다. 특히 포경선의 근거지로 중요한 위치를 점한다. 또한 지난날 일본과의 통상항으로 유명한 영일만은 서남쪽으로 요입(凹入)해 있고 그 입구의 넓이는 겨우 서쪽의 풍파를 막아내기에 충분할 뿐이지만 만내에 두호포(斗湖浦)는 수심이 다소 깊어 정박이 안전하기 때문에 남쪽으로 가는 선박이 서남으로 돌출된 동외곶(冬外串)을 회항하다가 위험을 인지했을 때는 이곳에 피박(避泊)하여 날씨가 좋아지기를 기다리는 데 편리하다. 장전동 정박지는 수원단의 서쪽에서 동조선만 입구를 에워싼다. 정박지가 넓고 수심이 깊으며 큰 배나 거함(巨艦) 몇 척을 정박하기에 충분하다. 이 또한 포경선의 근거지로서 이름이 높다. 치궁(致弓)은 장전동처럼 만 내가 광활하지는 않지만 수심이 깊어서 정박이 가장 안전하므로 어선이 기박하기에는 가장 양호하다.

영흥만 동북에는 이 만 내의 원산진(元山津) 및 송전만(松田灣)을 시작으로 해서 그 입구 바깥인 함흥만(咸興灣)의 북쪽 귀퉁이, 즉 동조선만의 서북쪽 귀퉁이에 해당하는 서호진(西湖津), 그 동쪽으로 퇴조포(退潮浦) · 전진(前津) · 신포(新浦) · 마양도(馬養島)가 동조선만을 따라 좋은 항구를 이룬다. 영흥만 바깥으로는 신창(新昌) · 차호(遮湖) · 이포(梨浦) · 성진(城津) · 갈마포(葛馬浦) 등이 무수단(舞水端)까지 이어져 있다. 그런데 무수단 이북 웅원단(雄元端)에 이르는 사이에는 연안이 사빈인 곳이 많아서 그곳으로의 출입이 뜸하다. 웅원단의 북측에서 길림산각(吉林山角)에 이르는 사이는 큰 후미[凹入]가 있어서 경성만(鏡城灣)이라고 하는데, 이 또한 연안이 사빈인 곳이 많고 굴절이 심해서, 만 내에 독진(獨津)과 청진(淸津)의 두 항구가 있어도 배를 정박하기에는 안전하지 못하다. 다만 경성만의 남구각(南口角)에 접해 있는 어대진(魚大津)은 한 어항(漁港)에 불과하지만, 피박항(避泊港)으로서 안전한 곳이다. 길림산각(吉林山角)의 북쪽에는 용재만(龍在灣) · 간진만(澗津灣) · 나진만(羅津灣)이 이어져 있고, 북쪽 경계인 조산만(造山灣)으로 이어지며 용재만 내에는 쌍포(雙浦, 일명 Stepanof) · 삼일포(三日浦, 일명 智古灣) · 사포(沙浦, 일명 士佛知灣) 등의 정박지가 있다. 나진만에는 유진(楡津) · 명진(明津) 정박지가 있으며, 조산만(造山灣)에는 마정(瑪丁) · 웅기(雄基) · 북만(北灣) · 포항(浦項) 정박지가 있다. 모두 정박하기에 안전한 곳이며, 대개 연안을 항행하는 기선이 기항하는데 교통이 편리하다. 특히 원산 · 성진 및 청진은 개항지로, 원산은 함경남도 및 강원도 일부의 관문이며, 성진과 청진은 함경북도의 관문이다. 그렇지만 성진은 정박지가 좋지 않아서 바람과 파도를 잘 막아내지 못하여 개항지로서의 가치가 있다고 할 수 없다. 여러 항 중에서 가장 양호한 곳은 원산이라 할 수 있으며, 나진도 또한 만 안에 널리 10여 척의 큰 배를 수용하기에 적합한 북방의 요항(要港)임은 의심할 바 없다. 때때로 각 국 군함이 정박하는 곳이다. 여기에 버금가는 곳이 웅기(雄基)·차호(遮湖)·신창(新昌)·신포(新浦)·서호진(西湖津)이다. 웅기는 북쪽 끝에 위치하여 경흥(慶興)·경원(慶源)을 거쳐 청나라 길림성의 혼춘(琿春)으로 왕래하기 편하니, 이곳을 열어 통상항(通商港)으로 만들 만한 가치가 있을 것이다. 청진(淸津)은 최근에 개항한 곳으로 유성(楡城)과 함께 서로 짝을 이룬다. 독진(獨津)은 경성(境城)과 서로 마주보며 번성하고 있는데, 특히 경성에서 청진, 유성을 거쳐 회령에 이르는 경편철로(輕便鐵路)가 있다. 때문에 북관(北關) 지방에 가는 사람은 대부분 이 두 항을 상륙 지점으로 삼는다. 차호는 정박지로 양호하지만 육로 교통은 편하지 않고 명태 산지로 이름이 있을 따름이다. 신창(新昌)·신포(新浦)는 그 거리가 가까운데, 모두 북청군의 관문으로 이익을 서로 다투고 있다. 그런데 두 지역과 북청읍 사이의 거리는 신창이 더 가깝기는 하지만, 정박지[錨地]가 양호하고 닻을 매기에 편하며 물산이 넉넉한 점은(명태가 많이 잡힌다) 신포에 미치지 못한다. 때문에 신포는 빠르게 날로 발달하는데도 불구하고, 신창은 두드러지게 나아지지도 않고 형세가 점점 쇠락해가는 듯하다. 서호진은 함흥·평원 일대의 주요 집산지[含吐口]로 상선의 출입이 빈번하다. 게다가 몇 해 전 일본군에 의해 함흥 사이에 건설된 경편궤도(輕便軌道)는 최근에 민간에 불하되어 여객 및 화물을 운송하니 나날이 발달하는 듯하다.

갑각(岬角)

갑각(岬角)으로 널리 알려진 곳은 부산항 입구에서 북항하여 울산의 남쪽에 있는 공단갑(功端岬)이다. 그 앞쪽에 석우암(錫于岩)이 있어서 바람이 불면 파도가 매우 심하다. 울산항 입구의 북쪽을 에워싸는 울기(蔚埼)가 다소 두드러지게 돌출해 있으며, 영일만의 남쪽을 감싼 동외곶(冬外串)〈일명 장기갑(長鬐岬)〉이 가장 멀리 돌출하여 강원도의 극동과 비슷하다. 그 주위 및 끝부분에는 암초가 많이 있다. 죽변(竹邊)의 용추갑(龍湫岬)도 역시 주목할 만하다. 이 갑에서 동조선만 입구를 에워싼 수원단(水源端)에 이르는 사이의 장대한 연안에는 낭떠러지 또는 사빈이며 갑각(岬角)이 두드러

진 곳은 적다. 그 북서 즉 장전동 정박지의 동쪽을 에워싼 월이대(月移臺) 역시 길게 북쪽을 향하여 돌출되어 있으나, 여기에서 영흥만에 이르는 사이에는 이름이 알려진 곳이 적다. 영흥만을 감싸고 있는 지역은 남쪽을 갈마반도(葛麻半島)라고 부르고, 북에서 남쪽을 향해서 돌출된 것은 호도반도(虎島半島)〈일명 대강도반도(大江島半島)〉라고 부른다. 여기서 북쪽 동조선만의 연안에는 두드러진 곳이 없다. 신포 정박지의 동쪽에 돌출된 송도갑(松島岬)이 장대하여 멀리 수원단과 서로 마주하여 동조선만의 관문을 이룬다. 이곳에서 동북쪽에는 성진의 동북부에서 돌출되어 임명해(臨溟海)를 에워싼 길주각(吉州角)이 다소 유명하다. 그 동쪽에는 무수단이 있는데, 이것은 함경도에서 널리 알려진 갑각이라고 한다. 그 북쪽 경성만 입구를 낀 것으로 남쪽에 있는 것은 웅원단(雄元端), 북쪽에 있는 것은 길림산각(吉林山角)이라고 하는데, 모두 유명하다. 이보다 북쪽에는 용재만의 북쪽을 장악한 모세이스키각(モセイスキ角)·간진만의 남쪽에 돌출한 화단산각(花端山角)〈일명 임련각(林嗹角)〉·나진만의 북쪽을 감싸고 있는 로지오노프각(ロジヲノッフ角)·조산만의 동쪽을 낀 서수래각(西水來角)이 있는데, 이것이 가장 북쪽에 있는 갑각이라고 한다.

도서(島嶼)

도서(島嶼)로 강원도 앞바다 약 400여 리에 위치하는 울릉도는 폭이 사방 약 50리로, 동연안에는 가장 큰 섬이라고 한다. 이 섬의 별명은 송도(松島)라고 부른다. 중앙에 솟아 있는 산은 높이 3,208피트로 바위가 깎아지른 듯 높고 험하며 톱니 모양과 같다. 멀리서 이 섬을 바라보면 푸른 소라가 떠 있는 것과 비슷하다. 섬 전체는 나무가 빽빽하게 우거져 있어서 훌륭한 목재가 풍부하다. 그렇지만 외지인들이 남벌한 결과 근래에는 점차 감소하여 또한 이전의 모습은 없다. 섬은 주변이 낭떠러지로 되어 있어서 상륙[攀躋]하기가 어렵지만, 곳곳에 작은 사빈이 있어서 파도가 잔잔할 때는 여기에 작은 배를 댈 수 있다. 여기에 버금가는 것은 신포 앞에 떠 있는 마양도로, 동서 10정(町), 남북 10리(里) 정도이다. 북쪽에 만입한 곳이 세 곳이 있는데 모두 좋은 정박지이다. 그 외에 영흥만(永興灣) 앞에 떠 있는 여도(麗島)와 나진만(羅津灣) 앞에 가로놓인 대초도(大草島)는 규모는 작아도 다소 이름이 있다.

남연안

남쪽 연안은 경상도의 부산에서 전라도의 남단인 진도까지로 그 구역이 가장 협소하다. 그렇지만 연안의 굴곡이 심하고 또한 전면에는 도서가 별처럼 흩어져 있으므로 해안선을 연장하면 비교적 길다. 본 연안은 높은 봉우리와 산이 해안에 가까이 이어져 있지만 평지가 적지 않고 경사는 동해안처럼 급하지 않다. 그러나 서연안처럼 경사가 완만한 것도 아니므로, 절벽을 이루는 해안도 조금 있고 넓고 얕은 간석지도 조금 있다.

항만

연안의 만입이 현저한 곳은 부산의 서쪽인 마산만, 그 서쪽인 고성반도와 거제도를 끼고 이루어진 진해만, 그 서쪽의 남해도에 가려진 진주만〈일명 곤양만〉· 여수반도의 동쪽인 광양만〈일명 섬진만〉· 여수반도의 서쪽 흥양반도를 끼고 있는 순천만〈일명 여자만〉· 여수반도의 서북측 서쪽에서 동으로 깊게 만입한 보성만〈일명 득량만〉· 해남반도의 동쪽에서 깊숙이 북쪽으로 만입한 강진만〈그 앞에 완도와 고금도가 떠 있어서 가려진 내해를 마도해(馬島海)라고 한다.〉 등이다. 또한 해남반도의 서쪽 진도와 서로 마주보고 이루어진 내해에 마로해〈일명 화성돈만(華聖頓灣)〉가 있다. 그 밖에 위에서 열거한 다음으로 다소 큰 것을 들면 마산만 입구에서 동북으로 만입된 행암만(行巖灣)이 있다. 고성반도의 서측 북으로 향해 만입한 자교만(子郊灣), 동으로 향해서 만입한 동도만(東島灣)이 있다. 또한 남해도(南海島)에 요입한 것으로 남에서 북으로 요입한 목도만(木島灣), 이것과 반대쪽에 북에서 남쪽으로 만입한 미조만(彌助灣, 진주만에 연속함), 여수반도의 남단으로 요입된 가막진(駕莫津, 돌산도가 그 앞에 떠 있다.) 흥양반도의 동남쪽에 요입된 해창오(海倉澳, 그 앞에 나로도가 떠 있다) 등이 있다.

또한 정박지로 유명한 곳은 앞에서 기술한 마산(馬山) · 진해(鎭海) · 보성(寶城)의 세 만 외에 부산을 위시하여 진해만의 서쪽 입구를 감싼 통영(우수영이라고 함), 여수반도의 여수(통영에 대하여 좌수영이라고 함)의 6항만으로 이 지역에서 주요한 곳이라고 한다. 도서(島嶼)의 경우, 거제도(巨濟島)의 서쪽인 죽림포(竹林浦)·욕지도(欲知島)의 북쪽인 동항(東港)·사량도(蛇梁島), 남해도(南海島)의 삼천포(三千浦)·나로도(羅老島) 정박지〈일명 소산도(召山島)〉, 신지(薪智)·고금(古今)·조약(助藥) 3도 사이에 있는 장직로(長直路), 거문도(巨文島)의 해밀턴항〈거문도는 혹은 삼도(三島)라고 칭한다. 해밀턴항은 혹은 내해(內海)라고도 부른다〉, 소안(所安)·노아(露兒)·보길(甫吉)의 세 섬으로 둘러싸인 소안항, 제주도의 부속섬인 우도 및 비양도(飛揚島) 정박지 등 모두 10항이 주요한 곳이라고 한다. 이 16항만 중 통영·죽림포·동항·사량도·여수·삼천포·나로도·비양도의 8항을 제외하면 모두 정박지가 넓고 수심이 깊으며 대함과 큰 선박을 정박시키기에 적당하다. 특히 진해 및 거문도가 군사적으로 중요한 위치를 점하고 있어 최상의 가치가 있는 듯하다. 또 부산·마산이 상항(商港)으로서 가치를 가지고 있음은 두말할 필요도 없다. 보성은 전라도에서 중요한 위치를 점하여 만 내가 넓으며, 수심이 깊어 개방할 가치가 있다고 할 만하다. 그렇지만 목포의 번영을 위협할 수 있을지는 알 수 없다. 통영은 이 나라 상선이 모여드는 곳으로 경상도 연안 중 최고이다. 여수 역시 전라도 남해안의 이름난 좋은 항으로 상업이 융성한 곳인데 통영에 비할 바는 아니다. 그렇지만 모두 반도에 위치하고 있어서 장래 현저한 발달을 이루는 배경이 될 것이다. 기타 삼천포·나도로·장직로·소안항·우도와 같은 것은 모두 도항(島港)으로서 정박지가 좋기는 하지만, 상항(商港)으로서의 가치를 가지지는 않는다. 다만 순천만 내에 있는 순천읍은 전라도에서 경성으로 통하는 가도의 기점에 위치한다. 그와 관련하여 부산이 경상도에서 경성으로 통하는 가도의 관문이라는 점이 유사하다. 상업이 매우 번성한 지역이지만 만 내가 얕아서 큰 배를 수용하기에 충분하지 못한 것이 유감이다. 나로도에 기항하는 선박이 많은 이유 중 하나는 이 섬이 만 입구에 있기 때문이라고 한다.

반도(半島)

연안(沿岸)은 해안선의 드나듦이 많으므로 반도(半島)나 갑각(岬角)이 매우 많아서 일일이 열거할 여유는 없다. 그러나 가장 큰 반도는 이미 항만에서 함께 다루었던, 고성반도 · 여수반도 · 흥양반도와 그 서쪽의 장흥반도 및 그와 인접하여 한반도의 최고 남단이 되는 해남반도 등이 있다.

도서(島嶼)

도서는 거제도 · 남해도, 먼 바다에 있는 제주도가 이 연안에서 가장 큰 섬이라고 한다. 여기에 서연안의 진도와 강화도를 더하여 나라의 5대 섬이라고 불린다. 그 외에 조금 큰 것은 부산 앞바다의 절영도, 거제도 서쪽에 떠 있는 한산 · 미륵 2섬, 그 서쪽에 있는 사량도, 조금 더 먼 바다에 위치한 욕지도, 여수반도의 동남쪽에 위치한 돌산 · 금오 2섬, 흥양반도의 동쪽에 위치한 상 · 하 나로도〈별명을 소산도 또 국도(國島)라고 부른다.〉 보성만의 가장자리에 있는 거금 · 금당의 2섬, 장흥반도의 남쪽 그리고 해남반도의 동쪽에 위치한 완도 · 고금 · 조약 · 신지 등 여러 섬, 그 남쪽에 위치한 청산도 · 모도, 그 서쪽 해남각 앞에 떠 있는 노아 · 소안 · 보길 등의 섬, 그 남쪽 앞바다에 위치한 추자도, 그 동쪽에 위치한 태랑도 · 거문도 등이다. 그 외에 작은 도서는 곳곳에 보였다 안 보였다 흩어져 있는 것이 너무 많아 이를 모두 열거하기에는 지나치게 번거롭다. 다만 절영도, 제주도의 우도 및 거문도에 등대가 있어서 항로를 비추고 또한 거제도 앞바다에 있는 홍도에도 등대가 있다.

서연안

서연안은 진도에서 서북쪽 국경인 압록강에 이르는데, 이 구역을 동연안과 비교하면 훨씬 짧다. 그렇지만 굴곡이 심하고 도서가 많은 점은 남연안에 뒤지지 않는다. 그래서 해안선의 연장은 동연안과 비교하여 큰 차이가 없다. 조선반도의 지체(地體)의 외관은 동으로 팽창하듯 밀려나가고 서쪽은 안으로 휘어 들어가 있다. 그래서 해안의 형태는 전체적으로 활처럼 휜 모양이다. 연안 중 가장 돌출된 곳은 황해도로, 동쪽에서 동조선만이 만입(灣入)된 만큼 바깥쪽으로 팽창되어 있다. 연안의 남쪽에서 다소 돌출된 곳은 충청도의 서산반도이다. 이처럼 연안은 두 곳의 돌출된 곳을 중심으로 세 개로 나뉘며, 각 구역의 범위는 대체로 비슷하다. 북쪽 구역은 청국의 요동반도와 황해도의 돌출로 형성된 큰 만으로 동북쪽으로 크게 만입되어 있는데, 이를 서조선만이라고 한다. 중앙 구역은 북방의 황해도 장산곶에서 동남으로 만입하며 남쪽의 서산반도에 의해서 구획된다. 이를 강화만이라고 한다(별명은 경기만 또는 경성만이라고 한다). 이 두 큰 만의 형상은 산악과 구릉으로 되어 있는 지역이 없는 것은 아니지만, 대체로 완만한 경사지 자락에 간석지가 연속되어 있으며, 해수면의 높이가 일정하지 않은 것이 일반적이다. 간간이 곶이나 강기슭의 험준한 절벽을 이루는 곳도 있지만, 해변은 대개 부드러운 진흙이며, 모래 해변은 드물다. 더욱이 큰 강이 흘러나오는 것이 많으며 석출되는 토사가 많아서 모래 언덕이 곳곳에 펼쳐져 있고, 수심 또한 아주 얕다. 다른 한 구역은 서산반도에서 남단에 이르는 사이로 이 또한 큰 만 형태를 이룬다. 중앙에는 다소 깊게 만입한 곳으로 금강 · 만경강 · 동진강의 세 강의 하구이다. 이 일대의 연안은 앞의 두 구역과는 다소 분위기가 달라서, 곳곳에 험준한 해안을 이루는 곳이 많다. 비인만과 석당도 부근 일대는 그 중에서도 두드러지는 곳으로 남해안과 서해안에서 드물게 볼 수 있는 광경이다.

항만

북구 즉 서조선만에서 현저하게 만입된 곳은 압록강 하구와 청천강 · 대령강의 공동 하구, 대동강 하구 등으로 모두 하구에 해당하며, 그밖에는 철산반도의 남쪽과 초도 · 탄도 · 신미도 등이 둘러싸고 있는 선천만 한 곳이 있을 뿐이다. 연안 일대에는 간석지가 이어져 있으며, 하천이 토사를 운반하여 곳곳에 삼각주를 형성한 곳이 많다. 따라서 양호한 정박지는 하천 이외에는 구할 수가 없다. 압록강구에 있는 용암포 · 대동강구에 있는 어은동(漁隱洞), 거슬러 올라가서 진남포 · 철도(鐵島) · 겸이포(兼二浦) 등이 이름이 있는 주요한 항구이다. 그 중에서 용암포와 진남포는 개항장으로 상업이 아주 번성하고 있다. 또한 청천강구의 하일포(何日浦) · 정주의 달례강(達禮江) · 철산반도의 동쪽 청강(淸江)에 연한 망동포(望東浦) · 철산반도의 서쪽 압록강 밖에 위치한 이화동(梨花洞) 같은 경우는 모두 선박이 폭주한다. 그리고 하일포는 청천강과 대령강의 두 유역 일대의 산물이 모여들고 흩어지는 곳이며, 달례강은 정주 일대의 문호를 이룬다. 망동포는 철산군의 관문을 이루며, 이화동은 청일전쟁 당시(1894년, 갑오년)에 일본군의 상륙지점으로 이름이 높다. 하일포와 망동포에는 세관감시서(稅關監視署)가 있다. 기타 피박항으로서는 선천만 내의 우도(牛島) 정박지 또는 그 만 입구에 있는 가도(椵島) 및 탄도(炭島)의 두 정박지, 대동강 밖에 있는 석도(席島) 정박지 등이 유명하다. 또한 대동강 하구 북쪽으로 만입한 광량만(廣梁灣), 소유독곶[小乳纛岬]의 북쪽의 북서에서 남동으로 만입한 고암포(古巖浦)는 모두 큰 만이지만 만 안의 수심이 얕아서 작은 배 이외에는 정박할 수 없다. 다만 광량만은 제염지로서 저명하다.

서해의 중구, 즉 장산곶의 동남쪽에서 서산반도(瑞山半島)에 이르는 연안에서 현저하게 만입한 곳은 장산곶의 동쪽인 대동만(大東灣), 그 동쪽인 해주만(海州灣), 강화만(江華灣) 안의 제물포(濟物浦), 서산반도의 북쪽인 남양(南陽) · 아산(牙山)의 두 만이며, 그 다음은 대동만의 동남쪽 옹진(瓮津) · 강령(康翎)의 두 만이다. 그런데 대동만은 대동강 하구로 수심이 깊고 큰 배를 정박시키는 데 알맞으며, 옹진 · 강령은 수심이 얕고, 해주만은 그 입구가 넓어서 배를 숨길 곳이 없다. 또 곳곳에 사주(沙州)가 가로놓여 있고 바람이 불면 파도가 거칠어 출입이 곤란해서 좋지 않다. 그렇지만 만 안쪽에는 황해도(黃海道)의 수부(首府)인 해주(海州)가 있다. 제물포의 만 내는 광활하지만 수심이 얕다. 그러나 만조에는 거함(巨艦)을 수용하기에 충분하며, 특히 수도인 경성과의 거리가 가깝다. 상업상 중요한 위치를 점하여 무역이 번성했고 시가가 부유하다. 각 개항지 중 첫 번째로 인천항을 드는데, 이는 제물포의 다른 이름이다. 남양만은 수심이 얕지만 범선의 출입에 지장이 없다. 그 만 내부의 남양은 이 지방 물화의 집산지로 수원부(水原府)와 거리가 멀지 않다. 아산만은 그 내부에 평택평야를 두고 있고, 성환역(成歡驛)이 근처에 있다. 모두 청일전쟁의 역사에 의해서 그 이름이 알려지게 되었고, 상업에 있어서 중요한 지역이다. 그 외에 정박지로 좋은 곳은 남양반도의 마산포(馬山浦) · 강령만의 남쪽에 떠 있는 순위도(巡威島)의 루퍼항(Rooper港)이라고 한다. 특히 후자는 수심이 깊고 함선을 정박하기에 좋다.

남구 즉 서산반도 이남의 연안에서 현저하게 만입한 곳은 서산반도 남쪽의 천수만,

금강 하구 바깥인 비인만 · 만경강(전주포 내라고 한다), 동진강구(동진포 내), 그 남쪽인 줄포(茁浦) · 내포(內浦), 무안반도의 북서쪽인 함평만, 무안반도의 남쪽인 영산강 하구 등이다. 또한 목포와 앞바다의 나주군도 사이에 있는 내해를 시아해(時牙海)라고 하며, 나주군도와 진도 사이의 내해를 정등해(丁嶝海)라고 부른다. 그런데 천수만은 별명을 사장포(沙長浦)라고 하는데, 만 내가 넓기는 하지만 퇴적된 모래가 많아서 큰 배를 수용하기 어렵다. 비인만은 만의 모양을 하고 있을 뿐으로 이를 감싸주는 것이 없다. 금강 하구에는 군산포가 있는데, 개항장의 한 곳으로 그 유역 일대의 각종 산물이 모이고 흩어지는 곳이다. 강을 거슬러 올라가면 강경 등 작은 배들이 정박할 수 있는 곳이 있다. 모두 이 일대의 시장으로 상업이 번성하고 있다. 만경강 및 동진강의 하구에도 또한 작은 배가 정박할 수 있는 곳이 적지 않다. 그 남쪽에 있는 법성포는 과거에 창고를 설치하고 당시 공미(貢米)를 운반하던 기점으로 그 이름이 높았다. 무안반도의 남쪽 영산강 하구에 있는 목포 또한 개항장으로 전라도를 대표하며, 강을 거슬러 올라가면 영산포 등 여러 계선지(繫船地)가 있다. 모두 이 일대의 산물이 모이는 시장이다. 도항(島港)으로는 나주군도의 서쪽에 떠 있는 대흑산도, 전주포 내〈만경강구〉 서쪽에 떠 있는 고군산도 정박지(별명은 격음도), 그 북방의 조금 앞바다에 있는 어청도, 법성포의 서쪽 앞바다에 있는 안마도(鞍馬島) 정박지가 유명하다. 그 중에서 고군산도 정박지가 가장 양호하여, 큰 배가 모여 정박할 수 있으며, 그 밖에도 여러 섬에 작은 배가 정박할 수 있는 곳은 적지 않다.

반도와 갑각(岬角)

서해안의 북부지역에서 큰 반도에 속하는 것은 철산반도(鐵山半島) 하나뿐이며, 그 외에는 대동강 하구의 북쪽 광량만(廣梁灣)을 구성하는 광량반도(廣梁半島) · 대동강 하구 남쪽의 은율반도(殷栗半島)가 다소 크다. 서해안의 북부[北區]와 중부[中區]를 나누는 장산곶의 별명은 소유독각(小乳纛角)이다. 나라의 극서(極西)에 해당하며 육지에서 가장 멀리 돌출되어 있다. 청나라 산동각(山東角)과의 사이가 겨우 100여 해리로 서로 마주보고 있다. 그 뾰족한 끝에 솟아있는 높은 봉우리를 문어산(文於山) 또는 장산(長山)이라고 부른다. 높이는 960척이고 동쪽으로 뻗어서 1,100~1,200척을 이루며 장수산맥(長壽山脈)에 연결된다. 갑(岬)은 이와 같이 높은 봉우리를 가지고 있어서 해안이 험준한 절벽으로 되어 있다. 겨울에 서북풍이 불면 파도가 심하여 장관을 이루며, 서해에서 가장 험난하다. 서해안의 중부에서는 장산곶의 동남쪽 해주만(海州灣)의 서쪽 강령반도(康翎半島)가 크며 그 남단의 갑각을 등산곶(登山串)이라고 부른다〈해도(海圖)에 황곶지(荒串池)라고 기록되어 있다〉. 그 동쪽 구월포(九月浦)의 서남쪽에 돌출한 것을 구월포갑(九月浦岬)이라고 부르고, 그 동북 해주만 입구를 끼고 있는 곳을 갈천각(葛川角)이라고 부른다. 그 중에서 등산곶과 갈천각이 유명하며 또한 험난하다. 강화만 내 강화도의 서쪽 매음수도(妹音水道)를 향하여 돌출한 장곶(長串) 역시 이름이 높다. 그 동쪽에 이 섬의 남각(南角)을 발지곶(發池串)이라고 부른다. 서산반도(瑞山半島)의 북쪽인 남양반도(南陽半島) 또한 다소 크며, 남양만(南陽灣)은 이 반도에 만입하였다. 마산포 정박지는 이 반도의 서단(西端)에 있다. 서해안의 남부에 있어서는 중부와 경계가 되는 서산반도가 크며, 남쪽으로 향해서 점차 좁고 길게 돌출되었다. 이 반도에 연속된 안면도(安眠島)가 서로 마주하며 천수만(淺水灣)을 구성한다. 안면도의 남쪽 비인만(庇仁灣)의 북각(北角)을 동도정갑(冬稻亭岬)이라고 부른다. 동진강(東津江) 하구의 남쪽 줄포(茁浦)와 내포(內浦) 사이에 돌출된 반도의 뾰족한 가장자리를 수성당(水城堂)이라고 하고, 줄포·내포의 남각(南角)을 동백정(冬栢亭)이라고 부른다. 함평만(咸平灣)의 남쪽에 구불구불한 곳을 임도반도(臨滔半島)라고 하며, 그 북각(北角) 함평만 입구에 돌출한 갑각을 당두(堂頭)라고 부른다. 무안반도(務安半島)는 서해안 남부에서 가장 큰 것으로, 목포는 그 서남단에 위치한다. 그 배후에 돌출된 각[突角]을 서각(西角)이라고 하며, 목포 정박지의 남쪽을 이루는 곳을 영암반도(靈巖半島)라고 한다. 그 남쪽 좁고 긴 반도를 해남반도라고 하며, 그 남서를 감싸고 있고 서쪽 시아해(時牙海)에 연해서 목포 항구를 끼고 있는 곳을 화원반도(花源半島)라고 부른다. 또 도서 중에서 유명한 갑각은 함평만의 전면에 가로놓인 장자도의 삼봉단(三峯端)과 그 남쪽에 있는 자은도의 서남쪽 진서말(盡嶼末)이라고 한다.

도서

서해안의 북부에서는 철산반도(鐵山半島)의 남쪽에 떠 있는 신미도(身彌島)가 가장 크다. 그 남쪽의 가도(椵島), 대동강(大同江) 하구의 초도(椒島)와 석도(席島)가 다소 크다. 기타 항로에 관련되어 이름 있는 반도는, 철산반도(鐵山半島) 앞바다에 떠 있는 대화도(大和島)·대동강 하구 바깥 초도(椒島) 부근의 서도(西島)·석도(席島) 부근의 자매도(姉妹島)·대동강 하구의 찬도(纂島)와 피도(避島)인데 모두 등대가 있어 항로를 비춘다. 서해안의 중부에서는 장산곶 남쪽인 백령도(白翎島)가 다소 크고, 남방에 대·소청도군도(大·小青島群島)가 떠 있다. 등산곶의 서남인 순위도(巡威島)는 양호한 정박지로 알려져 있다. 강화만에서는 강화도(江華島)가 가장 큰데, 조선에서 5대섬 중 하나로 꼽힌다. 그 서쪽에 있는 교동(喬洞)·매음(妹音) 두 섬도 또한 다소 크다. 제물포(濟物浦) 정박지를 막아주는 것으로는 북에서 서쪽을 향해서 영종(永宗)·용유(龍遊)·대무의(大舞衣)의 세 섬이 떠 있다. 남쪽에 남양반도(南陽半島)가 돌출되어 있고 그 앞에 대부(大部)·영흥(靈興)의 두 섬이 나란히 있는데, 영흥도와 대무의도는 서로 마주보고 있어서 항구의 입구를 이룬다. 또 그 항문(港門)을 막아주는 여러 섬 중 큰 것으로는 덕적(德積)·소홀(小忽)의 두 섬이 있다. 그 밖에 소군도(小群島)로 이름이 있는 것은 해주만 밖에 떠 있는 연평열도이다. 항로와 관련하여 중요한 섬은, 제물포의 소월미도(小月尾島), 대무의도(大舞衣島)의 동남에 있는 팔미(八尾) 및 북장자(北長子)의 두 섬, 영서도(靈嶼島)의 서쪽인 백암(白岩), 그 남쪽인 부도(梟島), 백령도(白翎島)의 남쪽인 소청도(小青島)로, 모두 등대를 건설했다. 서해안의 남부로 이동하면 서산반도에 연속된 안면도(安眠島)가 다소 큰 섬이고 그 남단에 원산(元山)·삽주(揷州)[12]의 두 작은 섬이 떠있어서 천수만 입구를 가려 준다. 동진강 하구의 서쪽 바다인 고군산군도는 좋은 항구가 있어서 이름이 높다. 수성당의 서쪽인 위도(蝟島)는 다소 크고, 그 남쪽인 안마군도 또한 정박지가 있어서 유명하다. 함평만의 앞쪽에 떠 있는 임자도(荏子島)·지도(智島)·사옥도(沙玉島)·후증도(後曾島)·우증도(右曾

12) 현재는 삽시도이다.

島)[13] · 매화도(梅花島)가 가까이 접해 있는데 모두 상당한 규모이다. 목포의 전면인 압해도(押海島) 또한 다소 크고, 그 서쪽에서 남북으로 늘어서 있는 것은 나주군도라고 한다. 그 중 다소 큰 것은 자은도(慈恩島) · 암도(巖島)[14] · 기좌도(其佐島) · 안창도(安昌島) · 비금도(飛禽島) · 도초도(都草島) · 하의도(荷衣島) · 우이도(牛耳島)이다. 그 서쪽 바다에 떠 있는 것을 대흑산군도(大黑山群島)라고 부른다. 진도(珍島)는 최남단에 위치해 남해안과의 경계를 이루는데 조선에서 5대섬의 하나로 꼽힌다. 그밖에 함평만의 서북에 떠 있는 칠산군도(七山群島)는 조기어장으로 이름난 칠삼탄(七三灘)이라는 이름과 함께 알려져 있다. 진도의 남서쪽에 떠 있는 조도군도(鳥島群島)는 해조류의 산지로 이름이 높다. 또한 항로와 관련하여 중요한 섬은, 조도군도 중에서 죽도(竹島), 나주군도의 서북단에 떠 있는 칠발도(七發島), 목포의 남쪽하구 시하해(時下海)에 있는 시하도(時下島), 서산반도의 서남에 있는 옹도(甕島) 등으로 모두 등대를 설치했다.

항해 험탄(航海 險灘) 및 표지[目標]

조선 연안의 대략적인 형세는 이미 서술한 바와 같이, 동연안이 경사가 급하고 굴곡이 적은 점은, 비단 항만이 풍부하지 않을 뿐만 아니라 항해 중 목표로 삼을 만한 것이 부족한 요인이 된다. 또한 가을 · 겨울에는 해상 풍파(風波)가 격렬해짐을 면하기 어렵다. 다음으로 남서연안이 굴곡이 심하고 연해의 도서가 많으므로, 따라서 암초와 사퇴가 많다. 또한 수로가 좁아서 조류가 급한 것을 피할 수 없다. 또 서연안의 경사는 완만해서 간석이 풍부하고 연해 수심이 얕아 갯벌이 많은데, 조석의 간만이 매우 심하고 이 때문에 조류가 아주 거세다. 뿐만 아니라 여울이 많아서 운항할 수 있는 수로가 좁고 굴곡이 심해서 우회하지 않을 수 없다. 각 연해의 형상이 이와 같으므로 항해에 미치는 영향이 어떠할지는 상상하고도 남는다. 게다가 봄부터 초가을에 이르러서는 각 해면

13) 후증도(後曾島)와 우증도(右曾島)의 한자 曾은 현재의 지명을 따름. 원문에는 金+曾으로 기록되어있다.
14) 현재의 암태도(岩泰島)로 생각된다.

(海面)에 모두 짙은 안개가 발생하여 어둡고 흐릿하여 지척을 분간할 수 없는 날도 자주 있다. 또한 서쪽 및 남서연안에서는 해수(海水)가 혼탁해서 바다 밑에 있는 위험물을 살피기 어렵다. 그런데 하물며 항로 표지가 아직 전체 해안에 보급되지 않았으니 오죽하겠는가. 그러므로 연해 전체를 항행하는 어려움은 다시 말할 필요도 없으므로, 항해자에게 충분하게 주의를 촉구해야 한다. 아래에 위험물 중 주요한 것을 제시하면서 아울러 중요 항로의 개요를 살펴보고자 한다.

동연안

1. 원산항로

공단갑(功端岬)

부산과 울산을 항해할 때 어려운 관문이다. 갑(岬)의 가장자리에 석우암(錫于岩)이 있고 그 북쪽에 대암(大岩)이 있다. 밤에 항해할 때나 또는 짙은 안개가 낀 날에 주의를 요한다.

울기(蔚埼, Tikmenef岬)는 울산만 입구를 감싸는 화암추(花岩湫)와 안팎을 이루며 동북 외해를 향해 돌출한 갑각(岬角)이다. 갑 가장자리에 등간(燈竿)을 세웠는데, 이 등간은 목조백색(木造白色)이다. 등화(燈火)는 부동백색(不動白光)으로 광달거리는 8해리이며, 항로를 지시함과 동시에 울산만임을 나타내는 표지이다.

이덕암(以德岩)

울기에서 북쪽으로 약 4해리 떨어진 암초이다. 파도가 표면에 부딪쳐 많은 물거품이 생기기 때문에 멀리서 그 위치를 인지할 수 있지만, 밤에 항해할 때나 짙은 안개를 만날 때에는 위험이 많다. 여기에서 동외곶(冬外串)의 남측인 구룡포에 이르는 사이에 방왕말(龐王末) · 송대말(松臺末) · 정족말(鼎足末) · 괴전말(槐田末), 기타 작은 갑들이 있기는 하지만 표지로 삼기엔 족하지 않다. 구룡포와 괴전말 사이에는 연마암(硯馬岩)과 벌암(伐岩)이라는 위험물이 있다. 구룡포의 북각(北角)을 사라말(士羅末)이라고 부른다. 남쪽을 향하여 돌출되어 있으며 부근에 암초가 많아 모두 주의를 요한다.

동외곶(冬外串)〈일명 장기갑〉

동외곶은 동해안 연안 중 가장 큰 갑각(岬角)으로 유명한 난관이다. 곶은 해발 400척에서 600척 이상인 산봉우리를 정점으로 해안산맥으로 이어져 해안절벽을 이루고, 바위언덕[岩陂]과 암초(暗礁)가 그 주변 지역을 둘러싸고 있다. 특히 말단에서 1해리의 바다까지 위험한 암초가 출몰하고 조류 또한 급해서 때때로 성난 파도가 일어나는 경우도 있다. 더구나 여름철에는 짙은 안개가 자주 발생하고, 가을과 겨울의 환절기에는 영일만 내에서 서풍이 불어서 갑각을 격렬하게 덮치므로 특히 주의를 요한다. 이 갑각 부근에서 일찍이 일본기선 제5 굉천환(肱川丸) 및 수산강습소 연습선 쾌응환(快鷹丸) 등이 조난당했다〈최근 등대가 건설되었다. 일본수로고시(日本水路告示) 제2116호를 보라〉.

달만갑(達萬岬) 부근〈일명 관면각(冠冕角)〉

달만갑은 영일만의 북서쪽 모퉁이다. 그 북쪽 청진과의 사이에 병풍암(屏風岩)과 조암(鳥岩)이 있다. 남쪽으로 항해하는 배가 영일만으로 들어가려면 주의를 요한다. 여기에서 축산포(丑山浦)에 이르는 사이에는 대진말(大津末)·수등말(水登末)·장리말(長里末)·창포말(菖蒲末)·예진말(芮津末) 등이 있다. 축산포부터 용추갑의 남측인 죽변항에 이르는 사이에는 간달말(干達末)·빙장말(氷嶂末)·응암말(鷹岩末)·화모말(花母末)·하사말(下沙末)·진미말(珍縻末)·갈마말(葛麻末)·수전말(水傳末) 등이 있다. 그러나 항로를 숙지하지 않고 이것만으로 항해 목표로 삼는다면 항해하기 어렵다.

강원도 동안 일대

강원도의 남단에 위치하는 갑각(岬角)은 앞에서도 언급한 빙장말(氷嶂末)이 있다. 그래서 여기서 강원도 동안이라고 하면, 이 빙장말에서 수원단에 이르는 사이를 가리킨다. 이 사이의 항로에는 아직 알려지지 않은 암초가 많다. 게다가 해안산맥은 말의 등처럼 새겨서 항해할 때 목표로 삼을 만한 것이 없기 때문에 동해 연안 항로 중에 가장 어려운 곳으로 이름나 있다. 그 중에서도 빙장말에서 용추갑을 지나 강릉군의 연안에 이르는 약 50해리 사이는 초맥(礁脈)이 바깥으로 확장되어 곳곳에 세암(洗岩)과 암초가 잠재해 있으므로 특히 난관 중의 난관에 속한다고 알려져 있다. 어선의 항해는 특히 어려움을 각오해야 한다(난류가 흐르는 곳임에도 이 지역에서 어업하는 것을 볼 수 없는 것은 이 때문이다.). 곳곳에 작은 배의 정박지로 알려진 곳이 있으나 모두 기암(奇巖)이 있으므로, 만약 거친 풍랑을 만나면 포구에 들어가기가 쉽지 않다. 수원단은 강원도의 동북단이자 이 어려운 항로의 말단으로 동조선만을 에워싸고 있으며, 선박이 진로를 변경하는 지점[轉針]에 해당된다. 외금강산에 연속된 고성봉(高城峰)이 우뚝 솟아있어 항해의 목표가 된다. 또한 갑단(岬端)에는 등대를 설치해 야간 항해에 편리하다. 이 등대의 등탑은 콘크리트로 만든 팔각형의 백색이고, 등화는 제6등 백광연섬으로 매 12초 간격으로 3초에 두 번 연속 섬광을 발한다. 광달거리는 17해리이다. 또한 무경호(霧警號)를 갖추어서 어둡고 흐린 날에 소리를 내어 울린다.

월이대(月移臺)

수원단의 서북측 장전동 정박지의 동남에 돌출한 갑각(岬角)이다. 갑(岬)의 동북단에서 10여 정에 마암(馬岩) 등의 암초가 존재한다. 조수(潮水)가 소용돌이쳐서 그 위치를 나타내지만 거센 파도가 치면 인식하기가 어렵다. 특히 밤에 항해를 하거나 또는 짙은 안개일 때는 위험하다. 또 겨울에는 금강외산(金剛外山)의 내지르는 바람이 만(灣) 내에 극렬하게 내습해 와서 장전동에 들어가려고 해도 용이하지 않다. 본 갑각에서 영흥만 외 여도에 이르는 사이에 암초가 있어서 주의를 요한다〈수로고시 제2074호, 동 2078호, 동 2081호〉.

코드리카각(コドリカ角)

영흥만의 남동에 돌출한 갑각이다. 북쪽 멀리 호도반도(虎島半島)와 마주보며 같은 만을 감싸 안는다. 그 북서단에 국도(國島)가 있다. 갑(岬)의 끝에는 기이한 바위가 줄지어 있고, 또 암초가 있다〈수로고시 제2081호〉. 또 그 남쪽 일대의 연안은 사빈이며, 전면에는 역시 암초가 있다. 이곳은 일본기선 방장환(防長丸)이 조난당한 곳으로, 가을이 되면 서북풍이 맹렬하게 내습하는 경우가 많아서 주의를 요한다.

여도(麗島)

호도반도(虎島半島)와 코드리카각(コドリカ角)의 중간에 자리한 원산항구의 목표이다. 부근에 작은 섬과 암초가 많아서 일찍이 일본 기선 길림환(吉林丸)이 조난당한 적이 있으므로 항해에 주의가 필요하다. 등대를 설치해서 야간에 항해하기 편해졌다. 이 등대의 등탑(燈塔)은 콘크리트로 만들었고 팔각형의 백색이다. 등화는 제4등 백색 연섬이고 매 10초 간격으로 55초에 3연섬광을 발하며, 광달거리는 21해리이다.

호도반도(虎島半島)

영흥만의 동북을 에워싸는 큰 반도이다. 갑(岬)의 말단에는 험한 봉우리가 높이 솟아서 해발 1,015척이다. 멀리 바라보면 섬처럼 보여서 만 입구의 목표로 삼을 만하다. 그렇지만 북관(北關)에서 남쪽으로 항해해서 원산으로 기항하고자 하면 갑의 말단에서 항로를 한차례 바꾸어야 한다. 그리고 겨울에는 서풍이 원산방면에서 맹렬하게 불어 닥쳐서 반도에 충돌하면서 내려지르는 바람[颪]이 되어서 선박을 뒤집어 버리거나 먼바다로 떠내려가게 하는 경우도 자주 있다. 또 북풍은 서호진(西湖津)의 서안을 따라 강렬하게 불어 무서운 파도를 일으키는 일도 적지 않다.

갈마반도(葛麻半島)

영흥만의 남쪽 귀퉁이로서 역시 항로를 바꾸는 지점에 해당한다. 등간(燈竿)을 건설하여 여도 등대와 서로 호응하며 항로를 밝게 비춘다. 이 등간은 목조 백색이며, 등화는 부동백색으로 광달거리는 8해리이다. 이 갑각을 통과하면 남쪽에 원산진에 있는 장덕도 등대의 등불을 확인해야 한다. 이 등대의 등탑은 철조장방형 백색이다. 등화는 제6등 부동백광으로 광달거리는 10해리이다. 이 등대는 또 별도로 홍색 부속등을 갖추어 등대의 남동쪽 및 서북서쪽의 천탄(淺灘)을 가리킨다〈수로고시 제1980호〉.

2. 북관항로

마양도(馬養島)

동조선만(東朝鮮灣) 입구의 북동단(北東端)인 신포 앞에 떠 있는 작은 한 섬이다. 그 남측 및 동측 일대에는 모두 험한 해안절벽을 이룬다. 그 서남각(西南角)을 슈왈츠갑(シワルツ岬)이라고 하고 남측 중앙의 갑각(岬角)을 섭즈스키갑(サブーヅスキ岬)이라고 한다. 동각(東角)을 우소우갑(ウソーウ岬)이라 하고, 동북각(東北角)을 제르베갑(ゼルウエー岬)이라고 하며, 북동각(北東角)을 옵셀바쳐갑(オブセルワーチヤ岬)이라고 하는데, 모두 험하다. 그중에서 동각(東角) 부근에는 암초가 있어 주의를 요한다〈일본수로고시(日本水路告示) 제1440호 참조〉.

봉수반도(烽燧半島)

마양도의 서북방 신포 정박지의 서남쪽에 한 산이 바다 한가운데에 우뚝 솟아있는데, 북쪽의 한 면이 평지로 대륙에 연결되어 반도를 형성하고 있다. 이것을 봉수반도라고 하고, 봉우리는 봉수령(烽燧嶺)이라고 한다. 해발이 680척이며, 항해의 목표로 삼기에 충분하다.

송도갑(松島岬)

신포의 북동쪽 신왕만(身旺灣)을 끼고 있는 북동각(北東角)이다. 멀리 남쪽으로 돌출하여 갑(岬)의 말단이 마양도의 동각(東角)과 마주본다. 이것 또한 이 항로의 목표인 동시에 주의물이다.

성진(城津) 부근

서쪽에 봉우리들이 연이어 솟아있는데, 그 중에서 높고 가파른 것을 마천령(摩天嶺)이라 한다. 해발이 3,570척으로 멀리서도 볼 수 있다. 그러나 연해에 암초가 많고 또 바람과 파도가 거칠어 드나들거나 닻을 내리기에 용이하지 않다. 예전에 이 부근에 기선 약협환(若狹丸)과 맹매환(孟買丸)이 조난된 적이 있다〈최근 등대가 건설되었다. 무적(霧笛)을 갖추었다, 일본수로고시 제2116호를 보라〉.

길주각(吉州角)

성진과 마주보며 임명해(臨溟海) 입구를 끼고 있는 돌출된 각(角)이다. 갑(岬)의 말단에 암초가 있어 주의를 요한다〈수로고시 제1440호〉.

계관암(鷄冠岩)

길주각과 무수단의 중간인 창진(昌津) 앞바다에 위치한다. 연안을 항행하는 작은 기선은 여기서 북쪽 대륙 간의 항로로 삼는다. 이것 또한 이 일대의 위험물이다.

무수단(舞水端)

현지에서는 무시곶(茂時串)이라 하는데, 일본 어부는 '명천의 코(明川の鼻)'라고 부른다. 북관 항로 중 항해자가 목표로 삼는 가장 중요한 갑각(岬角)이다. 부근에 암초가 있어 주의를 요한다〈수로고시 제1440호, 동 1971호 참조〉. 그렇지만 갑 말단의 남쪽에는 갈마포(葛麻浦)가 있는데, 만내는 광활하고 수심이 깊어 좋은 피박지(避泊地)이다.

웅원단(雄元端)·길림산각(吉林山角)

남북으로 마주보며 경성만을 감싸는데 모두 동쪽으로 돌출했고 부근에 암초가 많아 주의를 요한다.

기타

간진만(澗津灣)의 남각(南角)인 화단산각(花端山角), 나진만(羅津灣)의 북각(北角)인 로지오노프각(ロジヲノフ角), 그리고 나진만 입구에 가로놓인 대초도(大草島) 부근의 콜모란트섬(コルモラント島), 백암(白岩), 기타 암초 등이나, 조산만(造山灣)의 서수래각(西水來角) 혹은 서각(西角) 부근의 암초 등은 모두 주의를 요한다〈수로고시 제1440호, 동 1884호, 동 1932호 참조〉.

남서연안

1. 연안항로

부산항구

가을과 겨울철에는 서북의 강풍이 육지로부터 불어 닥쳐서 그림자가 끊길 정도의 내려지르는 바람[絶影颪]으로 변하는데 질풍 이상으로 강력하다. 서수도(西水道)의 조류는 북동을 향해 빠르게 흐르는 정도가 심하기 때문에 범선의 입항이 용이하지 않아서 간간히 동쪽으로 표류하는 경우도 있다. 게다가 항구 내의 폭이 좁고 암초가 곳곳에 숨어 있을 뿐 아니라 어장(魚帳)을 설치한 곳도 많으므로 특히 범선을 조종할 때는 어려움을 각오해야 한다. 항구를 표시하는 것은 절영도(絶影島)로 그 남단에 등대가 있다. 또한 그 안쪽 '제뢰'[15](鵜の瀨, 우노세)에 표를 세우고 괘등(挂燈)을 설치했다. 초량에 높고 낮은 2개의 등대를 두어 선박의 왕래를 지도한다. 절영도 등대의 등탑은 콘크리트로 만든 사각형 백색이고, 등화는 제4등 백색 연섬으로 매 13초 간격으로 7초에 3번 연속섬광을 발하며, 광달거리는 20해리이다. 또한 무적(霧笛)을 갖추어서 어둡고 흐린 날에 울린다. '제뢰'의

15) 왜관의 일본인들이 일찍부터 사용한 지명으로 보인다. 현재 부산항 신감만 부두 끝에 제뢰등대가 서 있다. 까치여울, 오리여울이라고도 하였다.

등화는 부동백색이다. 초량의 등화는 높고 낮은 것 모두 부동홍색이다. '제뢰'의 앞에는 톱날 같은 암초[鋸齒礁]와 같은 위험물이 있다. 입항하는 배는 초량의 두 등을 일직선으로 바라보고 항해하면 '제뢰'와 거치초의 중간을 통과해 위험하지 않다.

가덕수도

마산과 진해의 동쪽 입구이다. 가덕도의 남각(南角)을 속두말(束頭末)이라고 하고, 거제도의 북동각(北東角)을 양문암각(洋文岩角)이라고 하는데, 서로 마주보며 물길을 에워싼다. 물길의 중앙 및 양쪽 해안에는 암초가 많은데도 부근에 등대가 설치되지 않았다. 야간 항해 또는 안개가 짙을 때는 특히 주의를 요한다.

홍도 부근

홍도(鴻島)는 거제도의 남쪽 바다에 떠 있는 작은 섬으로, 대마해협의 서수도에 연해 있다. 남연안 항로 중 가장 중요한 지점에 위치하지만 부근에 작은 섬과 암초가 많다. 일찍이 기선 생전환(生田丸)이 조난되기도 했다. 최근에 등간(燈竿)을 건설했는데 아직 무적(霧笛)은 갖추지 않아 안개가 짙을 때는 특별히 주의를 기울여야 한다. 등간은 이 섬의 정상에 건설되었는데 목조이고 백색이다. 등화는 부동백광이고 명호는 전도이며, 광달거리는 8해리이다.

용단(龍端) 부근

용단(龍端)은 여수반도의 남단에 떠 있는 금오열도(金鰲列島)의 최남각이다. 이것 역시 남연안의 중요항로에 해당한다. 그 앞바다에 인카운터암(エンカウンター岩, Encounter岩)〈일명 간녀암(干汝岩)〉이라는 위험물이 있어 주의를 요한다.

거금수도(居金水道)

흥양반도(興陽半島)와 거금도(居金島)의 해협으로 보성만(寶城灣)의 동쪽 입구이다. 수도(水道) 안에 계도(鷄島), 감등서(甘登嶼)와 기타 암초가 있어 주의를 요한다.

금당수도(金堂水道)

거금도(居金島)와 서쪽의 금당도(金堂島) 사이의 해협으로 보성만(寶成灣)의 중앙 수로이다. 이 수로 안에도 또한 곳곳에 암초가 산재한다.

화도수도(花島水道)

서쪽으로 조약(肋藥) · 신지(薪智)의 두 섬이, 동쪽으로는 금당(金堂) · 평일(平日) · 산일(山日)의 세 섬이 떠 있어 서로 마주보며 이루어진 해협으로, 보성만(寶成灣)의 서수로(西水路)에 해당한다. 또한 장직로(長直路)로 들어가는 수로이다. 이 수로의 북쪽에 해당하는 금당(金堂)과 조약(肋藥)의 두 섬 사이에는 칠기도(七器島) · 북점열서(北點列嶼) · 화도(花島) · 남점열서(南點列嶼) · 어부도(漁夫島) 등이 산재하고 위험물이 많아 주의를 요한다.

섭도(攝島) 부근

섭도는 평일도(平日島)의 남쪽에 줄지어 있는 소군도(小群島)의 하나이고, 남연안 항로의 중요지점에 해당한다. 부근에 작은 섬이 산재해 있고 수로가 좁으므로 주의를 요한다. 이곳은 기선 묘영환(妙榮丸)이 조난된 곳이다.

횡간수도(橫看水道) 및 그 부근

횡간수도는 해남각(海南角)과 노아(露兒) · 소안(所安) 등 여러 섬 사이의 해협이며, 이 수도는 또한 남연안 항로 중 중요지점에 해당한다. 동북쪽 완도(莞島) 남측의 앞쪽에는 메에르(Mayer)암초라는 위험물이 있고, 메에르암초의 남쪽, 즉 항로의 남측에는 소모도(小茅島)라는 위험물이 있다. 소모도와 횡간도의 중간에 용전초(龍田礁)라는 위험물이 있는데 모두 주의를 요한다. 이 수도를 서쪽으로 통과하면 해남각의 서남쪽 장군도(長群島)에 속하는 어룡도(魚龍島) 부근에 작은 섬이 산재해서 수로가 좁아 특히 위험하다. 여기에서 연안을 서항(西航)하면 마로해(馬路海)〈별칭 화성돈만

(華聖頓灣)〉로 들어간다.

목포로 가는 빠른 항로

마로해로 들어가 오도열도(五島列島)를 통과하면 화원반도(花源半島)의 남각(南角)이 수로로 돌출되어 있고, 그 앞에 백암(白岩)이라는 위험물이 있다. 더 나아가면, 좌현에 진도 벽파진의 서북쪽인 해리스각(Harris角)이 돌출되어 있고 그 앞에 암초가 출몰한다. 이 부근에서 수로가 점차 좁아지고, 양명도(羊鳴渡)에 이르면, 매우 좁아서 100간에 불과하다. 이 수로는 장애물이 없고 수심이 깊지만 탁류가 급하게 흘러서 속력이 7노트[16] 반에 달한다. 그래서 게류(憩流)[17] 때 이외에는 통과하지 않도록 주의해야 한다.

목포의 평상시의 항로

장죽수도(長竹水道)를 통과해서 진도를 우회하는 항로이다. 그런데 장죽수도 내에는 하조도(下鳥島)의 북각(北角)인 마리단(馬里端)이 돌출되어 있고, 그 동쪽으로 흑도(黑島)라는 위험물이 있다. 또 그 북쪽 수도 중앙에 한사서(寒寺嶼)라는 위험물이 있다. 그런데 조세(潮勢)가 급격해지면 주의를 요한다. 이 부근에서는 일찍이 기선 안예환(安藝丸) · 금양환(禽洋丸) 등이 조난되었다. 이 수도를 지나 진도의 남서를 회항해서 정등해(丁嶝海)로 들어가서 시하해(時下海)로 나아가면 빠른 항로[捷航路]와 연결된다.

시하해(時下海)

화원반도와 나주군도 사이의 내해이다. 대략 그 중앙에서 화원반도의 서측 가까이에

---

16) knot. 한 시간에 1해리의 속도, 1해리는 1,852m.

17) 해안 부근이나 해협에서는 조류(潮流)가 거의 일정한 방향이나 그 정반대의 방향으로 흐른다. 조류가 어느 방향으로 흐르기 시작하면 차차 유속(流速)이 증가하고, 극대(極大)에 이르게 되면 다시 차차 유속이 줄어들다가 드디어는 정지하는데, 이것이 게류이다. 이어 그 반대방향으로 흐르기 시작하여 전과 같은 경로를 밟는다. 조류가 흐르는 방향을 바꾸는 것이 전류이며, 대개 하루 4회 있고 평균시간은 6시간 12분 정도이다.

위험물이 있는데, 이를 시하도라고 부르는데 이 바다의 명칭을 이 섬에서 따왔다. 지금은 이 위험물에 등대를 설치하여 그 위험 요소를 제거한 동시에, 그 부근에서 정등해(丁嶝海)에 이르는 일대를 밝게 비추어 항해에 편리하다. 시하도 등대의 등화는 제4등 부동백색으로 광달거리는 16해리이다. 본 등대를 오른쪽으로 보면서 북진할 때는 화원반도 북단에 하나의 등화(燈火)를 확인해야만 하는데, 이것을 '목포항구의 등대'라고 한다. 그 등화는 무등(無等) 부동백색으로 광달거리는 8해리이다. 본 등대에는 특별히 붉은 등을 두어 그 북쪽과 북서쪽에 얕은 여울[淺灘]이 있음을 표시하였다. 또한 남 46도 20분 동에서 남 40도 20분 동 사이에 백광(白光)을 사용하여 항해가 가능한 수로임을 표시하고 있다.

목포의 서쪽 입구

서연안의 황해를 남행(南行)할 때 안마군도(鞍馬群島)를 통과한다면, 잠시 함평만의 남쪽에 모여 있는 섬 중에서 서쪽 끝인 임자도(荏子島)의 서쪽에 위치한 작은 한 섬을 확인해야만 한다. 이것을 재원도(在遠島)라고 한다. 이 섬은 바로 목포의 서쪽 입구임을 표시하는 것으로, 이 섬의 남측을 따라 남동쪽으로 통하는 수로는 곧 '목포의 서수로(西水路)'이다. 이 섬의 남북 양측에는 장대한 모래사장[門州]이 길게 뻗어 있다. 그 앞면에는 작은 섬[小嶼]과 암초가 산재해 있기 때문에, 이 수로에 들어갈 경우에는 재원도를 유일한 목표로 삼아 가장 주의를 기울여야만 한다. 이 부근에서는 일찍이 범선 신력환(神力丸) · 제2 명복환(明福丸) · 천주환(泉州丸) 등이 조난되었다.

소안도(所安島) 부근

남연안 소안항(所安港) 입구에 가로놓여 있는 항문도(港門島)의 남서쪽에는 출운초(出雲礁)라는 위험물이 있다. 항문도에는 등대를 건설 중이어서 점화하면 항해자에게 매우 이로울 것이다. 부근에서는 기선 호포환(琥浦丸) · 이취환(伊吹丸) · 승산환(勝山丸) · 고사환(高砂丸) 등이 조난되었다. 소안항의 동남구(東南口)에는 항문도의 북동쪽에 있는 항문퇴(港門堆)라는 사주가 있고, 서남구(西南口)에는 생도(生島)와 기타 암초가 있다. 여기서 장죽수도(長竹水道)를 향해 항해하면 우측에 외모도군도(外毛島群島)가 있고, 서단에는 해문초(海門礁)와 밀매도(密每島) 등의 주의물이 있다. 또 맹골수도(孟骨水道)를 향해서 진항하면 좌측 바다에 모래에 묻힌 암초(伏砂礁)가 있어서 모두 경계를 요한다.

거차수도(巨次水道)

거차수도(巨次水道)는 거차열도(巨次列島)의 북쪽으로, 조도군도(鳥島群島) 중앙 수로이다. 동남구(東南口)에는 대거마도(大巨馬島)가 있고 그 부근에 암초가 많다. 그 서구(西口)에는 북쪽으로 양간도(陽間島) 및 소양간도(小陽間島)라는 위험물이 있다.

맹골수도(孟骨水道)

거차열도(巨次列島)의 남쪽과 맹골열도(孟骨列島) 북동쪽 사이의 수로로, 서안(西岸)의 여러 항에 이르는 배가 목포에 기항(寄港)하지 않는다면 이곳을 통과하는 편이 낫다. 수도(水道)의 남쪽에 미덕도(味德島)라는 위험물이 있다. 열도 안에서 서쪽 끝에 있는 죽도(竹島)에 등대가 있다. 등화는 제3등 백광 연섬으로 매 25초 간격으로 15초 동안에 3섬광을 발하며 광달거리는 23해리이다. 무적(霧笛)이 있어서 어둡고 흐린 날에 울린다. 본 등대는 조선의 서해안 및 북쪽으로 청나라의 여러 항에 이르는 항로 중에서도 특히 중요한 지점에 위치한다. 더욱이 이 수도(水道)를 통과하거나 그 남쪽 외해를 통과하거나 간에 모두 항로를 표시하고 있으므로, 이 등대가 설치됨으로써 항해자에게 도움 되는 바가 지대하다. 이 등대의 남서쪽에는 주변에 각종 섬들이 위험물로 산재해 있다. 이 부근에 등대가 설치되기 전에 기선 대만환(臺灣丸) · 당미환(當美丸) · 대랑환(大郎丸) · 살마환(薩摩丸) 등이 조난되었다.

2. 외해항로

안개가 짙거나 가랑비가 내려서 연안의 수도(水道)를 통과하지 못할 때에는 거문도와 제주도 사이를 통과하여 추자군도 및 맹골군도의 남쪽을 항행(航行)한다. 다만 이 항로는 원래 거선(巨船)의 항로로 어선의 통로는 아니다. 이 항로 안에서 위험물은 추자군도의 남쪽 바다에 있는 구침암(九針岩, 일명 초르메키), 그 남쪽에 있는 필도(筆島) 등이 있고, 그 외에 맹골군도의 서남에 있는 위험물은 이미 앞에서 이를 언급하였다. 거문도 및 제주도에는 등대를 건설하여 서로 마주보며 항로를 비춘다. 그렇지만 거문도에서 맹골군도 사이는 아직 아무것도 없어서 야간 항해를 지시하기에 부족하다. 때문에 이 사이를 통항하는 데는 구침암을 특히 주의해야 한다. 거문도 등대는 서도 동남쪽의 별도의 섬 수월산(水越山)의 남단에 설치했는데, 북위 34도, 동경 127도 19분에 위치한다. 등화는 제2등이고 섬광은 홍백교섬으로 15초 동안 1섬광을 발하며 광달거리는 12해리이다. 제주도 등대는 등간인데 이 섬의 동단에 부속된 우도(牛島)의 동단에 건설했다. 북위 33도 20분, 동경 126도 58분에 위치한다. 등화는 부동형 백광으로 광달거리는 8해리이다.

서연안

신굴수도(シングル水道)

나주군도, 진도 그리고 조도군도를 동측으로 하고, 대흑군도와 수로군도를 서측으로 하는 중간에 있는 대수로(大水路)를 '신굴수도'라고 한다. 진도의 서쪽에 해당하는 북위 34도 31분, 동경 125도 40분에 신굴도[蕎麥島]가 있는데, 이를 주의물(注意物)로 삼기 때문에, 신굴수도라고 부른다. 이 수도를 통과하려면 북동쪽에 있는 칠발도 등대를 바라보아야만 한다. 칠발도 등대는 나주군도 중 서단에 있는 비금도의 서쪽 약 8해리, 북위 34도 47분 동경 125도 47분에 위치한다. 맹골군도의 죽도 등대와 멀리 남북으로 마주보고 있어서, 항로를 밝게 비춘다. 등화는 제1등 백색섬광으로, 매 15초마다 한 번 섬광을 발하며, 광달거리는 26해리이다. 본 등대 부근에는 암초와 여울 · 사주가 많다. 특히 사주 중에서 장대(長大)한 것은, 동북쪽 조도를 중간으로 해서 남북으로 길게 뻗어있는 조도사퇴(鳥島沙堆)라고 명명된 것으로, 그 북측 사퇴는 목포의 서쪽 입구까지 뻗어있다.

군산항로

군산항의 입구임을 나타내는 곳은, 남쪽으로부터 항해하면 고군산군도의 말도(末島)가 되고, 북쪽으로부터 항해하면 연도(煙島)가 된다. 장산도 부근에 암초가 있다〈수로고시 제2002호 참조〉. 이 항로에는 아직 등대가 설치되지 않아, 야간 항해에 특히 주의를 요한다. 군산 정박지는 금강 하구에서 약 11해리 거슬러 올라간다. 이 사이의 항로에 얕은 여울이 많아 수로를 숙지하지 않으면, 큰 배를 자유롭게 조종할 수 없다. 조석간만이 격심함에 따라 조수의 기세가 매우 크고 급격하다. 그러므로 조류를 이용하지 않는다면 출입하기 어렵다.

인천항로

군산항에서 북쪽으로 항해해서 연안에 접근하면, 천수만(淺水灣) 밖의 작은 섬들과 여울 · 사주 등 위험물이 많고〈최근 발견한 암초는 수로고시 제1882호를 볼 것〉, 앞바다로 나오면 어청도(於青島) 혹은 외연열도(外煙列島)에 피박지가 있다. 안면도(安眠島)의 서측에 위험물이 많고 그 앞바다에 있는 큰 바위섬(大嶼)은 특히 주의를 기울여야 한다. 서산반도의 서남각인 관장수(官長首)의 남서쪽인 가의도(價誼島)의 앞쪽에는 옹도(瓮島)가 떠 있고, 등대가 있어서 동쪽 수로의 문호를 가리킨다. 이 등대는 북위 36도 39분, 동경 126도 21분에 위치하고, 등탑은 콘크리트로 만든 팔각형 백색이다. 등화는 제4등 백색섬광으로 매 20초에 1번 섬광을 빛내고, 명호(明弧)는 전도이며 광달거리는 21해리이다. 또 무적(霧笛)을 갖추어서 어둡고 흐린 날에 소리를 울린다. 남양반도의 서쪽에 떠 있는 영흥도 및 서산반도를 동측으로 하고, 그 서쪽에 줄지어 있는 덕적도와 기타 소군도를 서쪽으로 하는 중간의 수로를 동수로라고 하는데, 인천의 일상적인 항로라고 한다. 이 수도에는 장안서와 기타 위험물이 적지 않은데, 그 중에서도 장안서가 위험한 곳이다. 그렇지만 지금은 부도(鳧島) · 백암(白巖) · 북장자(北長子) · 팔모도(八毛島) 등에 등대가 있다. 특히 부도등대(鳧島燈臺)의 부등(副燈)은 장안서를 위험물로 가리키기 때문에 위험이 많이 줄어들었다. 장안서는 부도등대에서 서쪽 36도, 서쪽 약 5해리 수로의 중앙에 위치한다. 그런데 부도등대의 부등은 북쪽 27도 30분 동으로부터 북서 44도 30분 동까지 17도 사이에 부동홍색 빛으로 장안서가 있음을 비춰준다. 부도등대는 본 수로에 들어오면 처음으로 보이는 등대이며, 아산만 입구에 떠 있는 풍도의 서북에 있다. 대략적인 위치는 북위 37도 9분, 동경 126도 21분에 해당한다. 등탑은 석조 원형 백색으로, 등불은 제4등 백색 연섬으로 매 20초 간격으로 4번 연속섬광을 발한다. 명호는 전도이고, 광달거리는 17해리이다. 본 등대에 부등을 세우고 그 남쪽으로 장안서를 표시하게 한 것은 전술한 바와 같다. 그런데 입항하는 배는 이 등대의 등불과 그 북쪽인 백색 입표의 등불을 일직선으로 바라본다. 또 이 등화를 북쪽 40도 동쪽의 동쪽으로 진항하면 장안서에 충돌할 우려는 없다. 백암은 영흥도의 서쪽에 떠 있는 장애물이다. 그래서 이곳에 입표괘등을 건설해서 위험을 피하는 데 기여할 수 있게 되었다. 입표는 석조 육각형 흑색이고 등화는 제6등 백색 섬광으로, 매 15초마다 3섬광을 발한다. 명호는 전도이고 광달거리는 11해리이다. 이 입표와 부도등대 사이의 수로의 양측에 위험물이 많다. 입표의 다음에 보이는 등화는 북장자섬 입표의 괘등이고 그 다음에 보이는 것은 팔미도의 등화이다. 이 두 곳도 또한 이 수로 중의 위험물인데 여기에 등화를 밝혀 그 위치를 나타내는 동시에, 부근에 있는 암초와 얕은 여울[淺灘]을 지시한다. 북장자섬 입표는 석조 원형 홍색으로 그 등화는 부동백색이다. 팔미도등대는 벽돌로 만든 원형 백색으로 그 등화는 백색 연섬이고 매 24초 간격으로 16초 사이에 3번 연속섬광을 발한다. 마지막에 위치한 것은 소월미도 등대로 그 등화는 연섬 홍백교섬이고 매 30초 사이에 백색 2연속 섬광과 홍색섬광을 번갈아 발한다. 광달거리는 15해리이다.

황해도 남연안 항로

해주만(海州灣) 입구에는 얕은 여울[淺灘]이 많고, 만의 서각에는 갈천각(葛川角)이 돌출되어 항해에 어려움이 있다. 서쪽으로 항해하게 되면 등산곶, 순위도의 남가갑(南苛岬) 부근 역시 험한 여울이 있다. 대동만 입구에는 여기저기에 여울 · 사주가 산재해 있다. 그 앞에 백령도의 동각을 험애각(險崖角)이라고 부른다. 그 서쪽에 암초가 많고, 그 섬의 동쪽은 만입되었다. 소전면(所前面) 일대는 얕은 여울[淺灘]이므로 큰 배를 대기 어렵다. 또한 만의 남각 전면에는 암초가 출몰해서 위험하다. 장산곶의 남쪽 백령도에 이어진 하나의 군도가 있는데 이것을 대청도군도(大青島群島)라고 한다. 그 남단에 떠 있는 것을 소청도(小青島)라 부르는데 전침(轉針) 지점에 해당한다. 암초와 여울, 사주가 많고 안개가 짙을 때 특히 위험하다. 이전에 부근에서 기선 봉래환(蓬萊丸)이 조난되었다. 이 섬의 남서단에는 등대를 건설하고 무경호(霧警號)를 함께 설치해서 배가 다니는데 편리하게 하였다. 그 등탑은 콘크리트로 만든 원형백색이고, 등화는 백광연섬으로 매 20초 간격으로 20초에 4섬광을 발하며, 광달거리는 23해리다.

장산곶(長山串)

소유독갑(小乳纛岬)은 가장 멀리 돌출한 갑각(岬角)으로 이것 또한 전침(轉針) 지점에 해당한다. 그 남쪽 또는 북쪽에는 얕은 여울[淺灘]이 끊어졌다 이어졌다 해서 서연안에서 최고의 난관이다. 부근에서는 이전에 범선 상영환(商榮丸)·관음환(觀音丸)·고웅환(高雄丸) 등의 조난이 있었다.

대동강 항로

장산곶에서 초도 사이에 사퇴(沙堆)가 이어져 있고, 그 중에서 가장 긴 것을 소유독(小乳纛)이라고 부른다. 여기에 이어지는 것을 이주(離州)라고 부른다. 그러나 대동강 수로의 목표가 되는 것은 초도(椒島)이다. 초도의 서쪽에 한 작은 섬이 있어서 이것을 서도(西島)라 부르고, 등대와 무포(霧砲)를 설치하여 항해에 편리하다. 그 등탑은 콘크리트로 만든 원형 백색이고, 등화는 백색 섬광으로 매 20초에 1섬광을 발하며, 광달거리는 24해리이다. 무포(霧砲)는 어둡고 흐린 날씨에 선박의 기적을 듣고 1발 발포하고, 이후 3분 간격으로 해서 1발을 발포한다. 그런데도 여전히 필요하다고 인정되면 10분 뒤에 1발, 이후 3분 간격으로 반복한다.

대동강 서수도(西水道)는 이 등대의 전면에서 동북으로 통하는 것이다. 이 수도의 양쪽에는 장대한 사퇴(沙堆)가 있다. 북쪽에 있는 것은 중주(中洲)라고 하고, 남쪽에 있는 것은 하주(下洲)라고 하는데, 모두 동북에서 서남을 향해서 비스듬하게 이어져 있다. 그러므로 수도는 이 때문에 분명히 알기 어렵다. 종래 이곳에서 조난된 선박이 적지 않다. 기선 대례환(大禮丸) · 수길환(秀吉丸) · 길보환(吉寶丸) 등이 그 중에서도 주요한 조난선이었다. 그렇지만 지금은 서도(西島) 등대가 수도 부근을 비출 뿐만 아니라 수도 내에 있는 자매도(姉妹島) 등대는 백광으로 가항(可航) 수로를 지시하고 있기 때문에 크게 위험이 줄었다.

대동강 동수도(東水道)는 황해도의 연안에 연한 수도이다. 이것을 초도수도(椒島水道)라고 부르는데 작은 배의 통로이다. 이 물길에는 초도(椒島)의 동쪽 일대에 조총도(鳥叢島)와 반성서(磐城嶼) 등의 위험물이 있다. 또 수도의 동쪽에는 냉정기(冷井埼)가 돌출하여 이 돌출한 모서리에서 북쪽 석도(席島)에 이르는 사이에 여울과 사주(難洲)가 흩어져 있다. 또 두산(兜山, 596피트)은 서북으로 달려서 돌출된 각(角)을 이룬다. 그 각의 끝부분에 있는 바닷 속에는 흑암(黑巖)이라는 위험물이 있고 그 서북에는 석도가 떠 있으며, 그 뾰족한 모서리와의 사이에 정박지가 만들어져 있다. 이곳을 석도 정박지라고 한다. 석도(席島)의 북단에 작은 두 섬이 있으며, 이것을 자매도(姉妹島)라고 한다. 그 서쪽 한 섬에 등대가 있는데, 자매도(姉妹島) 등대가 바로 이것이다. 이 등대는 본 항로 중 가장 중요한 것으로 그 등화는 부동 홍백광이며, 북 17도 동쪽에서 북 22도 동쪽에 이르는 5도 사이의 초도수도(椒島水道), 북 59도 동쪽에서 북 68도 동쪽에 이르는 9도 사이의 서수도(西水道)〈중주(中洲)와 하주(下洲) 사이의 수도〉, 남 80도 30분 서에서 북 88도 45분 서의 10도 45분 사이의 진남포 수도는 모두 백광으로 가항 수로를 표시한다. 그 외의 불가항로는 모두 홍광으로 지시하는데 그 효과가 매우 크다.

진남포 수도

진남포 수도는 석도(席島)에서 강 입구인 어은동 정박지에 이르는 사이를 말한다. 역시 얕은 여울이 많아서 항해하기 어려운 곳이다. 그 중에서 어은동 정박지에 접한 피도(避島) 부근의 가항수로의 폭은 겨우 300여 간이며 또한 암초가 산재하여 통항하기에 위험하다. 그러나 최근에 이 수로에 찬도(簒島)와 피도 두 섬에 등대를 설치하여 가항수로를 지시하고 있기 때문에 과거와 같은 위험은 없다. 찬도의 등화는 부동 녹광(綠光)이고 피도의 등화는 부동백광이다.

청천강 항로

초도(椒島)의 북쪽이고 중주(中洲)의 서쪽에 해당한다. 북동쪽에서 남서쪽으로 뻗어있는 사퇴가 있다. 이를 동주(東洲)라고 한다. 그 서쪽에 또한 같은 방향으로 뻗은 사퇴가 있는데 이를 서주(西洲)라고 한다. 그래서 이 중주와 동주 사이의 수로를 동수도라고 하고, 동주와 서주 사이의 수로를 서수도라고 하는데 모두 청천강 수로이다. 이 두 수로를 항해하는 데 아무것도 목표로 삼을 만한 것이 없다. 다만 동수도를 항해하는 데 있어서 초도를 목표로 한다고 하지만, 전도(前途)가 아주 멀고 또한 일대에는 사퇴가 펼쳐져 있기 때문에, 위험을 동반한다는 것을 고려해야 한다.

선천만 항로

이 항로의 목표는 만 입구에 떠 있는 대화도(大和島)이다. 그러나 이 섬의 서북쪽 및 남동쪽에는 아주 크고 긴 사퇴가 있으며 모두 멀리 북동쪽에서 남서쪽으로 뻗어 있다. 서북쪽에 있는 것을 장주(長洲)라고 하고 남동쪽에 있는 것을 중주(中洲)라고 한다. 그 안쪽으로 대화도의 남서쪽에도 대화주(大和洲)라는 사퇴가 있는데 넓게 펼쳐져 있다. 그래서 대화도에 접근하기 위해서는 여러 난관을 통과하지 않을 수 없다. 다시 나아가서 대화도의 서쪽을 통과하면 가도 정박지에 이르고, 동쪽을 통과하면 탄도(炭島) 정박지에 이른다. 이곳을 지나서 동북쪽으로 항해하면 만 안쪽에 가까운 우도리(牛島里) 정박지에 이를 수 있다. 대화도에는 등대가 있는데, 이 등대는 목조 4각형 백색이며, 등화는 백색섬광으로 매 15초 간격으로 1섬광을 발한다. 광달거리는 17해리이다.

압록강 항로

대화도의 서북쪽 반주(磐洲)에 괘등(掛燈) 부표가 있는데, 이것이 압록강 입구의 제1관문이다. 부근에는 사퇴(沙堆)가 길게 뻗어 있고 수도가 복잡해서 알기에 어렵다. 본 괘등의 동서 양측에 수로가 있다. 북쪽으로 나아가면 반성열도(盤城列島)가 있다. 부근에 암초가 출몰해서 특히 위험하다. 종래 이곳에 조난한 선박이 많았다. 기선 장구환(長久丸)·금룡환(錦龍丸)·조양환(朝陽丸)·비후환(備後丸)·제일선해환(第一扇海丸)·위조한(爲朝丸)·차화환(此花丸)·인천환(仁川丸) 등은 조난된 배 중에서도 중요한 선박이다. 또 강 입구 매로리(梅老里) 부근에 창암(昌岩)이 있는데, 그 남쪽 1해리 남짓에 암초가 있다. 기선 매환(梅丸)의 좌초로 인해 발견되었으므로 이것을 매환초(梅丸礁)라 명명하였다. 이곳에서부터 압록강까지 항해하는 데는 여울과 사주가 많아서 매우 위험해 주의를 요한다〈수로고시 제1916호, 제1926호, 제1937호 참조〉.

이상 열거한 것은 단지 개요에 불과하다. 다음에 항로표지를 나타냈고 아울러 암초 혹은 얕은 여울[淺灘]에 관련된 최근의 고시를 기록했다.

항로표지[航路標識]

동안(東岸) 등대

등대명칭	위치	북위	동경	初點年月	구조	등급 및 燈質	明弧	自基礎至燈火	自水面至燈火	蠋光數[18]	광달거리	霧警號	기사
蔚崎燈竿	울산항구	38° 29′	129° 29′	明治 39년 3월	목조 백색	부동 백색	남15° 서에서 서북을 거쳐 북 50° 동까지 215° 사이	2장	9장 7척	1/10 미만	8해리		
水源端	강원도의 북단	38° 42′	128° 23′	동 39년 12월	콘크리트조 팔각형 백색	제6등 연백색 12초 간격으로 3초간 2련광	남36° 13′ 남에서 남서를 거쳐 북2° 서까지 205° 13′ 사이	5장	13장 3척	$2\frac{1}{2}$	17해리	霧笛	무적은 1분간격을 두고 4초간 울린다.
麗島	영흥만내	39° 14′	127° 38′	동 39년 12월	콘크리트조 팔각형 백색	제4등연섬백색 매10초 간격으로 4초간 3섬련광	남3° 40′ 서에서 서북동을 거쳐 남 86° 30′ 동까지 269° 50′ 사이	2장	22장1척	미상	21해리		
葛麻浦燈竿	원산포 갈마반도의 북단	39° 12′	127° 28′	동 39년 4월	목조 백색	부동 홍색	북33° 동에서 동남서를 지나, 북60° 서까지 267° 사이	1장 5척	18장 2척	1/10 미만	8해리		
長德島	원산진	39° 11′	127° 26′	동 40년 3월	철조 장방형 백색	제6등 부동 백색	전도	8척	4장8척	미상	10해리		북서9° 서에서 북33° 서까지 16° 사이 및 남73° 동에서 남68° 동까지 5° 간은 홍색으로 본 등대의 남동 서북서의 얕은 여울을 나타냄

18) 단위 1,000촉광

남안(南岸) 등대

등대 명칭	위치	북위	동경	初點年月	구조	등급 및 燈質	明弧	自基礎至燈火	自水面至燈火	蠋光數	광달거리	霧警號	기사
釜山低燈	부산항 초량	35° 7′	129° 2′	동 37년 8월	철조 원주형 백색	제6등 부동 홍색	북79° 서에서 북19° 서까지 60° 사이	2장	10장 6척	2/10	10해리		부산항에 들어가려는 선박은 고등과 저등을 일직선으로 바라보면, 鵜瀨와 鋸齒礁의 중간을 항행할 수 있다. 고등은 저등보다 북49° 서로 그 거리 149간 5척이다.
釜山高燈	부산항 초량	35° 7′	126° 2′	동 37년 8월	철조 원주형 백색	제6등 부동 홍색	북79° 서에서 북19° 서까지 60° 사이	1장 5척	17장 5척	2/10	10해리		
鵜瀨立標	부산항구	35° 7′	129° 7′	동 38년 6월	석조 원형 홍색	부동 백색	전도	2장 3척	3장	1/10 미만	6해리		
絶影島	부산항구	35° 8′	129° 6′	동 39년 12월	콘크리트조 사각형 백색	제4등연섬백색, 매13초를 간격으로, 7초동안 연섬광 발함	남30° 서에서 서북을 지나, 북50° 30′ 동까지 200° 30′ 사이	2장 6척	17장 1척	미상	20해리	무적	무적은 매12초 간격으로 3초 동안 울린다.
馬山浦立標	부도수도의 3피트岩			동 40년 12월	콘크리트조 원형 홍흑 횡선	부동 백색	전도		2장8척		6해리		
鴻島燈竿	거제도의 남쪽에 있는 섬	34° 32′	125° 44′	동 39년 3월	목조 백색	부동 백색	전도	2장 9척	38장3척	1/10 미만	8해리		
牛島燈竿	제주도의 동쪽 우도의 동단	33° 29′	126° 58′	동 39년 3월	목조 백색	부동 백색	남65° 32′ 동에서 남서북을 지나, 북19° 28′ 동까지 265° 사이	2장	42장2척	1/10 미만	8해리		
巨文島	해밀턴항구의 남쪽	34° 0′	127° 19′	동 38년 4월	벽돌석조 원형 백색	제3등섬광홍백교섬 매15초 동안에 1섬광 발함	남29° 서에서 서북남을 지나, 남64° 15′ 동까지 266° 45′ 사이	2장	22장	67	22해리		

서안(西岸) 등대

등대명칭	위치	북위	동경	初點年月	구조	등급 및 燈質	明弧	自基礎至燈火	自水面至燈火	蠋光數	광달거리	霧警號	기사
時下島	목포항 남쪽 수도			동 40년 8월	콘크리트조 원형 백색	제4등 부동 백색	북6° 서에서 북동남을 지나, 남37° 까지 222° 사이	2장 5척	12장 1척		16해리		
木浦浮標	목포항구 고하도 北角의 남쪽			동40년 6월	철조 원추형 홍색 頭部에 등기탑재	핀치 가스 명암 백색	전도		1장 1척		5해리		유달산 정상은 북85° 동, 高下島 64피트 高地는 남25° 동, 達里島 泊鼻 남 61° 서 수심 5길 1/2
木浦口	목포항구 화원반도의 북단				콘크리트조 원형 백색	부동 백색	남83° 20′ 동에서 남서를 지나, 북59° 20′ 서까지 204° 사이	1장 9척	10장 5척		8해리		남68° 20′ 동~남46° 20′ 동까지 22° 사이와 남40° 20′ 동~남28° 40′ 서까지 69° 사이는 홍색으로 서쪽 및 북쪽의 여울을 표시. 남 46° 20, 동~남40° 20′ 동까지 6° 사이는 백색으로 목포항 부근에 있는 북서쪽과 북쪽 淺瀨 사이의 가항항로 표시.
竹島	맹골군도 중 한 섬	34° 14′	125° 51′	동 40년 12월	콘크리트조 원형 백색	제3등연섬광백색 25초마다15초 동안 연섬광 발함	북5° 30′ 서에서 북동남서를 지나, 북33° 서까지 332° 30′ 사이	2장	27장 6척		23해리	무적	무적은 매30초를 간격으로, 5초동안 울린다. 명치40년 12월 등간을 등대로 개축
七發島	나주군도의 서북쪽	34° 47′	125° 47′	동 38년 12월	벽돌석조 원형 백색	제1등섬광백색 매15초에 1섬광 발함	전도	2장 2척	33장 4척	668	26해리		
瓮島	인천항구 밖의 남서쪽	36° 39′	126° 0′	동 40년 1월	콘크리트조 팔각형 백색	제4등섬광백색 매20초 간격으로, 20초 동안 24연섬광 발함	전도	5장	23장 7척	미상	22해리	무적	무적은 안개 · 눈 그 외 어둡거나 흐린 날에 있어서 매40초를 간격으로, 3초간 울린다.
皃島	인천항구	37° 9′	121° 21′	동 37년 4월	석조 원형 백색	제4등연섬백색 20초 간	전도	4장	12장 1척	1 3/4	17해리		이 등화와 白岩立標 등화를 동시에 보고, 또

						격으로, 20초에 4연섬광 발함							이 등화를 북 40° 동以東으로 항해하면 장안섬(チヤセリヤウ)에 빠질 우려가 있다. 이 등대에 부등을 두어, 북27° 30′ 동~북44° 30′ 동까지 17° 사이는 부동홍색, 이 등대에서 남36° 서의 약 5해리 떨어진 장안섬을 표시.
白岩立標	인천항구	37° 14′	126° 25′	동 36년 6월	석조 육각형 흑색	제6등섬광백색 매15초에 3섬광 발함	전도		4장 5척	1 3/4	11해리		看守員을 두지 않는다.
北長子島立標	인천항구	37° 20′	126° 25′	동 36년 6월	석조 육각형 홍색	부동 백색	전도		4장 5척	1 1/4	8해리		看守員을 두지 않는다.
八尾島	인천항구	37° 22′	126° 31′	동 36년 6월	벽돌 석조 원형 백색	제6등연섬백색 매24초를 간격으로 16초간 3연섬광 발함	전도	2장 6척	21장 9척	7/10	20해리		
小月尾島	인천항구	37° 23′	126° 36′	동 36년 6월	벽돌 석조 원형 백색	제6등연섬 홍백교섬 매 13초에 백색2연섬광과 홍색을 번갈아 발함	남43° 서에서 서북, 동을 지나서 남 14° 30′ 동까지 302° 30′ 사이	3장 1척	9장 4척	3/10	15해리		홍백섬광을 번갈아 발한다. 시간은 백색과 홍색이 각 12초반마다, 백색과 백색은 각 5초마다라고 함. 看守員을 두지 않음.
小青島	소유독 부근 대청군도 중의 한 섬				콘크리트조 원형 백색	제3등연섬 백색 매20초를 간격으로, 20초동안 4연섬광 발함	남78° 25′ 서에서 서북동을 지나 남 39° 20′ 동까지 242° 15′ 사이	3장 3척	26장 8척		22해리	무적	무적은 매30초를 간격으로 5초간 울린다.
西島	대동강구 서도의 서쪽			동 40년12월	콘크리트조 원형 백색	제4등섬광백색 매20초에 1섬광 발함	북8° 에서 북동남서를 지나 북86° 30′ 서까지 281° 30′ 사이	2장 2척	30장 2척		24해리	霧砲	선박의 기적을 들었을 때는 대포를 1번 발한 후, 3분 간격으로 1번 발함. 더 필요할 때는 10분 간격으로 1번 발하고 또 3분을 간격으로 전과 같이 1번

													발함. 결빙되는 1월15일~2월말까지 점등 및 발포는 정지.
姉妹島	대동강구 席島의 북쪽			동 40년 12월	콘크리트조 원형 백색	제4등 부동 백색	북5° 동에서 동남서를 지나 북 75° 서까지 280° 사이	2장 5척	12장 9척		15 해리		북17° 동~북 22° 동까지 5° 사이의 초도수도 항로와 북 59° 동~북68° 동에 펼쳐진 下洲와 中洲 중간의 항로와, 또 남 80° 30′ 서~북 88° 45′ 서까지 10° 45′ 사이의 진남포 항로는 모두 백광으로써 가항항로를 표시. 그 외 불가항로는 모두 홍광으로 표시.
纂島	대동강 하구 진남포수도의 중앙 피도 중 서쪽	38° 41′	125° 7′	동 40년 9월	콘크리트조 원형 백색	제6등 부동 녹색	북45° 40′ 동에서 동남서를 지나 북 46° 20′ 서에 이르는 268° 사이	1장 2척	12장 3척		3해리		주야등으로 한 번 점화하면 15일 동안 유지할 수 있다. 그러므로 소등 후 재점화하는데 다소의 시간이 걸림. 또 겨울 결빙 시인 매년 1월 15일~2월 말일까지 점화하지 않음.
避島	대동강구 진남포수도 찬도 동쪽 어은동 서쪽	38° 11′	125° 11′	동 40년 9월	콘크리트조 원형 백색	제6등 부동 백색	전도	1장 2척	20장		6해리		위와 같음.
大和島	宣川灣 앞바다	26° 26′	124° 35′	동 37년 6월	목조 사각형 백색	제6등 섬광백색 매15초에 1섬광 발함	북29° 서에서 북동을 지나 남까지 209° 사이	2장	28장		17 해리		
鴨綠江 浮標	압록강동수도의 반성열도 남쪽			동 40년 6월	철조 원추형 홍색	부동 홍색	전도		1장 2척		4해리		

〈서안(西岸) 및 남안(南岸) 입표(立標)〉

立標 通號	위치	빛색깔	구조 및 수면의 높이	조수가 가장 낮을 때의 高低	기사
群山(甲)	군산포 箕篭島 부근에 간조 시에 드러나는[干出] 9척 바위	홍	석조 원형, 높이 1장 9척	수면 위로 드러난 것이 9피트	북위 35도 58분, 동경 126도 33분
군산(乙)	군산포 장산도 부근에 간조 시에 드러나는[干出] 14피트 바위	홍	석조 원형, 높이 1장 7척	수면 위로 드러난 것이 14피트	북위 35도 59분, 동경 126도 37분
군산(丙)	군산포 入耳島 부근에 간조 시에 드러나는[干出] 17피트 바위	홍	석조 원형, 높이 1장 2척 8촌	수면 위로 드러난 것이 17피트	북위 35도 59분, 동경 126도 39분
鎭海灣	진해만 입구의 서쪽 암초 위	둥근 기둥은 백홍의 가로선 아래는 홍	철조 원주형, 높이 9척	조수가 가장 높을 때 잠긴다.	
登牟多利	부산항 絶影島의 북각 부근의 암초 위	紅黑 가로선	콘크리트로 만든 원형, 높이 2장 8척	洗岩[19]	

19) 평상시 조수일 때에는 수면 아래 잠겨 있다가 가장 낮은 조수일 때 수면 밖으로 드러나는 암초.

〈서안(西岸) 육표(陸標)〉

陸標通號	위치	빛색깔	구조	記事
압록강 서쪽 中洲	압록강 東水道의 서쪽 中洲의 동쪽	홍백	목조 '†' 모양 및 삼각형의 목표(目標)를 씌움.	두류포의 서각은 북 72도, 홍색 육표와 백색 육표를 일직선으로 유지하여 험하고 좁은 수로를 표시함.
압록강 薪島列島	압록강 西水道의 신도열도의 북쪽	홍	목조로 삼각형의 목표를 씌움.	
압록강 신도열도	압록강 西水道의 신도열도의 북쪽[20]	홍	목조로 삼각형의 목표를 씌움.	
압록강 서쪽 中洲	압록강 西水道 서쪽 中洲의 서쪽	홍	목조로 삼각형의 목표를 씌움.	
압록강 서쪽 中洲	압록강 西水道 서쪽 中洲의 서쪽	홍	목조로 삼각형의 목표를 씌움.	
압록강 서쪽 中洲	압록강 西水道 서쪽 中洲의 북서와 마주한 연안	흑	목조로 삼각형의 목표를 씌움.	
압록강 서쪽 中洲	압록강 西水道 서쪽 中洲의 북쪽	홍	목조로 삼각형의 목표를 씌움.	
압록강 黃草坪	압록강 본류 黃草坪의 동쪽	흑백	목조로 삼각형의 목표를 씌움.	용암산의 서각은 남 11도 동. 이 표는 간출주(干出洲)[21]의 외단에 근접한 항로의 왼쪽을 표시함.
압록강 娘娘城	압록강 본류 낭랑성각의 남쪽 연안	흑백	목조로 삼각형의 목표를 씌움.	낭랑성의 동각은 북 25도 동. 이 표는 간출주의 외단에 근접한 항로를 표시함.
압록강 낭랑성	압록강 본류 낭랑성각의 위	흑백	목조로 삼각형의 목표를 씌움.	용암포각은 정남. 이 표는 간출주의 외단에 근접한 항로를 표시함.

20) 앞의 육표와 같아서 중복되었을 가능성이 있다.
21) 썰물 때 드러나는 섬과 같은 지형을 말한다.

〈동안(東岸) 부표(浮標)〉

立標 通號	위치	着色	구조 및 수면의 높이	조수가 가장 낮을 때의 高低	記事
元山 제1호	영흥만 원산진 장덕도 부근	紅黑 가로선	철조 원추형에 기둥형 목표를 올림. 높이 1장 1척 5촌	2길 6분의 1	갈마포의 산 정상은 북 37도 동. 장덕도 등대는 북 35도 10분 서. 원산 거류지 金刀比羅宮은 북 80도 서.
원산 제2호	영흥만 원산진 장덕도 부근	紅黑 가로선	철조 원추형에 기둥형 목표를 올림. 높이 1장 1척 5촌	2길 6분의 1	갈마포 산정상은 북 60도 동. 장덕도 등대는 남 66도 15분 동. 원산거류지 金刀比羅宮은 남 48도 30분 서.

〈서안(西岸) 부표〉

立標通號	위치	着色	구조 및 수면 위의 높이	가장 낮은 조수일 때의 高低	記事
군산 제2호	군산포 장도산 북동쪽에 간출(干出)하는 3피트 바위부근.	홍	철조 원추형에 삼각형 目標를 올림. 높이 1장 1척 5촌	3길 2분의 1	有父島는 북 55도 30분 서 長山島는 남 75도 30분 서 加來島는 남 27도 30분 서
군산 제4호	군산포 前望山의 남동 淺洲의 西端	홍	철조 원추형에 삼각형 목표를 올림. 높이 1장 1척 5촌	2길 2분의 1	前望山은 북 43도 30분 서 장산도는 남 67도 30분 서 入耳島는 남 42도 15분 서
군산 제6호	군산포 전망산의 남동 淺洲의 東端	홍	철조 원추형에 삼각형 목표를 올림. 높이 1장 1척 5촌	2길 4분의 1	전망산 고지는 북 75도 서 장산도는 남 73도 30분 서 입이도는 남 58도 서
군산 제1호	군산포 箕箺島의 북쪽 淺洲	흑	철조 원추형에 원통형 목표를 올림. 높이 1장 1척 5촌	3길 4분의 1	有父島는 북 59도 30분 동 장산도는 북 89도 30분 동 가래도는 남 74도 동
군산 제3호	군산포 장산도의 서쪽 淺洲	흑	철조 원추형에 원통형 목표를 올림. 높이 1장 1척 5촌	3길 4분의 1	유부도는 북 39도 30분 동 장산도는 남 89도 동 가래도는 남 62도 동
군산 제8호	군산포 항로의 우측, 장산도 서쪽	홍	철조 원추형에 삼각형 목표를 올림. 높이 1장 1척 5촌	3길	유부도는 북 26도 45분. 거리 약 8케이블 반 加來島 큰 나무는 남 54도 동 북위 35도 58분 42초 동경 126도 35분의 1초
군산 제5호	군산포 용당강 비응도의 북서쪽	흑	철조 원추형에 원통형 목표를 올림. 높이 1장 1척 5촌	1길	開也島의 큰 나무는 북 33도 50분 동. 오식도 고지는 남 81도 20분 동 비응도 고지는 남 33도 동
진남포 동쪽 부표	진남포 정박지의 동쪽	紅黑 가로선	철조 원추형 높이 7피트	2길 4의 1	細島 100피트 고지는 남 5도 동 猪島 큰 나무는 남 45도 서 남포갑의 북 30피트 고지는 북 67도 50분 서. 북위 38도 43분 4초 동경 125도 24분 2초
진남포 서쪽 부표	진남포 정박지의 서쪽	紅黑 가로선	철조 원추형에 마름모꼴 목표를 올림. 높이 5피트	1길 2분의 1	세도 100피트 고지는 남5도 동, 저도 큰 나무는 남 44도 40분 서 남포갑 북방 310피트 고지는 북 67도 50분 서. 북위 38도 43분 6초 동경 125도 23분 7초

中洲	진남포 중주의 남서단	黑白 가로선	철조 원추형 높이 1장 1척	2길 2분의 1	椒島水道의 동쪽 홍백각(ホムバグ角) 200고지는 남 57도 35분 동 초도 동단 805피트 고지는 남 3도 50분 동. 서도등대는 남 48도 서. 북위 38도 37분 56초 동경 124도 51분 29초
진남포 제1호	대동강 진남포 정박지 부근	紅黑 가로선	철조 원추형 높이 5척	1길 2분의 1	
진남포 제2호	대동간 진남포 정박지 부근	紅黑 가로선	철조 원추형 높이 5척	2길	
압록강 제1호	압록강 동수도의 수운도 서수도 南口의 중앙에 있는 3길 淺堆의 남쪽	흑	철조 원추형에 원통형 목표를 올림. 높이 1장 3척	3길 4분의 1	대화도등대는 남 39도 동 魚泳島 정상은 북 89도 동 수운도 정상은 북 15도 30분 동. 결빙 중에는 철거
압록강 제3호	압록강 동수도의 옛 정박지 중앙에서 多獅島 정박지로 향하는 水道를 횡단하는 천퇴의 남쪽	흑	철조 원추형 높이 1장	5길 2분의 1	다사도 동쪽 정상은 북 4도 동. 壁島는 남 58도 서 細島는 북 59도 서 결빙 중에는 철거
압록강 제4호	압록강 동수도 수운도의 북방(구루미) 여울의 서쪽	홍	철조 원추형 높이 1장	4길 4분의 1	구루미島 정상은 북 38도 서 수운도 정상은 남 11도 서
압록강 제6호	압록강 동수도의 옛 정박지에서 다사도 정박지로 향하는 수도의 동쪽	홍	철조 원추형에 삼각형 목표를 올림. 높이 1장	3길	다사도 정상은 정북 壁島는 남 8도 서 세도는 북 70도 20분 서
압록강 제7호	압록강 동수도의 다사도 정박지 로 인도하는 수도의 서쪽 경계 북단에 있으며 이 정박지의 남쪽 경계	흑	철조 원추형에 삼각형 목표를 올림. 높이 7척	3길 2분의 1	大多島 서쪽 정상은 북 54도 30분 동 小多獅島는 북 10도 30분 동 세도 동쪽 정상은 북 82도 서

압록강 第9호	압록강 동수도의 다사도 정박지의 서쪽	흑	철조 원추형 높이 9척	2길 2분의 1	대다사도 정상은 북 85도 동 소다사도는 북 21도 동 門白은 북 54도 서
압록강 第8호	압록강 동수도의 다사도 정박지 북쪽에서 중앙에 있는 7척 암초의 서쪽	홍	철조 원추형 높이 4척	2길 2분의 1	대다사도 동쪽 정상은 남 71도 동 소다사도는 북 20도 30분 동 세도는 남 86도 서
압록강 第10호	압록강 동수도의 동 中洲의 남동단에서 門白 정박지로 인도하는 수도의 북쪽	홍	철조 원추형 높이 4척	2길	대다사도 동쪽 정상은 남 71도 30분 동, 소다사도는 북 38도 30분 동, 세도는 남 83도 서
압록강 第14호	압록강 동수도의 문백 정박지 북서단에서 동 중주의 남서쪽에서 연장된 洲堆의 남단	홍	철조 원추형 높이 4척	4길 4분의 1	門白은 남 8도 동 소다사도는 남 72도 30분 동 烟臺山 정상은 북 18도 동
압록강 第11호	압록강 동수도의 동 中洲의 북서단	흑	철조 원추형 높이 4척	1길 4분의 1	문백 정상은 남 19도 30분 동, 연대산 정상은 북 27도 동, 築島 정상은 남 59도 서
압록강 第13호	압록강 동수도의 동 中洲 서쪽 부근의 淺堆의 북단	黑	철조 원추형 높이 4척	4분의 3길	연대산 정상은 북 52도 동 昌岩은 북 6도 30분 동 門白 정상은 남 25도 30분 동
압록강 第16호	압록강 동수도의 동 中洲의 북서단	紅	철조 원추형 높이 4척	1길 4분의 1	축도 정상은 남 29도 30분 서, 연대산 정상은 북 69도 동, 창암은 북 17도 30분 동
압록강 第18호	압록강 동수도의 동 中洲의 북서단 부근에 있는 梅丸礁의 서측	紅	철조 원추형 높이 4척	1길 4분의 3	축도의 정상은 남 18도 서 문백 정상은 남 26도 30분 동, 연대산 정상은 북 88도 동
압록강 第15호	압록강 동수도의 동쪽 中洲의 북서단 부근에 있는 洗岩의 동쪽	黑	철조 원추형 높이 4척	2길 2분의 1	축도의 정상은 남 17도 서 연대산의 정상은 북 86도 동 창암은 북 55도 30분 동
압록강 第20호	압록강 동수도의 동쪽 中洲의	紅	목조 檣形(돛대형)	1길 4분의 1	창암은 북 86도 동 安子山 정상은 북 19도 동

	서북단 부근 창암의 서쪽의 淺堆				문백의 정상은 남 24도 동
압록강 제22호	압록강 동수도의 서쪽 中洲의 동쪽	紅	철조 원추형 높이 4척	3길 4분의 1	창암은 남 68도 동 두류포각은 북 63도 동 안자산 정상은 북 27도 30분 동
압록강 제24호	압록강 동수도의 서쪽 中洲의 동쪽	홍	목조 檣形(돛대형)	2길 4분의 3	창암은 남 57도 동 두류포각은 북 73도 동 안자산 정상은 북 30도 동
압록강 제17호	압록강 동수도의 서쪽 中洲의 동쪽	黑	철조 원추형 높이 4척	1길 4분의 1	창암은 남 30도 30분 동 龍化山 정상은 북 67도 동 안자산 정상은 북 23도 30분 동
압록강 제2호	압록강 서수도의 입구 바깥 3길선 내	홍	철조 원추형 높이 4척	2길 4분의 3	窟窿子 123피트 산은 북 13도 30분 동, 馬島는 북 65도 30분 동
압록강 제4호	압록강 서수도의 입구 바깥 중앙 천퇴의 바깥쪽 북단	홍	철조 원추형 높이 4척	2길 4분의 1	窟窿山子 서쪽 132피트 산은 尺 10도 30분 동 마도는 북 66도 30분 동
압록강 제6호	압록강 서수도의 입구 바깥 중앙 천퇴 안쪽 북단	分	철조 원추형 높이 4척	1길 2분의 1	小寺山은 북 10도 동 마도는 북 69도 15분 동
압록강 제1호	압록강 서수도의 북쪽	흑	철조 원추형 높이 4척	2길 4분의 1	窟窿子山 서쪽 132피트 산은 북 46도 15분 서, 소사산은 북 4도 15분 서, 마도는 북 75도 동
압록강 제3호	압록강 서수도의 북쪽	흑	철조 원추형 높이 4척	1길 4분의 1	소사산은 북 21도 30분 서 西馬島는 북 85도 15분 동
압록강 제8호	압록강 서수도의 남쪽	紅	철조 원추형 높이 4척	3길	소사산은 북 29도 30분 서 마도는 북 89도 30분 동
압록강 제10호	압록강 서수도의 남쪽	紅	철조 원추형 높이 4척	2길 2분의 1	소사산은 북 43도 45분 서 마도는 남 72도 30분 동
압록강 제12호	압록강 서수도의 남측. 마도의 북서로 펼쳐진 천퇴의 북단	紅	목조 檣形(돛대형) 높이 5척	2길 2분의 1	마도는 남 32도 동, 소구니암(ソグニ岩)은 북 84도 동, 薪島 南烟臺峰은 남 59도 30분 동
압록강 제5호	압록강 서수도의 북측으로 연장되는 천퇴의 남단	黑	목조 檣形(돛대형) 높이 5척	2길	마도는 남 11도 동 소구니암(ソグニ岩)은 남 84도 동 신도 남연대봉은 남 45도 동

압록강 第14호	압록강 서수도의 서 中洲의 북서쪽	紅	목조 檣形(돛대형) 높이 5척	1길 2분의 1	
압록강 第16호	압록강 서수도의 서 中洲의 북쪽	紅	목조 檣形(돛대형) 높이 5척	1길 2분의 1	
압록강 第26호	압록강 본류의 斗浦 서쪽 천퇴의 북서쪽	黑	철조 원추형 높이 4척	1길	梅老里島는 남 10도 동 두류포각은 83도 동
압록강 第19호	압록강 본류의 두류포 북쪽의 천퇴	黑	철조 원추형 높이 4척	2길 6분의 1	龍岩山 폭풍표는 남 87도 30분 동, 安子山 가장 높은 곳은 북 3도 서, 龍化山 가장 높은 곳은 북 64도 30분 동
압록강 第28호	압록강 본류의 용암포 서쪽 천퇴의 서쪽	紅	철조 원추형 높이 4척	2길	용암포각은 남 79도 30분 동 안자산 정상은 북 13도 서
압록강 第21호	압록강 본류의 黃草坪의 남동쪽으로 펼쳐진 천퇴의 동쪽	黑	목조 檣形(돛대형)	1길 3분의 1	용암산 폭풍표는 남49도 동, 두류포각은 남 66도 30분 서
압록강 第30호	압록강 본류의 용암포의 북쪽에 있는 남북으로 연장되는 천퇴의 서쪽	黑	철조 원추형 높이 4척	4분의 3길	용암산 폭풍표는 남 7도 동 두류포각은 남 59도 서
압록강 第23호	압록강 본류의 黃草坪의 동단에서 남쪽으로 연장되는 천퇴의 남동쪽	黑	목조 檣形(돛대형) 높이 4척	2길	두류포각은 남 59도 30분 서 용암산 폭풍표는 남 25도 30분 동
압록강 第36호	압록강 본류의 낭랑성각의 동쪽	紅	철조 원추형 높이 4척	1길 2분의 1	安子山 정상은 남 62도 서, 용화산 정상은 남 30도 동, 德川山 정상은 남 14도 동
압록강 第25호	압록강 본류의 낭랑성각의 동쪽	黑	목조 檣形(돛대형) 높이 5척	1길	
압록강 第38호	압록강 본류의 柳草島의 남단 사취의 남쪽	紅	철조 원추형 높이 4척	2길	三端浪頭角은 북 69도 서 낭랑성각은 남 5도 서
압록강 第40호	압록강 본류의 柳草島의 북단 신의주로 향해 돌출한 사취의 서쪽	紅	철조 원추형 높이 4척	2분의 1길	한온대(ハンオンダイ)산은 북 53도 서, 원보산은 북 27도 동

(부록) 일본 九州 및 本州 연안 등대의 일부

등대명칭	위치	북위	동경	初點年月	구조	등급 및 燈質	明弧	自基礎至燈火	自水面至燈火	蠋光數	광달거리	霧警號	기사
三島	對馬國의 북단	34° 44′	129° 27′	명치 27년 8월	목조 사각형 흑색	제6등 부동 백색	북56° 6′ 동에서 동남서를 지나 북41° 14′ 까지 262° 40′ 사이	1장 8척	5장 2척	1/10	10 해리		원래부터 북동에서 약 1.5해리 떨어진 사이에 韓埼礁가 돌출되어 있음
神埼	對馬國의 남단	34° 5′	129° 13′	동 27년 9월	목조 사각형 백색	제4등 부동 백색	북84° 47′ 서에서 북동을 지나 남62° 2′ 까지 202° 26′ 사이	2장 2척	19 장2척	1/2	16 해리		남89° 47′ 동에서 남62° 21′ 동까지 27° 26′ 사이는 홍광으로 豆酸埼의 암초와 小松瀨를 표시
白瀨	肥前國 五島列島 平島의 서쪽 白瀨岩 위	33° 11′	128° 48′	동 38년 4월	목조 사각형 백색	제5등 부동 백색	전도	1장 5척	11 장5척	1/10	11 해리		북45° 15′ 동에서 북67° 15′ 동까지 22° 사이는 홍광으로 (クライノ)瀨를 표시. 또 남74° 45′ 서에서 남87° 45′ 서까지 13° 사이도 홍광으로 帆揚瀨 및 5피트 간출암을 표시.
大瀨埼	五島列島 福江島의 남서단	32° 37′	128° 36′	동 20년 12월	철조 원형 백색	제6등 섬광 백색 매30초에 1광 발함	북54° 58′ 서에서 북, 동을 지나서 남 0° 43′ 까지 234° 15′ 사이	3장 6척	26 장5척	67 1/2	23 해리		
沖島	대마해협 동수도 沖島 정상	34° 15′	130° 6′	동 38년 4월	목조 백색	부동 백색	全度	3장 6척	81 장6척	1/10 미만	8해리		
若宮燈竿	壹岐國 若宮島의 북단	33° 52′	129° 41′	동 38년 4월	목조 백색	부동 홍색	북31° 동에서 동남, 서를 지나서 북67° 26′ 서까지 264° 사이	3장 5척	35 장1척	1/10 미만	6해리		
鷹島	呼子 항구	33° 34′	129° 54′	동 14	목조 사각	제6등 부동	북44° 12′ 동에	1장 5척	15 장6	1/10	9해리		私設이므로 입항선에 燈費를

	鷹島			년 12 월	형 백색	백색	서 동, 남, 서를 지나서 북65° 48′ 서까지 250° 사이		척				징수함. 남 61° 58′ 동에서 남31° 58′ 동까지 30° 사이는 녹광으로서 臼島를 나타내고, 또 남0° 37′ 서에서 남25° 37′ 서까지 25°는 홍광으로 平瀨 및 折瀨를 표시.
烏帽子島	壹岐수도 동구 烏帽子島	33° 41′	129° 59′	동 8년 8월	철조 팔각형 백색	제2등 부동 백색	전도	4장 4척	18장2척	3 1/2	20해리		
若松	筑前國 若松항 突堤의 극단	33° 56′	130° 49′	동 36년 8월	철조 사각형 홍색	부동 홍색	전도	2장 5척	2장 9척	1/10 미만	6해리		
角島	長門國 角島의 북서단	34° 21′	130° 50′	동 9년 3월	석조 원형 백색	제1등 회전 백색 매12초에 1광 발함	북3° 20′ 서에서 북, 동, 남을 지나 남56° 40′ 서까지 240° 사이	8장 6척	14장2척	67 1/2	18해리		'쿠즈세(クズセ)'는 이 등대에서 약 북25° 서 거리 약 8케이블
馬島	濱田港口 馬島	34° 54′	132° 2′	동 31년 5월	벽돌 석조 원형 백색	제5등 연섬 백색 매11초 간격으로 4초에 2연섬광 발함	북1° 28′ 동에서 동, 남을 지나서 남53° 28′ 서까지 232° 사이	2장 5척	10장9척	4 1/2	16해리		북22° 43′ 동에서 북27° 13′ 동까지 3° 30′ 사이는 홍광으로서 '샤쯔쿠리(シヤツクリ)'礁를 나타낸다.
日ノ岬	出雲國 日ノ岬	35° 29′	132° 38′	동 36년 4월	석조 원형 백색	제1등 연섬 홍백 교섬 매20초사이에 백색 2연섬광과 홍색 섬광을 번갈아 발함.	북29° 10′ 동에서 동남을 지나 남70° 10′ 서까지 221° 사이	12장8척	20장8척	64 1/2	21해리		섬광발사 및 암흑의 시간은 백색 2연섬광 3.7초, 암흑 8초, 홍색섬광 0.3초 암흑 8초라고 한다.

수로고시(水路告示)

동해

○ 수로고시 제1884호

명치 39년 담당부의 신측도(新測圖)에 의하면 조선 동쪽 연안 조산만(造山灣) 내에 다음 기록과 같은 여러 바위가 있다.

(1) 대단(大端 : 西角)에서 남으로 61도 40분 서, 거리 1케이블[22] 2/5에 높이 8피트인 하나의 바위가 있는데, 현암(絃岩)이라고 한다.
(2) 현암에서 남 54도 45분 서, 거리 4/10 케이블에 하나의 암석이 있다. 암석 위는 수심 4길[23] 4분의 1이다.
(3) 현암에서 남쪽 3도 동쪽, 거리 1케이블.

○ 수로고시 제1932호

나진포(羅津浦) 내 송도(松島) 정상에서 남쪽 41도 ㅁㅁ분 동쪽, 거리 1케이블 3/5인 곳에 수심 반 길의 암초가 있다. 그런데 해당 암초 암석으로부터 북 2도 5분 서쪽, 거리 1/2케이블인 곳은 수심 2길, 이곳으로부터 78도 15분 동, 거리 10분의 7케이블인 곳은 수심 3길 4분의 3이다.

송도의 동쪽 및 남쪽 부근에는 그림에 실린 것과 같은 얕은 여울〈수로고시 1083호 참조〉과 천암(淺岩)이 없다.

---

22) 鏈=케이블. 1케이블은 1/10해리로, 약 185m..
23) 1길은 약 1.8m.

○ 수로고시 제1884호

사진만(沙津灣)〈土佛智灣〉

암초 정위치는 만두(灣頭) 2번째 각에서 남 13도 40분 동쪽에 해당하고 거리는 1케이블 3/4.

○ 수로고시 제1971호

무수단 부근

숨어 있는 암초[暗岩][24)]의 발견

대략적인 위치 : 북위 40도 50분 50초, 동경 129도 41분 15초.

연월 : 명치 40년 9월

○ 수로고시 제1891호

이원만(利源灣) 부근 파랑암(破浪岩)의 발견

대략적인 위치 : 북위 40도 2분, 동경 128도 41분 25초.

연월 : 명치 40년 3월

○ 수로고시 제1980호

원산진(元山津) 암초 발견

명치 40년 10월 영흥만 원산진에서 2개의 암초를 발견했다. 하나는 넓이 약 6야드[25)], 암초 위의 수심은 11피트, 주위 수심은 2길 1/4 내지 2.5길, 다른 하나는 암초 위의 수심 3길.

각각의 위치는 다음과 같다.

11피트 암초에서 장덕도(長德島) 등대는 남 71도 동(東),

---

24) 저조일 때에도 수면위로 나타나지 않는 바위, Sunken rock.
25) 1야드는 약 91cm.

11피트 암초에서 부두(埠頭) 바깥쪽 끝의 홍광등(紅光燈)은 남 8도 동(東), 거리 2케이블 5/6

대략적인 위치 : 북위 39도 10분 59초, 동경 127도 25분 35초

3길 암초에서 장덕도 등대는 약 남 51도 동(東)

3길 암초에서 부두(埠頭) 바깥쪽 끝의 홍광등(紅光燈)은 약 남 5도 서, 거리 4해리 2/3케이블

대략적인 위치 : 북위 39도 11분 11초, 동경 127도 25분 40초

○ 수로고시 제2074호

영흥만 남동쪽의 암초

이번에 영흥만의 남동쪽 다음의 위치에서 하나의 고립된 암초를 발견했다.

해당 암초에서 알도(謁島)는 남 79도 동, 거리 9해리 7케이블

해당 암초에서 장전동(長箭洞) 동각(東角) 월이대(月移臺)는 남 42도 동

북위 39도 1분 반, 동경 127도 53분

수심 : 4길, 주위 두계(陡界)는 수직으로 16~17길

경계 : 해당 암초는 원산에서 장전동 정박지에 이르는 선박의 항로에 다소 접근해있기 때문에 반드시 주의해야 한다.

편차 : 명치 41년, 6도 27분 서

관계해도 : 제322호, 제162호, 제301호, 제2호

관계지류 : 『조선수로지(朝鮮水路誌)』 495쪽

출처 : 명치 41년 8월 5일부, 니시가키[西垣] 갈성함장(葛城艦長) 보고

○ 수로고시 제2078호

영흥만 남동쪽 암초 수심 정정

기사 : 이전에 고시한 영흥만 남동쪽에 암초의 가장 얕은 수심은 그 후 정밀하게 측정

한 결과 3길 1/4이라고 한다.

위치 : 북위 39도 1.5분, 동경 127도 53분.

관계해도 : 제322호, 제162호, 제301호, 제2호.

관계지 : 『조선수로지』 495쪽, 수로고시 제2074호.

출처 : 명치 41년 8월 20일부, 기시다[岸田] 해군수로대감(海軍水路大監) 보고.

○ 수로고시 제2081호

영흥만 밖 코드리카각 부근 암초의 발견

기사 : 군함 갈성(葛城)에 승선한 아라이[新井] 해군수로대기사(海軍水路大技士)는 영흥만 밖 코드리카각 부근에서 아래의 암초를 발견했다.

해당 암초에서 알도(謁島)는 남 59도 동.

해당 암초에서 여도 등대는 북 37도 30분 서. 거리 8해리, 7케이블 반

북위 39도 7분 20초, 동경 127도 45분 45초.

수심 : 3길

주의 : 초맥(礁脈)이 북동쪽으로 뻗어나가 암초군을 이룬다고 한다. 그러므로 선박은 적어도 1해리 이상 떨어져서 육각(陸角)을 우회하여 항해해야 한다.

편차 : 명치 41년 6도 27분 서.

관계해도 : 제322호, 제162호.

관계지류 : 『조선수로지』 496쪽

출처 : 명치 41년 8월 27일부, 니시가키[西垣] 갈성함장(葛城艦長) 통보.

○ 수로고시 제2069호

원산진 암초의 상세한 보고

기사 : 지난해 기선 담로환(淡路丸) 선장이 발견하여 보고한 원산진의 암초에 관하여 금번에 오타니[大谷] 수로기사는 해당 암초가 있다고 하는 위치에 이르러 정밀하게 추측(錘測)을 시행하고 이를 찾아 탐사[探檢]하였지만 결국 발견하지 못하였다. 그에

따르면 길이 약 50길 정도의 줄로 수면 아래 약 4.5길의 해저를 끌고 다녔는데[引廻], 보고된 위치에는 수심이 얕은 곳[淺所]을 확인할 수 없었다. 그런데 장덕도 등대에서 북 54도 서, 거리 약 5케이블 1/3지점에서 해저 바닥에 줄을 끌고 다녔는데 걸리는 것이 있었다. 따라서 그 위치에서 측정하여 정밀하게 조사하니 수심 23피트의 암탄(岩灘)을 발견할 수 있었다. 또한, 기선 창준환(昌俊丸) 승선원이 말한 바에 의하면 이 배는 여러 차례 18피트 정도의 흘수로 해당 위치를 항해하여 지나갔지만 아직 배 밑바닥에 암초가 걸린 일은 없다고 했다.

위에 따르면 담로환 선장이 보고한 것에 관계된 3길 암초는 위치와 수심이 모두 잘못된 것이다. 또한 1길 4분의 3 암초는 그 위치만 잘못된 것으로 생각된다.

해당 암초의 정확한 위치는 곧 아래와 같다.

위치 : 3길 1/3 암초에서 장덕도 등대는 약 남 53.5도 동.

3길 1/3 암초에서 부두 바깥쪽 끝의 홍광등은 남 10도 서. 거리 4케이블 1/6.

북위 39도 11분 2초 동경 127도 25분 36초.

1.5길 암초에서 장덕도 등대는 남 4도 동

1.5길 암초에서 부두 바깥쪽 끝의 홍광등은 남 4도 동. 거리 3케이블 6분의 1

북위 39도 11분 2초 동경 127도 25분 36초.

편차 : 명치 41년 6도 25분서

관계해도 : 제317호, 제314호

관계지류 : 『조선수로지』 502쪽, 수로고시 제1980호

출처 : 명치 41년 6월 30일부 아리타케[荒畑] 수로대감(水路大監) 보고.

○ 수로고시 제2081호

장전동 정박지 부근 암초의 발견

기사 : 군함 갈성(葛城)에 승선한 니타[新田] 해군수로 대기사(大技士)는 조선해만의 연안 남쪽인 장전동 정박지 부근에서 아래와 같이 여러 개의 암초를 발견했다.

(1) 1길 암초

위치 : 해당 암초로부터 월이대(月移臺)는 남쪽 84도 동쪽, 거리 2해리 4케이블. 해당 암초로부터 제도(弟島)는 남 24도 서.

북위 38도 45분 49초, 동경 38도 12분 14초.

형상 : 해당 암초는 세 개의 봉우리로 이루어진 점탄(點灘)으로서, 가장 얕은 봉우리는 수심이 1길이다. 이것에서부터 북쪽 2케이블까지 10길보다 얕은 암초맥이 넓게 퍼져있다. 그것으로부터 북쪽은 수직으로 13길보다 깊은 수심이다.

경계 : 해당 암초와 제도의 중간에는 수심 3길보다 얕은 곳이 있어서 선박이 통행하지 않는 것이 좋다고 한다.

(2) 2길 암초

위치 : 해당 암초로부터 제도는 북 11도 동, 거리 6케이블 6/10.

해당 암초로부터 오류진(五柳津) 동쪽의 한 모퉁이〈소나무가 있다〉는 남쪽 80도 동.

북위 38도 44분 46초, 동경 128도 12분 1초.

형상 : 해당 암초는 장전동(長箭洞) 항구 서쪽 갑 부근에서 해안으로부터 1케이블 정도 떨어져서 흩어져 있다. 그 최소 수심은 2.5길로, 초맥은 0.5케이블 정도 남쪽으로 뻗어나와 있다. 외측은 바로 6~6.5길의 수심이다.

(3) 4길 암초

위치 : 해당 암초로부터 제도(第島)는 북 50도 서, 거리 1.5해리 케이블.

해당 암초로부터 월이대 서단은 북 66도 동.

북위 38도 44분 52초, 동경 128도 13분 14초.

형상 : 해당 암초는 암반(岩盤)의 최서단에 위치한다. 그 최소 수심은 4.5길로서, 봉우리는 매우 뾰족하다. 주위는 수직으로 9~10길의 수심을 이룬다. 그 동단은

제도를 북 65도 서로 보이는 곳까지 넓게 퍼져있다.

(4) 3길 암초

위치 : 해당 암초로부터 제도(第島)는 북 78도 30분 서.
해당 암초로부터 월이대 서단은 북 38도 동, 거리 6케이블 4/10.
북위 38도 45분 15초, 동경 128도 14분 50초.

경계 : 해당 암초와 영호진(靈湖津) 사이에는 2.5길보다 얕은 곳이 있어서 선박을 통행하지 않는 것이 좋다고 한다.

주의 : 현행 해도에 나타낸 이 부근 육표(陸標)는 그 위치가 정확하지 않아 주의를 요한다.

편차 : 명치 41년 6도 18분 서.

관계해도 : 제321호, 제322호.

관계지류 : 『조선수로지』 494쪽.

출처 : 명치 41년 8월 27일부, 니시가키[西垣] 갈성함장(葛城艦長) 통보

○ 수로고시 제2094호

일본 혼슈(本州) 북서 연안 오키 열도[隱岐列島] 북서쪽

죽도(竹島: Liancourt rock)[26]의 바른 위치

기사 : 명치 41년 미나미베[南部]의 측정에 의하면 오키 열도의 북서 약 80해리에 있는 죽도(두 섬과 여러 암석으로 되어 있음)의 정확한 위치는 다음과 같다.

위치 : 해당 두 섬 중 동쪽 섬〈여서(女嶼)〉
북위 37도 14분 18초, 동경 131도 52분 22초.

관계해도 : 제162호, 제2호.

관계지류 : 『일본수로지』 제4권 372쪽, 『조선수로지』 454쪽.

---

26) 독도.

○ 수로고시 제2116호

조선 동해안 임명해 및 영일만

성진 및 장기갑〈동외곶(冬外串)〉 등대 및 무적(霧笛)의 신설

기사 : 이번 조선 동해안 임명해, 성진포 및 영일만 동남 장기갑〈동외곶〉에 등대 및 무적을 신설하였다. 모두 명치 41년 12월 20일부터 가동하기 시작하였다.

(1) 성진등대

위치〈북위40도 39.5도 동경 129도 14분〉 해도 제322호에 의거함.

등질 : 연섬백광이고 매 15초 간격으로 5초 사이에 2번 연속섬광을 발한다.

등고 : 170피트, 초석으로부터의 높이는 20피트.

광달거리 : 14해리

명호 : 남 11도 35분 동에서 남서 및 북을 거쳐 북 29도 40분 동에 이르는 221도 15분 사이.

등급 : 제6등

구조 : 등탑은 콘크리트로 만든 팔각형 흰색 칠.

무적 : 수동 압착공기식으로 선박의 기적을 들으면 20초를 간격으로 5초 당 24회 울린다. 그러나 필요하다고 인정될 때는 5분 후 다시 전과 같이 울린다.

주의 : 이 등대의 정확한 위치는 상세한 정보를 기다려 다시 고시할 것이다.

(2) 장기갑〈동외곶〉 등대

위치 : 북위 36도 4분 46초, 동경 129도 34분 12초.

등질 : 연섬 백광으로 매 20초를 간격으로 10초에 2연속 섬광을 발한다.

등고 : 101피트 초석으로부터의 높이는 87피트.

광달거리 : 16해리

명호 : 남 69도 동으로부터 남 및 서를 거쳐 북 7도 45분 서에 이르는 241도 15분

사이.

등급 : 제4등.

구조 : 등탑은 벽돌 석조 팔각형 백색.

무적 : 무적의 원동력은 석유발동기로 압착공기에 의한다. 매 56초 간격으로 4초간 울린다.

편차 : 명치 41년 (1) 7도 15분 서, (2) 5도 17분 서.

관계해도 : (1) 제318호, 제309호, 제322호, 제205호, (2) 제301호, 제162호, 제2호.

관계지류 : 『조선수로지』 547쪽, 476쪽, 『동양등대표』 상권 94쪽 31번의 다음(기입) 92쪽 27번의 다음(기입)

출처 : 명치 41년 12월 12일부 한국관세총장으로부터 항해자에게 고시한 제57호, 제58호.

남해

○ 수로고시 제2051호

진해만 암초[暗岩] 발견

기사 : 진해만 내 다음의 위치에 하나의 암초[暗岩]를 발견했다.

위치 : 해당 암초에서 가조도 정상〈1,105피트의 산〉은 남 44도 서, 거리 1마일 7/10
칠천도 정상〈800피트의 산〉은 남 83도 동

북위 34도 59분 22초, 동경 128도 32분 45초

수심 : 4길보다 얕다

편차 : 명치 41년, 4도 52분 서

관계해도 : 제304호, 제196호, 제320호, 제301호, 제162호

관계지류 : 『조선수로지』 431쪽.

출처 : 명치 41년 5월 31일 야지마[矢島] 출운함장(出雲艦長) 전보

○ 수로고시 제2064호

진해만 암초[暗岩]에 대한 상세한 보고

기사 : 명치 41년 7월 1일 군함 출운은 이전에 수로고시 제2051호에 게재되었던 암초를 정밀히 측량해 다음의 결과를 얻었다고 한다.

위치 : 해당 암초에서 가조도〈1,105피트의 산〉은 남 43도 15분 서, 거리 1케이블 6/10

해당 암초에서 칠천도 정상〈800피트의 산〉은 남 83도 20분 동

북위 34도 59분 20초, 동경 128도 32분 40초

수심 : 23피트

이에 따라 이전에 기술한 위치에 $3\frac{3}{4}$R이라고 기재해야 할 것이다.

편차 : 명치 41년, 4도 52분 서

관계해도 : 제304호, 제196호, 제320호, 제180호, 제301호, 제162호

관계지류 : 『조선수로지』 431쪽

출처 : 명치 41년 7월 1일 제1함대로부터의 전보

○ 수로고시 제2081호

진해만 암초[暗岩] 발견

기사 : 명치41년 7월 5일 제1함대는 진해만 내에서 다음 2개의 암초를 발견했다.

위치 : (一) 암초에서 가조도 정상〈1,105피트의 산〉은 남 43도 30분 서, 거리 6/10해리

(一) 암초에서 칠천도 정상〈800피트의 산〉은 남 83도 동

북위 34도 59분 20초, 동경 128도 32분 40초

수심 : 3길 1/4

편차 : 명치 41년, 4도 52분 서

관계해도 : 제304호, 제196호, 제320호, 제180호, 제205호, 제301호, 제162호

관계지류 : 『조선수로지』 431쪽, 수로고시 제2051호, 제2064호

출처 : 명치 41년 7월 26일부 이슈인[伊集院] 제1함대 사령장(司令長) 보고

○ 수로고시 제2111호

조선 남해안 가덕수도

저도(猪島) 동쪽 암초의 발견

기사 : 이번 가덕수도 동쪽에서 아래와 같은 하나의 뾰족한 바위를 발견했다.

위치 : 해당 암초로부터 이호도(利湖島) 정상은 남 26도 20분 서.

해당 암초로부터 저도(猪島) 정상은 북 66도 10분.

수심 : 약 3.5길.

편차 : 명치 41년 5도 20분 서.

관계해도 : 제304호, 제196호, 제32호, 제180호.

관계지류 : 『조선수로지』 418호.

출처 : 명치 41년 12월 1일부, 지카[値賀] 해군수로중감(海軍水路中監) 보고.

서해

○ 수로고시 제2002호

군산포 부근 암초[暗岩] 발견

해당 암초는 장산도 북쪽의 붉은 칠을 한 입표(立漂)는 북 82도 동, 거리 약 5케이블 4/5에 해당한다.

대략적인 위치 : 북위 35도 58분 43초, 동경 126도 35분 54초.

연월 : 명치 40년 12월 17일.

○ 수로고시 제1882호

천수해만(淺水海灣) 사장포(沙長浦) 부근에 암초가 있으며, 조수가 낮을 때는 약

5피트가 드러난다.

대략적인 위치 : 북위 36도 26분 30초, 동경 126도 11분 50초.

○ 수로고시 제1920호

제물포 정박지 근해 부도 동쪽에 2개의 암초로 의심되는 것은 존재하지 않음에 따라서 도지(圖誌)에서 삭제했다.

○ 수로고시 제1916호

압록강 하구 암초의 발견

위치 : 해당 암초 정상에서 창암(昌岩)은 북 54도 20분 동, 거리 약 1마일 2케이블.
해당 암초 정상에서 문백(門白)은 남 26도 동.

대략적인 위치 : 해도 제350호에 의거.

북위 39도 53분 동경 124도 17분 21초.

이 암초는 기선 매환(梅丸)의 좌초(坐礁)로 인해 발견되었으므로 매환초(梅丸礁)라고 부른다.

○ 수로고시 제1926호[27)]

압록항구 암초 표시 부표의 설치

명치 40년 5월 한국세관공사부(韓國稅關工事部) 등대국 용암포 분서원(分署員)의 보고에 의거하면 이전에 수로고시 제1916호에 게시한 압록항구 중간 수로에 있는 매환초를 표시하기 위해 그 남쪽에 원추형 홍벽(紅壁) 부표를 정치(碇置)하였다. 또 매환초의 바로 서쪽에 있는 세암(洗岩)을 나타내기 위해 철조 원추형 흑벽(黑壁) 부표를 정치한다.

---

27) 원문의 목차에는 제1926호로 되어 있으며 본문에는 제1826호로 기록되어 있다. 본문의 오류로 보고 1926호로 고쳤다.

○ 수로고시 제1937호

압록항 항로표지의 설치 및 항행에 관한 주의

명치 40년 6월 한국세관공사부 등대국 용암포 지서원 보고의 요지에 의하면 압록항구 다사도(多獅島) 정박지 부근에서 사하진시(沙下鎭市, 安東縣)에 이르는 항로 중에 다수의 항로 부표와 지도 입표 등을 설치했다. 따라서 입항하는 선박은 이들 표지의 용법에 대해서 아래에 기록한 사항에 의거할 것을 요한다.

압록항 부표와 입표 식별

아래에서 좌현(左舷) 혹은 우현(右舷)이라고 칭하는 것은 해상에서 부르는 것으로 이해해야 한다.

부표(浮標)

1. 홍색부표는 짝수 백색으로 숫자를 기록한다.
   이 부표는 해상에서 진입할 때 수도의 우계(右界)를 표시하기 때문에 이를 우현으로 보고 통과해야 한다.
2. 흑색부표(홀수 백색으로 숫자를 기록한다.)
   이 부표는 수도의 좌계(左界)를 표시하기 때문에 이를 좌현으로 보고 통과해야 한다.
3. 홍흑가로선부표
   이 부표는 수도의 중간 또는 활모양의 장애물 위치에 정치하여 양측을 통과할 수 있도록 한다.
4. 흑백가로선부표
   이 부표는 모래톱[28]의 하단에 정치하여 그 양측에 항로가 있음을 표시한다.

---

28) 토사가 물속에 퇴적되어 강, 호수, 바다의 수면 위로 나타난 곳.

5. 홍백가로선부표

이 부표는 모래톱의 상단에 정치하여 그 양측에 항로가 있음을 표시한다.

6. 침선부표

이 부표는 녹색으로 칠해 항로의 장해가 되는 침몰선(沈船)의 위치를 표시한다.

입표(立標)

1. 흑색과 백색의 ⍋입표는 간출주(干出州)의 외단에 근접한 항로의 왼쪽을 표시한다.
1. 홍색 ⍋입표는 항로의 오른쪽에 있는 간출주의 외단에 근접한 항로를 표시한다.
1. 앞에서 기록한 표목에서 수십 마일 떨어져 같은 모양 혹은 ⸸자형의 입표가 있는 것은 일직선으로 유지하여 좁은 수로를 통과해야 함을 표시한다.

부기(附記) 부표 중 아직 숫자를 기입하지 않은 것은 추가로 기입할 것이다.

문백(門白)에서 상류 사하진시〈안동현〉에 이르는 항로주의

문백에서 상류의 가장 깊은 항로를 표시하기 위해 부표를 정치하였다. 그렇지만 그 수로가 협애하고 수심이 최저 조수인 6피트보다 얕아서 반조(半潮) 이상이 아니면 쉽게 통과할 수 없다. 또한 대조(大潮) 때 물이 불어나는 경우에는 천퇴(淺堆)의 크기가 변화하거나 위치가 바뀌므로 그때마다 고시하려면 번거로움을 감당할 수 없기 때문에 입항하는 선박은 홍색부표를 오른쪽으로, 흑색부표를 왼쪽으로 보고 항행하고, 조류(潮流)가 심해지면 부표에서 부표에 이르는 일직선에서 바깥으로 벗어나지 않도록 주의해야 한다.

항해자가 이 항로를 소항하려고 하는데 위험하다고 생각될 때에는 대리점(代理店)이나 선장에게 입항예정일을 개략적으로 보고하여 물길 안내를 요청할 수 있다.

경우에 따라서는 항로의 상황을 문의하여 출입할 수 있게 한다.

용암포의 전면에 이르려고 할 경우는 고조(高潮)일 때는 흘수(吃水)가 15피트까지, 사하진시에 이르려고 할 경우는 흘수가 10피트까지로 한다.

제3호 부표에서 다단도(多椴島) 정박지와 문백에 이르고자 하는 경우는 저조(低潮) 시에 흘수는 15피트 이하로 하고, 이를 초과하는 경우는 밀물이 들기[漲潮]를 기다려 입항하게 한다.

○ 수로고시 제2093호

조선서안 제물포 정박지

월미도 도표(導標)의 신설

기사 : 인천 외항 항로를 표시하기 위해 월미도의 서단(西端)에 도표 1기를 건설했다.

위치 : 물류도(勿溜島) 126피트 고지는 북 9도 17분 서, 거리 5.5케이블이 조금 넘는 정도, 율도(栗島)의 숲[叢樹]은 북 26도 동.

높이 : 초석으로부터의 높이는 20피트

주의 : 제물포 정박지에 출입하려는 선박은 해당 도표와 율도의 숲을 일직선으로 바라보면 외항항로의 가장 깊은 곳을 통항할 수 있다.

편차 : 명치 41년, 5도 12분 서

관계해도 : 제323호, 제327호, 제326호

관계지류 : 『조선수로지』 43쪽, 48쪽.

출처 : 명치 41년 9월 30일부 한국세관장이 항해자에게 고시한 제47호.

○ 수로고시 제2093호

『조선수로지』의 내용 중 개정

기사 : 『조선수로지』 중 아래와 같이 개정한다.

개정 : 50쪽 2행 20분부터 같은 쪽 4행 해도까지를 '23분 동경 125도 36분가량에 있는 3길 퇴(堆)는 강한 남풍이 불 때 그 끝에서 거친 파도[混浪]가 생기므로 멀리 떨어져서 항해해야 한다. 이미 〈chaolrock〉'으로 개정한다. 437쪽 3행부터 8행까지는 삭제한다.

관계지류 : 『조선수로지』 50쪽, 437쪽

○ 수로고시 제2096호

조선 서해안 제물포 정박지

월미도 폭풍우 표지[標]의 설치

기사 : 이번에 제물포 정박지의 월미도에 폭풍우 표지를 설치하여 명치 41년 10월 1일부터 활용할 것이라고 한다.

관계해도 : 제323호, 제327호

관계지류 : 『조선수로지』 43쪽

출처 : 명치 41년 9월 26일부로 접수, 인천 관측소 통지

○ 수로고시 제2097호

조선 서해안 한강 근해

서검도(西檢島) 서쪽 간출암(干出巖)의 높이

기사 : 한강 근해 서검도(西檢島) 서쪽에 2개의 간출암 높이는 아래와 같다.

간출암은 서검도 정상에서 서쪽으로 약 1해리

북위 37도 43분 15초, 동경 126도 11분 50초

높이 : (1) 간출 22피트, (2) 간출 16피트

관계해도 : 제326호

출처 : 『일본수로지』 제3권 238호, 244호

○ 수로고시 제2098호

황해 북부 여순항 앞바다

기사 : 인카운터 록(Encounter rock 遇岩)부근에 정치한 3개의 붉은 칠 방추형(方錐形) 부표는 유실되었다고 한다.

위치 : 제1부표(浮漂)

북위 38도 36분 동경 121도 42분 30초

제2부표는 제1부표에서 북동 1/4동 거리는 약 10분 4케이블

제3부표는 제1부표에서 동쪽〈약간 북〉 거리는 약 6/10케이블

관계해도 : 제369호, 제363호, 제392호

관계지류 : 『수로고시』 제2070호

출처 : 명치 41년 10월 22일 고노[河野] 여순 항무부장(港務部長)이 알아내어 통지.

○ 수로고시 제2098호

황해북부 여순항(旅順港) 입구

항로부표 위치 변경

기사 : 여순항 입구에 정치되어 있는 항로부표 중 아래의 부표 2개는 이번에 그 위치를 다음과 같이 변경한다.

부표형질

홍백(紅白) 세로선[縱線]으로 칠한 항로부표

노호미(老虎尾) 등대로부터 남 57도 동, 거리 1/4케이블

노호미 등대는 북 56도 서, 거리 1케이블 남짓, 황금산(黃金山) 신호 간(杆)은 북 43도 40분 동

흑색 항로부표

노호미등대로부터 남 19도 동, 거리 $1\frac{1}{4}$케이블

노호미등대는 북 21도 서, 거리 2케이블 반, 황금산(黃金山) 신호 간(杆)은 북 25도 30분 동

편차 : 명치 41년 4도 30분 서.

관계해도 : 제358호

출처 : 명치 41년 10월 19일 부 여순(旅順) 해군항무부 통지

○ 수로고시 제2108호

조선 서해안 압록강 하구

부표의 변경 등

기사 : 압록강 입구 동수도 항로 및 서수도 항로의 부표에 다음과 같은 변경이 있다.

(1) 동수도 항로 제2호 홍색 원추형 괘등(挂燈) 부표

위치 : 북위 39도 30분 45초, 동경 124도 22분 20초

변경 : 부동홍광을 매 8초, '명암홍광을 명(明) 5초 암(暗) 3초로 변경한다.

(2) 서수도항로 제2호 홍색 원추형 부표

위치 : 북위 39도 30분 45초, 동경 123도 59분

변경 : 첫 부분에 원추형 목표를 부가한다.

주의 : 본 항로의 부표는 겨울철 결빙 중에는 일시적으로 철거하고 해빙될 때 차츰 그것을 정치한다. 그리고 사퇴(沙堆)의 위치와 수심은 시시각각 변경되기 때문에 수시로 필요에 따라서 그것을 증설하거나 변경시키기도 하지만, 그때마다 그것을 고시하는 것은 혼란을 초래할 우려가 있기 때문이다. 이후 매년 6월 및 9월의 두 시기에 부표를 정치하거나 변경했음을 고시할 것이라고 한다.

관계해도 : 제343호, 제363호(1), 제350호(2)

관계지류 : 『조선수로지』 148쪽, 157쪽, 158쪽, 『동양등대표』 상권 98쪽 115번, 99쪽 23번.

출처 : 명치 41년 한국관세총장이 항해자에게 고시한 제42호.

수로고시 제2111호

○ 수로고시 제2013호

조선 서해안 압록강

낭랑성(娘娘城) 부근 암초[暗岩]의 발견

기사 : 압록강 본류 낭랑성각 부근에서 1개의 암초를 발견했다. 그 위치는 다음과 같다.

위치 : 해당 암초로부터 낭랑성각은 북 33도 동, 거리 3과 6/10케이블.

해당 암초로부터 용화산(龍化山) 정상은 남 46도 30분 동.

북위 40도 0분 30초, 동경 124도 20분 46초.

수심 : 2피트보다 얕으나 동측은 5~6피트.

형상 : 해당 암초는 남북 길이 약 30야드이고 윗면이 불규칙하여 다소 울퉁불퉁하다. 중류로 갈수록 낮아지면서 모래와 진흙 속에 매몰된다.

주의 : 해당 암초는 굴곡진 수로[澪筋]의 굴곡이 비교적 상류에 위치해 위험할 우려가 있으므로 마땅히 주의해야 한다. 또 수로를 나타내기 위해 백색의 육표(陸標)가 있는데, 이 선의 북쪽으로 들어갈 수 없다.

편차 : 명치 41년 5도 44분 서.

관계해도 : 제350호.

관계지류 : 『조선수로지』 159쪽

출처 : 명치 41년 12월 2일부 한국관세총장이 항해자에게 고시한 제53호.

제8장 기상

기온

개괄적으로 말하자면 추위와 더위가 모두 매우 혹독하고 심하며 봄에는 춥고 가을에는 따뜻하다. 그러므로 추위에서 더위로 바뀌고, 더위에서 추위로 바뀌는 것이 통상적이다. 더위와 추위 모두 매우 혹독하고 심하므로 당연히 그 차이가 큰 동시에 사계절의 변화도 심하다. 특히 변화가 현저해지는 시기는 겨울과 여름이며, 일교차가 화씨 10~20℃ 되는 경우도 별로 드문 일이 아니다. 이것은 주로 바람이 좌우하기 때문으로, 삼한사온이라는 말도 여기에 기인한다. 추위가 매우 심하고 더위가 혹독하지만 삼한사온과 같은 것이 있기 때문에 그다지 곤란을 느끼지 않는다. 추위가 가장 극렬한 것은 2월이고 더위가 가장 심한 것은 8월이다. 그런데 그 최고와 최저치가 1월과 7월에 나타나는 경우가 자주 있다.

만약 각각의 지방을 나누어 말하면, 북부의 기후는 특히 대륙적 성격으로 추위가 특히 강렬하다. 항만이 모두 얼어서 교통이 두절되고, 강 전체에 두꺼운 얼음이 얼어서 몇 개월 동안 수레와 말의 왕래하는 일도 해마다 일어나는 현상이다. 그러나 동쪽은 다소 따뜻하고 특히 여름에 있어서 시원하다. 남부의 기후는 매우 해양적인 성격으로 특히 겨울에도 온화하다.

각지에서 관측되는 매월의 기온 및 1년 중의 최고 · 최저치는 아래와 같다.

기온월별표

관측 지명	성진		원산		부산		목포		인천		용암포	
적요	일본 명치38년분 (광무 9년)		4월까지는 명치38 · 39 2년간 평균, 5월 이후는 동 37 · 38 · 39 3년간 평균		4월까지는 명치38 · 39 2년간 평균, 5월 이후는 동 37 · 38 · 39 3년간 평균		3월까지는 동 38년, 5월 이후는 동 37 · 38 2년 평균		원산, 부산과 같다.		좌동	
월차	평균 최고	평균 최저	동 최고	동 최저	동 최고	동 최저	동 최고	동 최저	동 최고	동 최저	동 최고	동 최저
1월	-	-	3.4	-7.1	8.2	0.5	8.4	2.8	1.6	-4.3	0.4	-10.4
2월	-	-	1.3	-8.5	6.3	-1.2	4.4	-0.2	0.3	-6.6	-1.2	-12.4
3월	-	-	9.4	-1.5	11.3	3.3	9.2	6.1	7.0	-0.3	5.6	-4.0
4월	-	-	16.5	4.4	16.0	7.7	14.2	1.4	13.8	5.3	12.8	3.5
5월	-	-	23.5	10.5	20.3	13.0	18.8	11.7	18.5	11.1	18.2	9.4
6월	18.4	12.7	26.2	15.4	23.5	17.1	23.9	16.9	24.1	16.6	22.9	15.5
7월	21.7	17.1	27.3	19.1	26.7	21.3	27.2	21.9	26.9	21.0	26.2	20.1
8월	23.3	17.8	28.9	19.5	27.6	21.7	27.5	22.1	27.7	21.0	27.4	20.0
9월	21.6	13.4	26.3	14.2	25.3	18.5	24.7	18.5	23.7	16.5	23.6	13.5
10월	16.8	7.5	19.8	8.0	20.8	12.8	19.6	13.2	18.1	10.3	16.5	6.3
11월	9.2	-0.8	11.6	-1.0	14.4	5.9	13.6	6.9	9.3	1.2	6.3	-3.1
12월	3.2	-5.5	6.0	-3.7	9.8	1.9	9.1	3.4	3.6	-3.0	0.8	-8.5
全年[29]	-	-	16.68	5.775	17.516	10.208	16.716	10.39	14.55	7.4	13.29	4.158

연도별 최고 · 최저 기온

	명치 38년(광무 9년)				명치 39년(광무 10년)			
	최고온도	발생일	최저온도	발생일	최고온도	발생일	최저온도	발생일
원산	26.7	7월 28일	-8.0	2월 28일	32.1	8월	-1.0	1월
부산	26.9	7월	-1.0	2월	38.0	8월	-2.1	1월
목포	30.7	7월	-4.4	2월	33.0	7월 24일	-8.4	1월 20일
인천	32.6	7월 18일	-13.1	2월 6일	32.8	8월 2일	15.4	2월 11일
용암포	27.4	8월	-11.5	2월	27.8	8월	13.4	1월

29) 기재된 내용이 실제 평균기온 산정 수치와 달라서 실제 평균기온 수치로 기재하였다.

시험 삼아 각지 극한 · 극서의 평균 온도를 일본의 같은 위도 혹은 위도가 서로 비슷한 지방의 평균 기온과 비교해보면 아래와 같다.

한서 평균 온도 비교표

관측지명	경위도	겨울철		여름철		全年	적요
		1월	2월	7월	8월		
城津	북위 40° 40′ 동경 129° 20′			19.1	20.4		명치 38년(광무 9년)의 온도
青森	북위 40° 51′ 동경 140° 45′	-2.8	-2.4	20.5	22.6	9.1	측후소의 창설 이래 명치39년(광무10년)에 이르는 평균온도
函館	북위 41° 46′ 동경 140° 45′	-2.9	-2.3	18.9	21.1	8.4	同上
龍巖浦	북위 39° 56′ 동경 124° 22′	-5.5	-7.3	22.6	23.3	8.2	명치38 · 39(광무9 · 10년) 2년 평균온도
宮古	북위 39° 38′ 동경 141° 59′	-0.7	-0.4	19.7	21.9	9.9	측후소 창설 이래 명치39년(광무10년)에 이르는 평균온도
元山	북위 39° 9′ 동경 127° 36′	-2.5	-3.8	23.9	23.0	14.0	同上
新潟	북위 37° 55′ 동경 139° 41′	1.4	1.3	23.5	25.4	12.6	측후소 창설 이래 명치39년(광무10년)에 이르는 평균온도
福島	북위 37° 45′ 동경 140° 24′	-0.6	-0.9	22.6	23.8	11.7	同上
仁川	북위 37° 29′ 동경 126° 37′	-1.8	-3.4	22.6	24.2	10.5	명치38 · 39(광무9 · 10년) 2년 평균온도
名古屋	북위 35° 10′ 동경 136° 55′	3.3	3.8	25.5	26.6	14.5	측후소 창설 이래 명치39년(광무10년)에 이르는 평균온도
木浦	북위 34° 47′ 동경 126° 22′	5.2	1.9	24.1	24.4	13.3	명치38 · 39(광무9 · 10년) 2년 평균온도
釜山	북위 35° 6′ 동경 129° 3′	3.9	3.2	23.7	24.5	13.5	同上

표를 살펴보면 원산의 기온은 위도 2도 37분 북쪽에 있는 하코다테[函館]와 비교하면 겨울철[寒候]에는 서로 비슷하지만 여름철[暑候]에는 현저하게 서로 다르게 된다. 이에 반해서 인천(仁川)의 온도는 그 위도와 가까운 후쿠시마[福島] · 니가타[新潟]와 비교해서 여름철에는 크게 차이가 없으나 겨울철에는 현저하게 서로 다르다. 특히 용암포에서 겨울철의 온도는 이와 비교할 만한 곳이 없고, 한서 모두 일본의 기후에 견주어 차이나는 것은 부산 · 목포로서 이 양 지역과 같은 경우는 위도가 서로 가까운 나고야[名古屋]와 비교해도 오히려 온화하다.

이를 요약하면 추위와 더위의 차가 매우 심한 것이 조선 항구 도시의 기온 특색이다. 그리고 이러한 현상이 나타나는 이유는 그 요인이 한두 가지에 그치지 않지만, 산이 헐벗고, 바다가 얕으며, 차고 따뜻한 조류가 해안에 영향을 많이 미치는 점 등이 주요 요인이다. 또 봄 · 가을 두 계절의 기온에 현저한 차이를 낳은 것은 봄철 해동기에 즈음하여 공기를 냉각시키기 때문이다. 이때 끊임없이 기온이 격변하는 것은 한 마디로 풍향의 변화 때문이라고 한다.

청담(晴曇)〈하늘이 갠 것과 구름이 낀 것〉

구름 · 안개 · 비 · 눈도 역시 모두 바람 때문에 좌우되는 것은 물론이다. 이에 10월부터 3월에 이르는 6개월은 북풍과 북서풍이 우세하므로 공기가 건조하고 날씨가 청명하다. 한편 4월부터 9월에 이르는 사이는 남풍과 남서풍 · 남동풍이 잦아서 이에 반대된다. 특히 6~8월 3개월은 가장 습윤하고 쾌청한 날이 매우 적어서 일반적으로 이 기간을 장마[長霾]라고 부른다. 대개 음산하고 어두운 날이 오랜 기간 계속되기 때문이다. 아래에 비교를 표시한다.

청담(晴曇) 비교 일수 월별표

관측지명	연차		1월	2월	3월	4월	5월	6월	7월	8월	9월	10월	11월	12월	연중
城津	명치37년(광무8년)	晴	-	-	-	-	-	-	-	-	-	-	-	-	-
		曇	-	-	-	-	-	-	-	-	-	-	-	-	-
	동38년(광무9년)	晴	-	-	-	-	-	10	19	16	20	25	26	22	-
		曇	-	-	-	-	-	20	12	15	10	6	4	9	
	동39년(광무10년)	晴	24	19	27	26	21	12	12	20	24	23	28	28	264
		曇	7	9	4	4	10	18	19	11	6	8	2	3	101
	평균	晴	24	19	27	28	21	11	15.5	18	22	24	27	25	259
		曇	7	9	4	4	10	19	15.5	13	8	7	3	6	101
元山	동37년	晴	-	-	-	-	22	17	12	21	15	24	27	28	-
		曇	-	-	-	-	9	13	19	10	15	7	3	3	-
	동38년	晴	24	25	23	16	21	17	6	16	18	15	26	21	228
		曇	7	3	8	14	10	13	25	15	12	6	4	10	127
	동39년	晴	26	20	26	21	20	11	11	18	22	22	26	28	251
		曇	5	8	5	9	11	19	20	13	8	9	4	3	114
	평균	晴	25	22.5	24.5	18.5	21	15	9.7	18.3	18.3	20.3	26.3	25.6	244.5
		曇	6	5.5	6.5	11.5	10	15	2.3	11.6	11.6	7.3	3.6	5.3	115.2
釜山	동37년	晴	-	-	-	-	23	22	21	18	27	22	29	28	-
		曇	-	-	-	-	8	8	10	3	3	9	1	3	-
	동38년	晴	23	22	14	19	18	15	16	15	19	27	27	22	237
		曇	8	5	17	11	13	15	15	16	11	4	3	9	127
	동39년	晴	30	18	27	22	15	11	16	20	11	21	23	29	243
		曇	1	10	4	8	16	19	15	11	19	10	7	2	122
	평균	晴	16.5	20.5	20.5	20.5	18.6	16	17.6	21	19	23.3	16.3	26.3	240.5
		曇	4.5	7.5	10.5	9.5	12.3	14	13.3	10	11	7.6	3.6	4.6	124.5
木浦	명치37년	晴	-	-	-	14	21	18	22	28	25	24	24	19	-
		曇	-	-	-	16	10	12	9	3	5	7	6	12	-
	동38년	晴	20	13	19	18	20	18	15	18	13	22	24	18	218
		曇	11	15	12	12	11	12	16	13	17	9	6	13	147
	동39년	晴	21	17	26	21	13	7	20	18	10	21	19	13	206
		曇	10	11	5	9	18	23	11	13	20	10	11	18	159

	평균	晴	20.5	15	22.5	17.6	18	14.3	19	21.3	16	22.3	23.3	16.6	224.4
		曇	10.5	13	8.5	12.3	13	15.6	12	9.6	14	8.6	7.6	14.3	153
仁川	동37년	晴	-	-	-	-	25	18	13	25	25	25	27	29	-
		曇	-	-	-	-	6	12	18	6	5	6	3	2	-
	동38년	晴	24	24	24	19	15	18	12	17	20	25	26	25	249
		曇	7	4	7	11	16	12	19	14	10	6	4	6	116
	동39년	晴	26	20	23	22	21	14	20	15	18	25	26	28	258
		曇	5	8	8	8	10	16	11	16	12	6	4	3	107
	평균	晴	25	22	23.5	20.5	20.3	16.6	15	19	21	25	26.3	27	253.5
		曇	6	6	7.5	9.5	10.6	13.3	16	12	9	6	3.6	4	111.5
龍巖浦	동37년	晴	-	-	-	-	21	18	11	17	25	27	28	27	-
		曇	-	-	-	-	10	12	20	14	5	4	2	4	-
	동38년	晴	25	27	26	22	21	19	13	24	21	29	27	28	282
		曇	6	1	5	8	10	11	18	7	9	2	3	3	83
	동39년	晴	28	23	23	27	23	19	16	26	25	26	30	26	292
		曇	3	5	8	3	8	11	15	5	5	5	0	5	73
	평균	晴	26.5	25	24.5	24.5	17	18.6	13.3	22.3	23.6	27.3	28.3	27	287
		曇	4.5	3	6.5	5.5	14	11.3	17.6	8.6	6.3	3.6	1.6	4	78

비고 : 본 표에서 하늘이 맑다고 하는 것은 하루 중 운량(雲量) 8 이하가 되는 일수를 들었고, 하늘이 흐리다는 것은 그 8일 이상이 되는 일수를 들었다.

비

사계절에 있어서 강수의 많고 적음은 하늘의 맑음과 흐림에 관련된다. 이에 봄 · 겨울에 북풍과 북서풍이 우세한 기간은 소위 건조기로 강우가 매우 드물다. 그러나 4월에 들어서 남풍과 동남풍이 시작하게 되면서 (강우가) 빈번하게 된다. 6~8월에 이르는 3개월은 특히 심해져서 이른바 우기로, 호우가 자주 온다. 홍수가 범람해서 도로와 제방을 파괴하고 논밭에 넘쳐 피해를 낳는 일이 해마다 있다. 그러므로 우량은 연중으로 계산하면 적지만 우기 중 1개월의 양 혹은 하루의 양을 계산하면 매우 많은 것이다. 우량의 분포는 동해안이 많고, 남해안이 그 다음이며, 서해안은 점차 적어진다.

눈

해마다 자주 내리는 경우가 있으나 양은 일반적으로 적다. 그 중 가장 많은 곳은 강원도로 쌓이면 6~7척에 미치는 경우도 드물지 않다. 그 다음으로는 함경도와 평안도로, 때때로 4~5척에 달하고, 남부는 대부분 쌓이는 일이 없다. 강설기는 대개 11월에 시작하며, 3월에 이르러 그친다. 아래에 강수와 강설 일수 월계표를 게재하였다.

강수일수 월계표

관측 지명	년차	1월	2월	3월	4월	5월	6월	7월	8월	9월	10월	11월	12월	연중
성진	명치38년(광무 9년)	-	-	-	-	-	11.0	23.0	13.0	9.0	5.0	4.0	2.0	-
	동39년(광무 10년)	7.0	13.0	6.0	6.0	8.0	9.0	14.0	12.0	3.0	6.0	6.0	6.0	96
	평균	7.0	13.0	6.0	6.0	8.0	10.0	18.5	12.5	6.0	5.5	5.0	8.5	96
원산	동37년	-	-	-	-	9.0	13.0	17.0	12.0	6.0	11.0	5.0	7.0	-
	동38년	9.0	4.0	3.0	10.0	10.0	16.0	28.0	21.0	12.0	18.0	7.0	8.0	146
	동39년	6.0	12.0	10.0	11.0	8.0	17.0	18.0	19.0	11.0	13.0	9.0	6.0	140
	평균	7.5	8.0	6.5	10.5	9.0	15.3	21.0	17.3	9.6	14.0	7.0	7.0	143
부산	동37년	-	-	-	-	9.0	5.0	12.0	4.0	3.0	6.0	2.0	4.0	-
	동38년	11.0	3.0	12.0	12.0	9.0	11.0	17.0	22.0	9.0	8.0	3.0	10.0	127
	동39년	5.0	11.0	7.0	9.0	14.0	14.0	12.0	13.0	16.0	10.0	2.0	3.0	116
	평균	8.0	7.0	9.5	10.5	10.6	10.0	13.6	13.3	9.3	8.0	2.3	5.6	121.50
목포	동37년	-	-	-	16.0	13.0	6.0	13.0	6.0	7.0	8.0	3.0	11.0	12
	동38년	12.0	8.0	10.0	11.0	7.0	8.0	13.0	15.0	12.0	7.0	5.0	17.0	125
	동39년	11.0	13.0	16.0	9.0	11.0	15.0	9.0	16.0	16.0	9.0	8.0	16.0	149
	평균	11.5	10.5	13.0	12.0	10.3	9.6	11.3	12.3	11.5	8.0	8.3	14.6	137
인천	동37년	-	-	-	-	14.0	7.0	21.0	9.0	5.0	8.0	6.0	5.0	-
	동38년	6.0	4.0	4.0	8.0	9.0	11.0	17.0	13.0	13.0	12.0	5.0	8.0	110
	동39년	8.0	8.0	5.0	8.0	6.0	4.0	7.0	13.0	11.0	5.0	4.0	13.0	92
	평균	7.0	6.0	4.5	8.0	9.6	7.6	15.0	11.6	9.6	8.3	5.0	8.6	101
용암포	동37년	-	-	-	-	9.0	14.0	16.0	13.0	5.0	7.0	3.0	3.0	-
	동38년	3.0	2.0	3.0	9.0	6.0	16.0	18.0	7.0	9.0	9.0	4.0	6.0	92
	동39년	4.0	7.0	6.0	2.0	8.0	8.0	14.0	7.0	5.0	7.0	3.0	4.0	75
	평균	3.5	4.5	4.5	5.5	7.6	12.6	16.0	9.0	6.3	7.7	3.3	4.3	83.5

비고 : 본 표의 강수일수는 비 · 눈 · 싸락눈 · 우박의 종류를 불문하고 하루의 강수량이 1/10mm 이상에 달하는 날만을 산입했다.

강설일수 월계표

관측 지명	년차	1월	2월	3월	4월	5월	6월	7월	8월	9월	10월	11월	12월	全年
성진	명치38년(광무 9년)	-	-	-	-	-	0	0	0	0	0	3.0	9.0	-
	동39년 (광무 10년)	12.0	16.0	7.0	1.0	0	0	0	0	0	0	7.0	6.0	49
	평균	12.0	16.0	7.0	1.0	0	0	0	0	0	0	5.0	7.5	49
원산	동37년	-	-	-	-	0	0	0	0	0	0	1.0	3.0	-
	동38년	7.0	6.0	2.0	3.0	0	0	0	0	0	0	1.0	8.0	27
	동39년	8.0	13.0	10.0	2.0	0	0	0	0	0	0	2.0	6.0	41
	평균	7.5	9.5	6.0	2.5	0	0	0	0	0	0	2.6	7.0	34
부산	동37년	-	-	-	-	0	0	0	0	0	0	0	1.0	-
	동38년	2.0	1.0	1.0	0	0	0	0	0	0	0	0	1.0	5
	동39년	0	2.0	1.0	0	0	0	0	0	0	0	0	1.0	4
	평균	1.0	1.5	1.0	0	0	0	0	0	0	0	0	1.0	4.5
목포	동37년	-	-	-	0	0	0	0	0	0	0	0	10.0	-
	동38년	4.0	11.0	2.0	0	0	0	0	0	0	0	1.0	5.0	23
	동39년	11.0	9.0	5.0	0	0	0	0	0	0	0	1.0	9.0	35
	평균	7.5	10.0	3.5	0	0	0	0	0	0	0	1.0	0.8	29
인천	동37년	-	-	-	-	-	0	0	0	0	0	0	8.0	-
	동38년	5.0	8.0	1.0	0	0	0	0	0	0	0	1.0	6.0	21
	동39년	13.0	8.0	3.0	0	0	0	0	0	0	0	2.0	8.0	34
	평균	9.0	8.0	2.0	0	0	0	0	0	0	0	1.5	7.3	27.5
용암포	동37년	-	-	-	-	0	0	0	0	0	0	1.0	5.0	-
	동38년	4.0	2.0	2.0	1.0	0	0	0	0	0	0	1.0	5.0	15
	동39년	6.0	7.0	7.0	4.0	0	0	0	0	0	0	3.0	5.0	32
	평균	5.0	4.5	4.5	2.5	0	0	0	0	0	0	1.67	5.0	23.5

비고 : 본 표의 강설일수에는 양의 다소를 불문하고 적어도 강설이 있었던 일수는 모두 이것을 산입했다.

이때 전년(全年)의 강수량과 1년 중에 있어서 최대를 나타내는 1개월의 양을 측정해 일본에서 위도가 서로 가까운 지역과 양을 비교하면 다음과 같다.

우설량비교표

관측지명	경위도	평균 1년량	강수 일수	최대1월의 양	해당 연월	적요
城津	북위 40° 40′ 동경 129° 20′	697.7	83	143.2	명치38년 7월	명치38년 광무9년 6월부터 동년 12월까지
凾館	동 41° 46′ 동 140° 44′	1,126.5	181	166.7	9월	測候所 창립부터 명치39년 평균
青森	동 40° 51′ 동 140° 45′	1,316.0	214	137.1 157.7	9월 12월	위와 같다.
龍巖浦	동 29° 56′ 동 124° 22′	875.7	83	304.5	동 38년 7월	동 38 · 39, 2년간의 평균
宮古	동 39° 38′ 동 141° 59′	1,413.3	147	219.8	9월	青森과 같다
元山	동 39° 9′ 동 127° 26′	1,548.0	143	531.6	동 38년 7월	龍巖浦와 같다.
福島	동 37° 45′ 동 140° 24′	1,219.9	165	191.5	9월	青森 · 宮古와 같다.
新潟	동 37° 55′ 동 139° 41′	1,786.8	229	189.7 179.8	1월 9월	앞과 같다.
仁川	동 37° 29′ 동 126° 37′	1,130.8	101	439.8	동 38년 9월	龍巖浦와 같다.
釜山	동 35° 6′ 동 129° 3′	1,704.4	122	646.6	동년 9월	龍巖浦와 같다.
名古屋	동 35° 10′ 동 136° 55′	1,763.9	143	260.9	9월	宮古와 같다.
木浦	동 34° 47′ 동 126° 22′	1,147.2	125	332.1	동 39년 8월	명치38년 4월부터 동년 12월까지
大阪	동 34° 42′ 동 135° 31′	1,383.5	163	234.9	6월	宮古와 같다.
廣島	동 34° 13′ 동 132° 27′	1,492.8	131	236.9	6월	앞과 같다.
下關	동 33° 58′ 동 130° 58′	1,608.9	158	265.5	6월	앞과 같다.
長崎	동 32° 44′ 동 129° 52′	1,943.2	166	316.2	6월	앞과 같다.

이에 의거하여 살펴보면 조선의 강우량은 이미 설명한 것과 같이 연중 강우량이 제일 적었던 해라 하더라도, 강우량이 가장 많은 1개월에 있어서는 일본 동북지방보다도 훨씬 많다. 그리고 가장 비가 많이 오는 때는 대개 7월로서 일본 동북지방보다 2개월 빠르고, 규슈[九州]와 간사이[關西] 지방보다는 한 달 늦다.

이를 요약하면 평균적으로 우량이 적은 점 역시 조선 기상의 특색이다. 이와 서로 비슷한 곳을 일본 전 지역을 대상으로 찾아본다면, 오직 팽호도(澎湖島) 하나가 있을 뿐 달리 비교할 만한 지방은 없다. 조선의 농작은 강우가 많으면 풍작이고 적으면 흉작이다. 한해(旱害)를 입는 일이 수해를 입는 일보다도 많다.

안개

안개는 조선의 해면(海面)에서 대표적인 위험 요소로 알려져 있다. 안개의 발생은 대개 4월에서 8월에 이르고, 가장 많이 발생하는 때는 5~7월 3개월이고 9월에 이르면 거의 없어진다. 그러나 1월에 발생하는 일이 종종 있다. 각 해면 중 가장 많은 곳은 서해로 수일간 지척을 분별하지 못해 항해자가 항상 곤란을 느끼는 바이다. 서해 다음으로는 남해이고, 가장 적은 곳은 동해이다. 아래에 농무일수 월계를 표시하였다.

농무일수 월계표

관측 지명	년차	1월	2월	3월	4월	5월	6월	7월	8월	9월	10월	11월	12월	연중
성진	명치38년(광무9년)	-	-	-	-	-	14	9	1	0	0	0	0	-
	동39년(광무10년)	0	0	1	1	3	7	6	1	0	0	0	0	19
	평균	0	0	1	1	3	10.5	7.5	1	0	0	0	0	19
원산	동37년	-	-	-	-	0	3	1	0	0	0	0	0	-
	동38년	0	0	1	0	1	2	2	0	0	0	0	0	6
	동39년	0	0	0	2	2	2	1	0	0	0	0	0	7
	평균	0	0	0	2	1	2.3	1.3	0	0	0	0	0	6.5
부산	동37년	-	-	-	-	0	0	1	0	0	0	0	0	-
	동38년	0	0	0	0	1	2	1	0	0	0	0	0	4
	동39년	0	0	0	0	0	0	0	0	0	0	0	0	0
	평균	0	0	0	0	0.3	0.6	0.6	0	0	0	0	0	2
목포	동37년	-	-	-	6	5	11	6	2	0	0	0	0	-
	동38년	2	0	1	8	7	8	4	1	1	1	0	0	33
	동39년	1	0	6	0	0	2	0	0	0	0	0	0	9
	평균	1.5	0	3.5	4.6	4	0.7	3.3	1	0.3	0.3	0	0	21
인천	동37년	-	-	-	-	3	5	2	0	0	0	0	0	-
	동38년	4	0	5	3	9	6	12	2	0	0	0	0	41
	동39년	1	0	4	4	7	9	2	3	0	0	0	2	32
	평균	2.5	0	4.50	3.50	6.3	6.6	5.3	1.6	0	0	0	0.6	36.5
용암포	동37년	-	-	-	-	0	5	1	0	1	0	0	0	-
	동38년	4	1	1	0	0	3	4	1	0	1	0	0	15
	동39년	0	0	1	3	1	1	3	1	0	1	0	0	11
	평균	2.	0.5	1	1.5	0.3	3	2.6	0.6	0.3	0.6	0	0	13

습도

날씨가 청량한 것은 공기가 건조하기 때문이며, 공기가 건조한 것은 습도가 적음을 말한다. 1년 중 습도가 많을 때는 6~9월 4개월로 이 사이를 우기(雨期)라 한다. 이것에 반대로 습도가 적은 때는 늦가을(음력 9월)에서 초봄(음력 정월)에 이르는 기간이고, 그 중에서도 11월과 2월경에 대체로 적은 것으로 보인다. 다음에 과거 4년간에 있어서 각지 매달의 평균 습도를 표시하였다.

습도 월별비교표

관측 지명	년차	1월	2월	3월	4월	5월	6월	7월	8월	9월	10월	11월	12월	연중
성진	명치38년(광무9년)	-	-	-	-	-	85	92	93	86	77	66	66	-
	동39년(광무10년)	65	68	65	66	76	86	93	86	70	72	59	57	72
	동40년(융희원년)	67	64	60	76	78	84	87	86	77	67	68	55	72
	평균	66	66	62.5	71	77	85	90.6	88.3	77.6	72	64.3	59.3	72
원산	동37년	-	-	-	-	61	65	85	80	71	67	51	55	-
	동38년	66	60	64	68	65	83	92	85	74	72	59	60	71
	동39년	61	70	55	60	69	84	86	81	75	72	60	57	69
	동40년	63	63	62	66	65	77	86	80	73	63	66	51	70
	평균	63.3	64.3	60.3	64.6	65	77.2	87.2	81.5	73.2	68.5	59	55.7	70
부산	동37년	-	-	-	-	70	78	84	75	73	64	54	51	-
	동38년	66	54	63	70	76	81	88	85	72	67	56	59	70
	동39년	51	56	56	60	73	80	79	78	74	66	48	51	64
	동40년	56	46	57	77	71	74	77	77	73	63	64	45	52
	평균	57.6	52	58.6	69	72.5	78.2	81.7	78.7	73	65	55.5	51.5	62

목포	동37년	-	-	-	83	82	88	90	87	80	78	77	78	-
	동38년	86	68	73	83	83	85	91	90	85	78	75	78	81
	동39년	71	76	77	77	79	83	83	84	74	75	75	61	76
	동40년	73	63	71	78	78	78	85	87	73	63	70	66	75
	평균	76.6	69	73.6	80.2	80.5	83.5	87.2	87	80.5	74.5	74.2	70.7	77.3
인천	동37년	-	-	-	-	80	80	83	82	72	72	68	65	-
	동38년	76	63	57	66	76	79	87	81	76	71	63	74	72
	동39년	63	63	66	68	70	72	80	79	73	66	53	65	68
	동40년	63	61	65	70	78	76	73	80	86	72	70	60	71
	평균	67.3	62.3	62.6	68	76	77	80.7	80.5	72	70.2	64.5	66	70.3
용암포	동37년	-	-	-	-	75	83	85	86	84	71	65	63	-
	동38년	76	56	62	71	77	87	90	83	79	80	68	71	75
	동39년	71	76	75	67	72	82	84	81	74	74	58	75	74
	동40년	70	62	62	67	76	81	73	83	76	78	68	63	73
	평균	72.3	64.6	66.3	68.3	75	83.2	83	83.2	78.2	75.7	64.7	68	74

비고 : 본 표는 매월의 평균 습도로, 습도가 가장 건조할 경우를 0으로 하고, 가장 습할 경우를 100으로 계상(計上)하였다.

이와 같은 현상을 나타내는 것은 목포는 이 기간에 다른 곳과 비교해서 강수일수가 많기 때문이다. 용암포는 다른 곳에 비교해 기온이 현저히 낮고 풍력도 약함에 따라 증발이 완만해 건조의 정도가 적다(기온표와 강수일수표 참조).

덧붙여 명치 39년의 한 해 평균 습도를 모아서 1년 중 일본 각지의 습도와 비교한 것은 다음과 같다.

명치39년(광무10년) 중 평균 습도 비교표

관측지명	습도	관측지명	습도	관측지명	습도
한국 성진	72	일본 新潟	79	일본 德島	76
동 원산	69	동 福島	75	동 高知	75
동 부산	64	동 銚子	78	동 和歌山	73
목포	71	동 舞鶴	79	동 臺東	77
인천	68	동 下關	77	동 臺南	79
용암포	74	동 廣島	73	동 臺北	81
일본 根室	81	동 福岡	77	동 基隆	85
동 札幌	71	동 長崎	75	동 澎湖島	82
동 函舘	77	동 鹿兒島	74	비고 본 표의 습도는 가장 건조한 때를 0으로 하고, 가장 습할 때를 100이라 하여 기 비율을 나타낸 것이다.	
동 青森	78	동 佐田崎	79		
동 宮古	81	동 多度津	76		

표를 살펴보면, 용암포의 습도가 또한 일본 각지에 비해 적다. 하물며 부산 · 원산 · 인천의 습도는 말할 필요도 없다. 이것은 본래 1년간의 현상을 비교한 것에 지나지 않는다. 하지만 대략 조선이 일본보다 습도가 낮다고 단언해도 무방하다.

바람

풍향은 각 해안에 따라 다소 형세를 달리하지만, 대체로 이를 2기로 구분할 수 있다. 그래서 4월부터 9월에 이르는 6개월은 서풍이 부는 시기이고, 10월부터 3월에 이르는 6개월은 북풍이 부는 시기이다. 다만 9월 및 3월 두 달은 풍향이 변환되는 시기로, 양쪽에 속하며 바람이 반반씩 교대로 부는 것이 보통이라고 한다. 만 3년간 매월 최다 풍향 및 속도를 표시하면 다음과 같다.

풍향 월별비교표

단위: 도(度)

지명	월/년	1월	2월	3월	4월	5월	6월	7월	8월	9월	10월	11월	12월	연중
성진	명치38년(광무9년)	-	-	-	-	-	남52동	남42동	남72동	북69서	북10서	북17서	북18서	-
	동39년(광무10년)	남68서	북53서	북85서	85서	서	남81서	북70서	남82서	남53서	남64서	남50서	남83서	남80서
원산	동37년	-	-	-	-	북65서	남83서	북56동	남6동	남49서	남76서	남68서	남60서	-
	동38년	남55서	남69서	북83동	북83서	북89서	북10동	북35동	북34동	남86서	남60서	남72서	남77서	남87서
	동39년	남65서	북86서	남74서	남83서	북74서	북68동	북74동	북51서	남83서	북90서	북84서	남71서	남87서
부산	동37년	-	-	-	-	북73서	남6서	남2동	북53동	북24동	북3동	북64서	북54서	-
	동38년	북21서	북25서	북4동	북29동	남40서	남75동	남1동	남53동	북45서	북6서	북45서	북38서	북23서
	동39년	북55서	북31서	북70서	북48서	북69동	북59동	북72동	북77동	북31동	북6동	북1서	북31서	북5서
목포	동37년	-	-	-	북22서	북46서	남71서	남30동	남62서	북22서	북8동	북9서	북2동	-
	동38년	북18동	북3동	북18동	북12동	북68서	남8서	남17동	남21동	북52동	북53동	북4동	북19동	북20동
	동39년	북10동	북25동	북20서	북32동	북23서	남22동	북78서	남44서	북76서	북31서	북11서	북17서	북12서
인천	동37년	-	-	-	-	남43서	남48서	남5동	남19서	북25서	북18동	남50서	북44서	-
	동38년	북1동	북4동	북22동	북66서	남55서	남64서	남25서	남40동	북55서	북38동	북17동	북11동	북31서
	동39년	북8동	북21동	북53서	남65서	남59서	남63서	북88서	남80동	북14동	북10동	북8동	북16동	북6서
용암포	동37년	-	-	-	-	남21동	남24동	남17동	남69동	북49동	북4서	북6동	북7동	-
	동38년	북18동	북12서	북15서	북3동	남6서	남5동	남52동	북21동	북4서	북25동	북17동	북3동	북10동
	동39년	북11동	북2동	북20서	남13서	남10서	남14동	남36동	북5동	북9서	북4서	북7동	북12동	북10동

표를 살펴보면, 원산의 풍향이 9월부터 4월에 이르는 사이에 서풍과 남서풍이 가장 많고, 다른 시기에는 북동풍 및 남서풍이 가장 많다. 이것은 아마도 이 지역의 지세에 기인한 것으로 동해안 전체가 반드시 이와 같지 않음은 물론이다. 이 표는 오직 한 예에 불과하지만, 또한 이로써 4계절 풍향의 일반을 살펴보기에 충분하다.

겨울철에 북풍 및 북서풍이 많이 부는 것은 조선에만 국한되지 않고, 동아시아에서 일반적인 상황으로 이를 겨울의 계절풍이라고 할 수 있다. 생각건대, 이 바람이 만들어지는 것은 겨울 시베리아 이동(以東) 일대에 나타나는 고기압에 기인한다. 그리고 조선에서 겨울의 공기가 건조하면서도 추위의 위세가 격렬한 것은 대륙에서 한랭한 공기가 불어오기 때문이라고 한다.

한풍(寒風)이 불기 시작하여 며칠이 지나면 잦아들었다가 다시 남서풍이 분다. 때문에 기온이 급변하여 갑자기 올라간다. 생각건대 북방의 대륙에서 저기압이 나타나기 때문이다. 이 한풍(寒風)과 연풍(軟風)은 규칙적으로 확실히 순환하기 때문에 삼한사온(三寒四溫)이라는 이름이 생겼다.

여름에 이르면, 몽고 및 동부 투르키스탄[土耳其斯坦]의 사막과 황야는 공기가 희박하게 되어 현저히 온도가 올라간다. 때문에 공기의 이동은 겨울철과 반대로 바다에서 대륙으로 향한다. 여름철에 큰 비가 자주 내리는 것은 이 때문이다.

폭풍

강풍이 자주 부는 계절은 봄과 겨울 두 철이다. 그렇지만 그 풍향은 북서 또는 서풍으로 속력이 강대한 것은 많지 않다. 여름과 가을의 교체기에는 횟수가 많지 않지만, 닥쳐오면 풍력이 강한 것이 보통이다. 그렇지만 매우 심한 폭풍이 닥치는 일은 드물다고 한다. 다만 겨울철 폭풍의 중심은 주로 발해에서 온다. 여름철 태풍은 주로 일본 규슈를 통과해 오기 때문에 남부에서 현해탄을 항해할 때는 가장 주의를 요한다. 아래에 3년간의 현상을 표시하였다.

폭풍 일수 월별표

관측 지명	연호	1월	2월	3월	4월	5월	6월	7월	8월	9월	10월	11월	12월	연중
성진	명치 38년 (광무 9년)	-	-	-	-	-	5	1	2	8	11	14	7	-
	동39년 (광무 10년)	7	8	18	16	16	4	5	4	15	10	11	17	131
	평균	7	8	18	16	16	4.5	3	3	11.5	10.5	12.5	12	131
원산	동37년	-	-	-	-	1	2	0	6	1	1	1	0	-
	동38년	2	0	0	4	2	3	2	3	3	2	0	0	21
	동39년	0	1	1	2	6	4	5	2	5	1	0	1	28
	평균	1.00	0.50	0.50	3.00	3.00	3.00	2.33	3.67	3.00	1.33	0.33	0.33	24.5
부산	동37년	-	-	-	-	5	3	9	13	8	8	18	28	-
	동38년	17	18	19	13	10	7	11	11	12	9	13	16	156
	동39년	16	13	13	4	7	5	7	16	6	9	18	18	132
	평균	16.50	15.50	16.00	8.50	7.33	5.00	9.00	10.00	8.67	8.67	16.33	20.67	139.00
목포	동37년	-	-	-	9	8	8	11	8	2	5	13	17	-
	동38년	9	15	12	12	9	5	13	11	8	7	10	9	120
	동39년	14	9	12	9	12	7	12	9	9	10	22	20	145
	평균	11.50	12,00	12.00	10.00	9.67	6.67	12,00	9.33	6.33	7.33	15.00	15.33	132.50
인천	동37년	-	-	-	-	2	6	1	5	0	2	4	1	-
	동38년	7	12	14	11	13	5	5	9	13	9	15	16	129
	동39년	17	14	19	15	11	12	8	7	12	11	22	22	170
	평균	12.00	13.00	16.50	13.00	8.67	7.67	4.67	7.00	8.33	7.33	13.67	13.00	149.50
용암포	동37년	-	-	-	-	16	12	8	5	6	11	8	7	-
	동38년	6	7	5	10	21	28	10	3	6	16	12	10	134
	동39년	9	11	14	16	15	23	8	7	6	12	10	4	135
	평균	7.50	9.00	9.50	13.00	7.33	21.00	8.67	5.00	6.00	13.00	10.00	7.00	134.50

비고: 본 표의 폭풍 일수는 바람의 속력이 1초당 10m 이상을 관측한 날을 들고 있다.

바람 최대속도

지명	명치37년(광무8년)			동38년(광무9년)			동39년(광무10년)		
	속도	방향	동상기일	속도	방향	동상기일	속도	방향	동상기일
성진	-	-	-	35.0	북북동	9월3일	-	-	-
원산	21.4	동북동	8월20일	31.0	북동	9월3일	21.4	북동	5월7일
부산	48.2	동	8월20일	40.0	남남서	5월6일	27.7	북서	11월25일
목포	42.4	남동	8월18일	42.3	남동	9월2일	-	-	-
인천	19.4	남	8월10일	23.3	남남동	9월8일	40.7	북	11월2일
용암포	26.7	북북동	5월12일	27.1	북	1월24일	22.2	남	4월1일

이제 일본 수로부(水路部)가 간행한 수로도[水先圖]를 기초로 해서 조선 근해에서 매월 풍향 · 속력 · 해무(海霧) 및 동온선(同溫線)을 그림에 나타내면 다음과 같다.

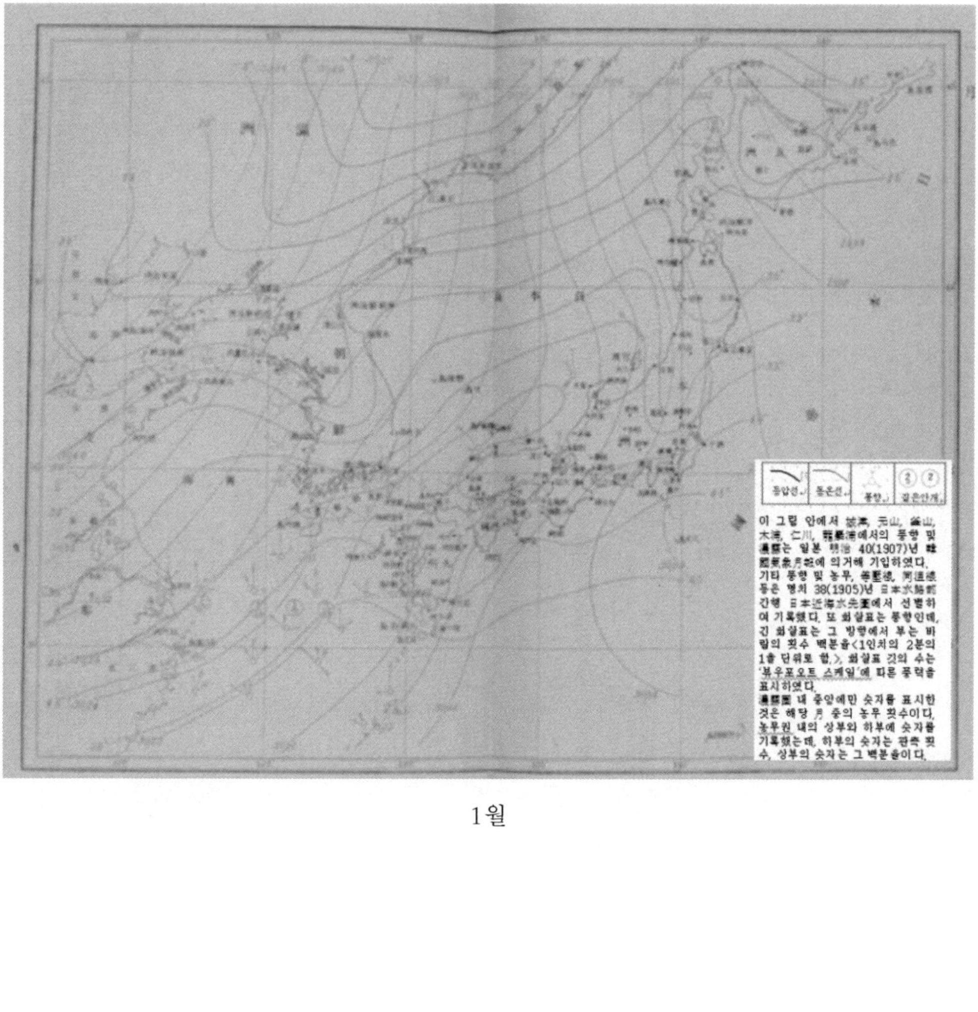
등압선
등온선
풍향
짙은안개
이 그림 안에서 城津, 元山, 釜山, 木浦, 仁川, 龍巖浦에서의 풍향 및 濃霧는 일본 明治 40(1907)년 韓國氣象月報에 의거해 기입하였다.
기타 풍향 및 농무, 等壓線, 等溫線 등은 명치 38(1905)년 日本水路部 간행 日本近海氣象圖에서 선별하여 기록했다. 또 화살표는 풍향인데, 긴 화살표는 그 방향에서 부는 바람의 횟수 백분율<1인치의 2분의 1을 단위로 함.>, 화살표 깃의 수는 '뷰우포오트 스케일'에 따른 풍력을 표시하였다.
濃霧圈 내 중앙에만 숫자를 표시한 것은 해당 月 중의 농무 횟수이다. 농무권 내의 상부와 하부에 숫자를 기록했는데, 하부의 숫자는 관측 횟수, 상부의 숫자는 그 백분율이다.

1월

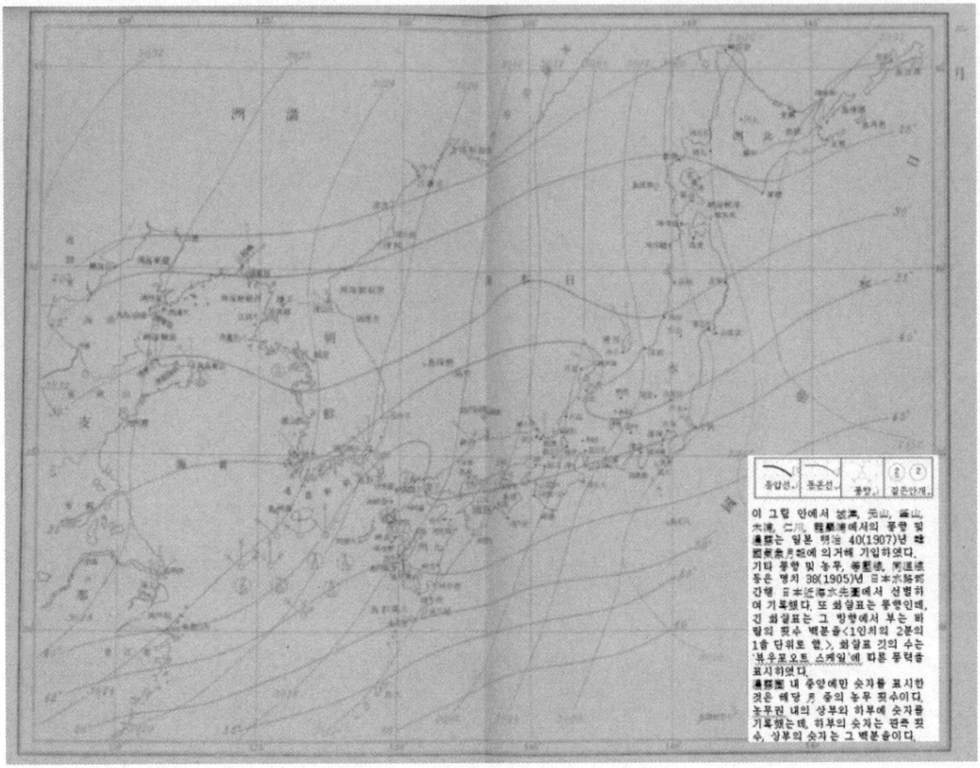
여 기록했다. 또 화살표는 풍향인데,
긴 화살표는 그 방향에서 부는 바
람의 횟수 백분율<1인치의 2분의
1을 단위로 함.>, 화살표 깃의 수는
'뷰우포오트 스케일'에 따른 풍력을
표시하였다.
것은 해당 月 중의 농무 횟수이다.
농무권 내의 상부와 하부에 숫자를
기록했는데, 하부의 숫자는 관측 횟
수, 상부의 숫자는 그 백분율이다.

2월

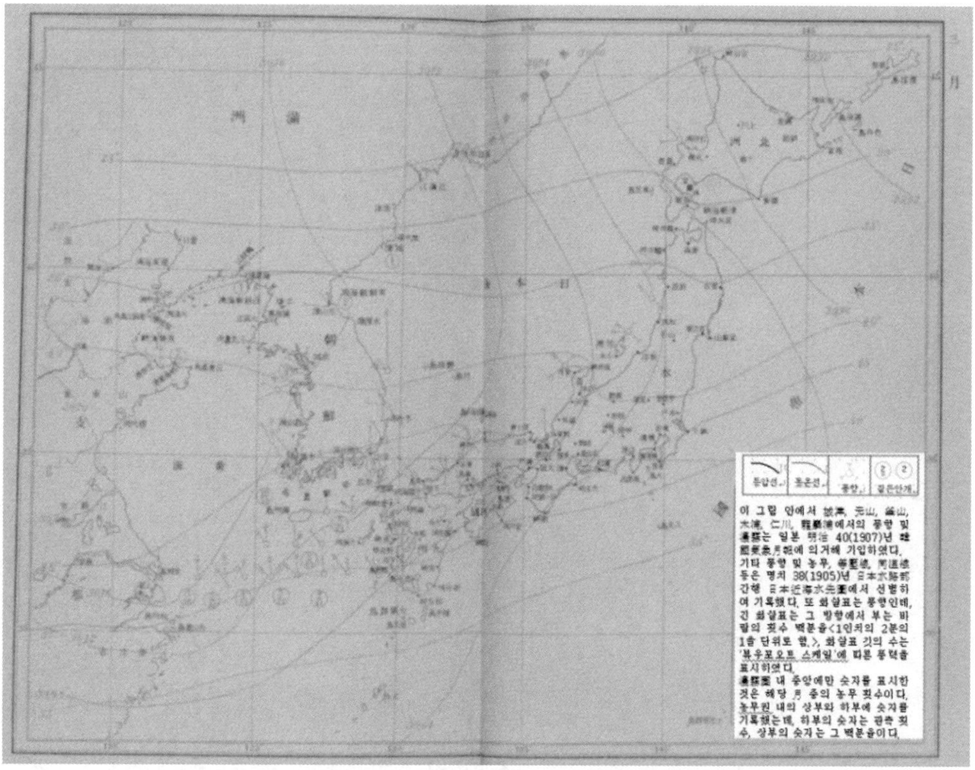
등압선
등온선
풍향
기타 풍향 및 농무,
기록했다. 또 화살표는 풍향인데, 긴 화살표는 그 방향에서 부는 바람의 횟수 백분율<1인치의 2분의 1을 단위로 함.>, 화살표 깃의 수는 '뷰우포오트 스케일'에 따른 풍력을 표시하였다.
내 중앙에만 숫자를 표시한 것은 해당 月 중의 농무 횟수이다. 농무권 내의 상부와 하부에 숫자를 기록했는데, 하부의 숫자는 관측 횟수, 상부의 숫자는 그 백분율이다.

3월

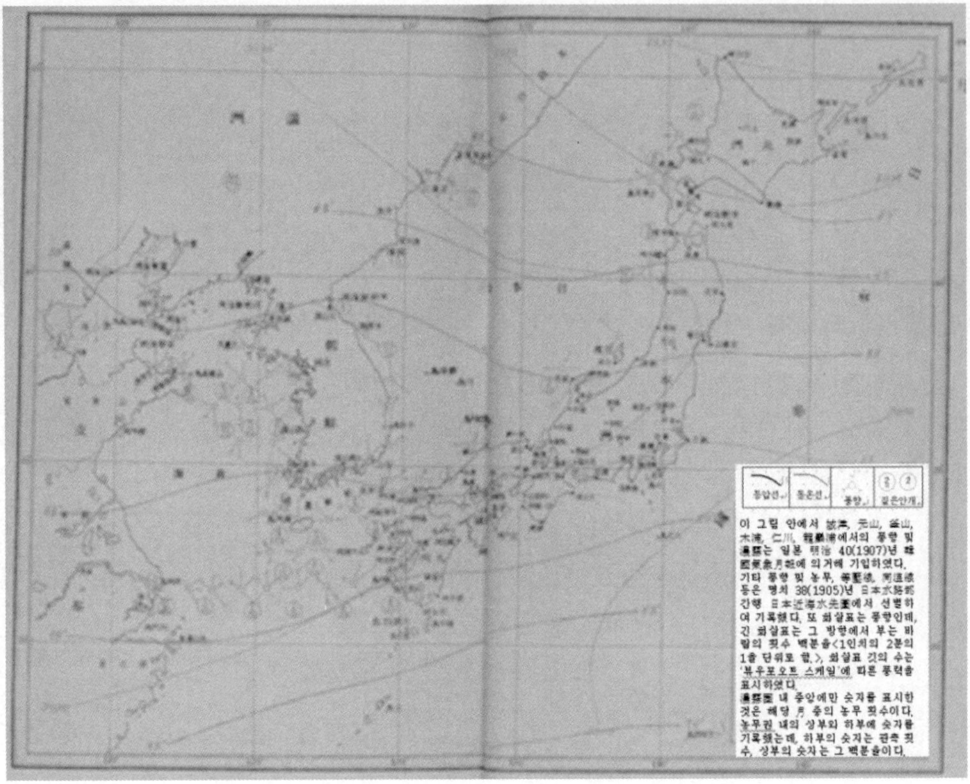
등압선
등온선
풍향
짙은안개
기록했다. 또 화살표는 풍향인데,
긴 화살표는 그 방향에서 부는 바
람의 횟수 백분율<1인치의 2분의
1을 단위로 함.>, 화살표 깃의 수는
'뷰우포오트 스케일'에 따른 풍력을
표시하였다.
내 중앙에만 숫자를 표시한
것은 해당 月 중의 농무 횟수이다.
농무권 내의 상부와 하부에 숫자를
기록했는데, 하부의 숫자는 관측 횟
수, 상부의 숫자는 그 백분율이다.

4월

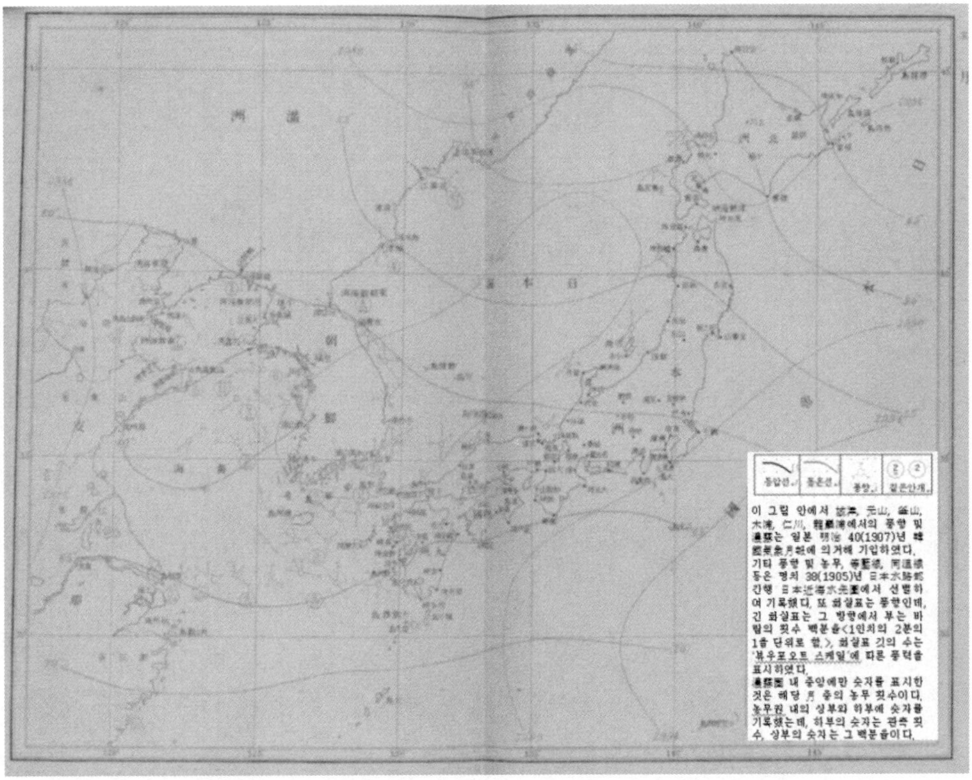
등압선
등온선
풍향
이 그림 안에서 元山, 釜山,
仁川, 에서의 풍향 및
는 일본 40(1907)년
에 의거해 기입하였다.
기타 풍향 및 농무,
등은 명치 38(1905)년 日本水路部
간행 에서 선별하
여 기록했다. 또 화살표는 풍향인데,
긴 화살표는 그 방향에서 부는 바
람의 횟수 백분율<1인치의 2분의
1을 단위로 함.>, 화살표 깃의 수는
'뷰우포오트 스케일'에 따른 풍력을
표시하였다.
내 중앙에만 숫자를 표시한
것은 해당 月 중의 농무 횟수이다.
농무권 내의 상부와 하부에 숫자를
기록했는데, 하부의 숫자는 관측 횟
수, 상부의 숫자는 그 백분율이다.

5월

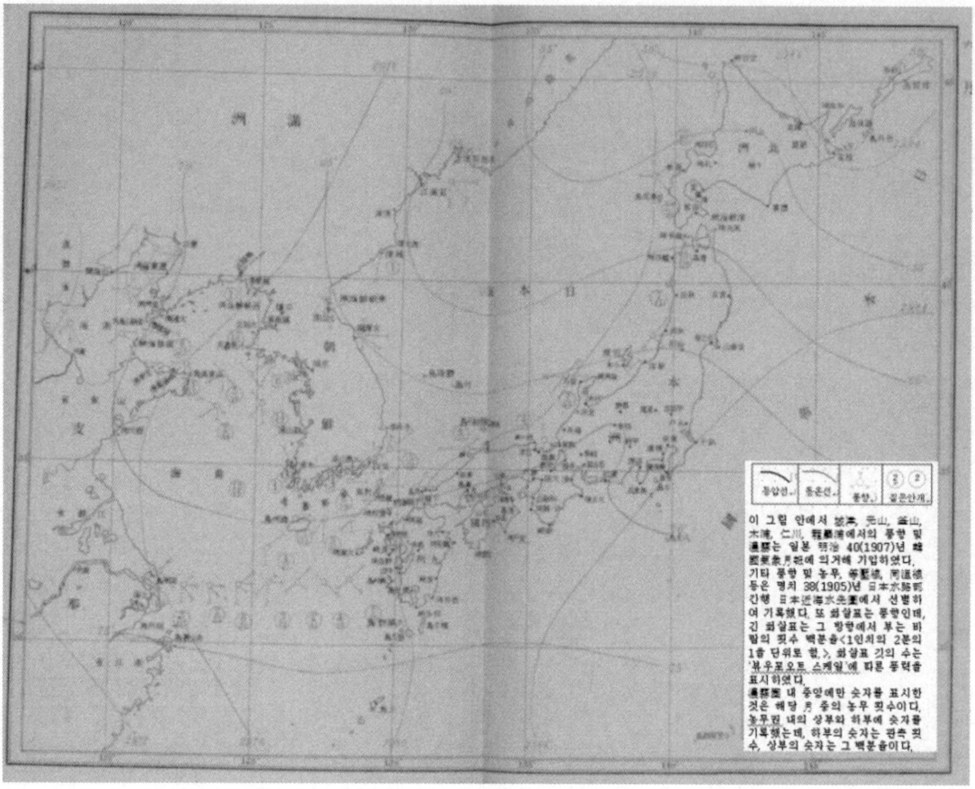
등압선
등온선
풍향
짙은안개
여 기록했다. 또 화살표는 풍향인데,
긴 화살표는 그 방향에서 부는 바
람의 횟수 백분율<1인치의 2분의
1을 단위로 함.>, 화살표 깃의 수는
'뷰우포오트 스케일'에 따른 풍력을
표시하였다.
것은 해당 月 중의 농무 횟수이다.
농무권 내의 상부와 하부에 숫자를
기록했는데, 하부의 숫자는 관측 횟
수, 상부의 숫자는 그 백분율이다.

6월

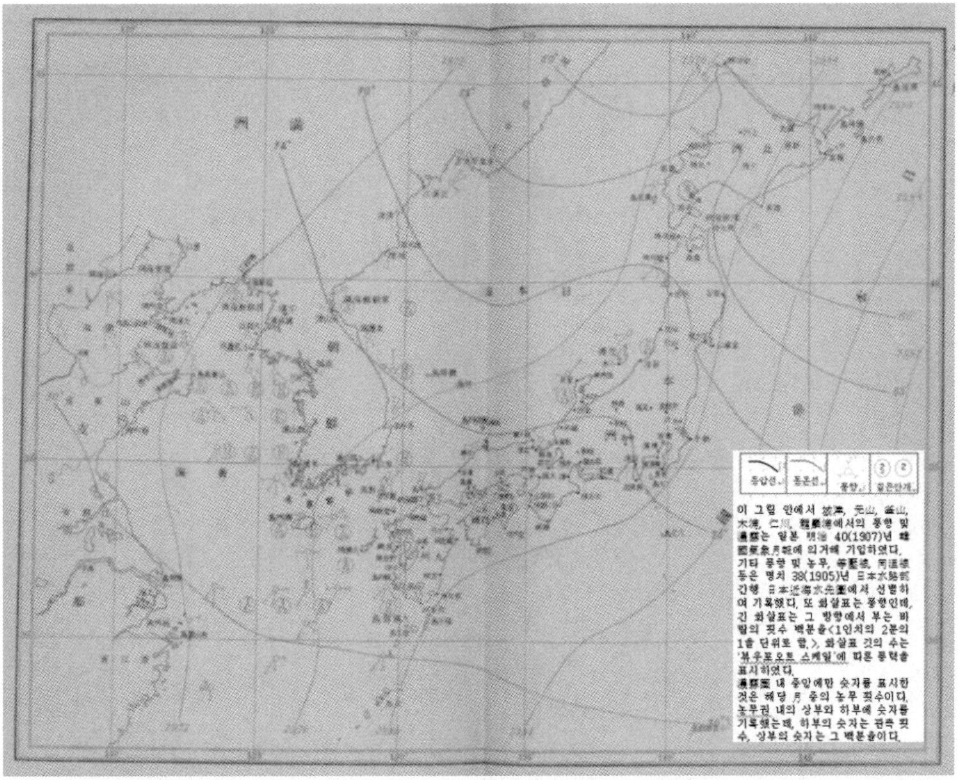
등압선
등온선
풍향
또 화살표는 풍향인데, 긴 화살표는 그 방향에서 부는 바람의 횟수 백분율<1인치의 2분의 1을 단위로 함.>, 화살표 깃의 수는 '뷰우포오트 스케일'에 따른 풍력을 표시하였다.
것은 해당 月 중의 농무 횟수이다. 농무권 내의 상부와 하부에 숫자를 기록했는데, 하부의 숫자는 관측 횟수, 상부의 숫자는 그 백분율이다.

7월

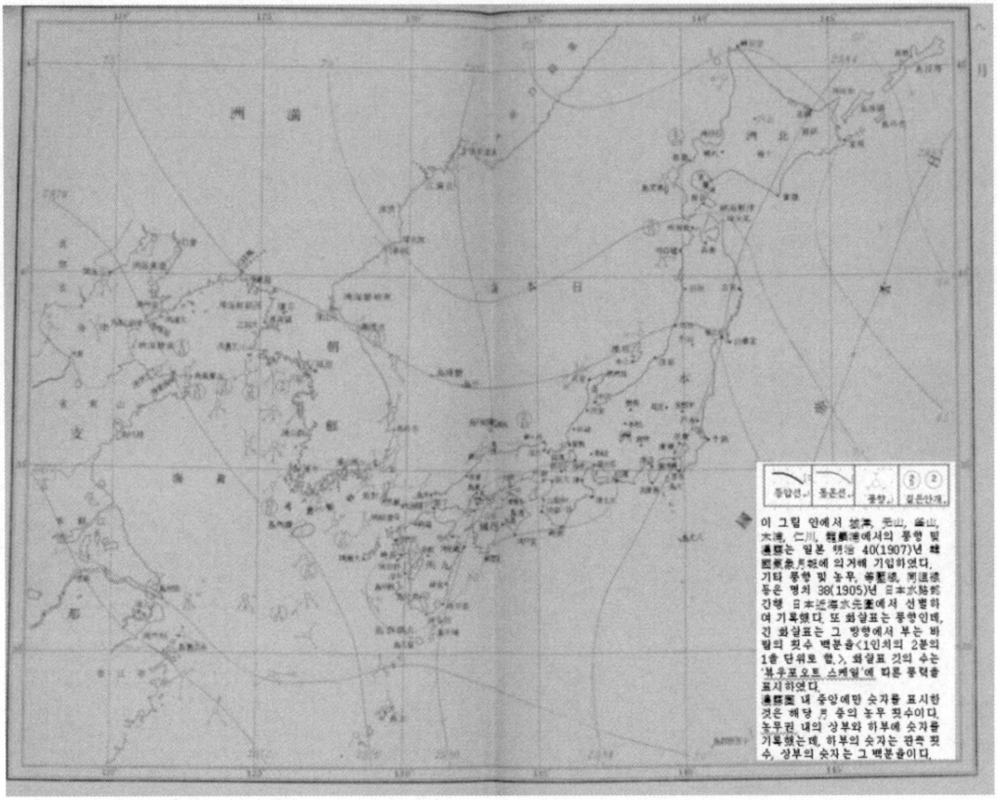
이 그림 안에서
에서의 풍향 및
는 일본 40(1907)년
에 의거해 기입하였다.
기타 풍향 및 농무,
등은 명치 38(1905)년
간행
에서 선별하
여 기록했다. 또 화살표는 풍향인데,
긴 화살표는 그 방향에서 부는 바
람의 횟수 백분율<1인치의 2분의
1을 단위로 함.>, 화살표 깃의 수는
'뷰우포오트 스케일'에 따른 풍력을
표시하였다.
내 중앙에만 숫자를 표시한
것은 해당 月 중의 농무 횟수이다.
농무권 내의 상부와 하부에 숫자를
기록했는데, 하부의 숫자는 관측 횟
수, 상부의 숫자는 그 백분율이다.

8월

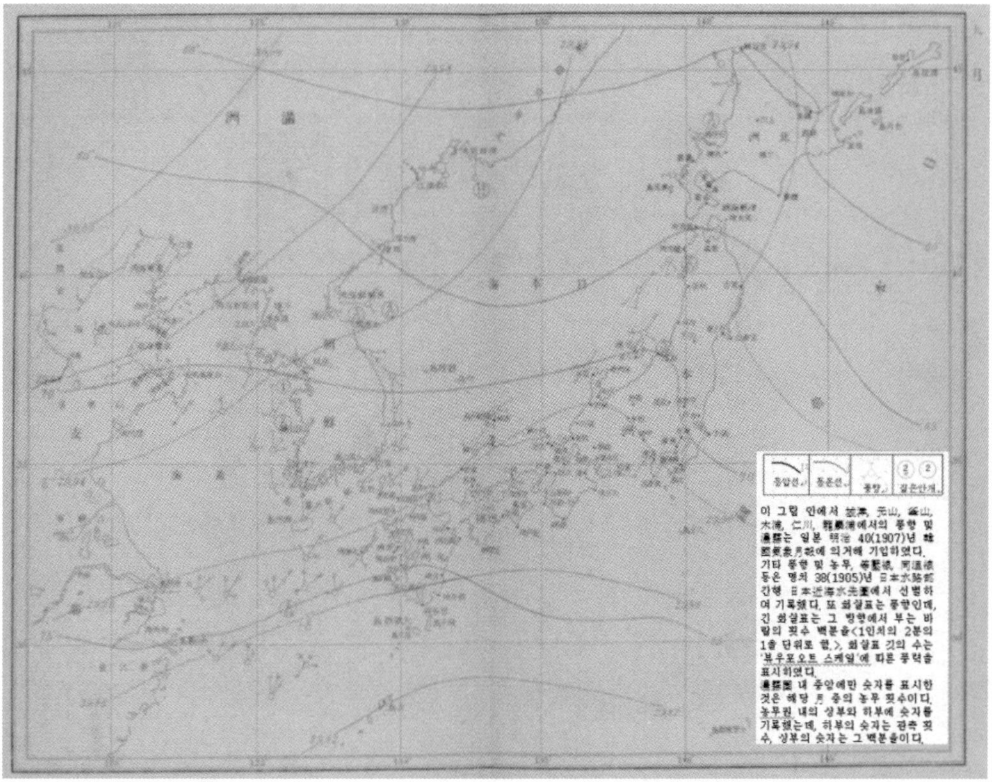

등압선
등온선
풍향
짙은안개
이 그림 안에서 元山, 木浦, 仁川, 에서의 풍향 및 는 일본 40(1907)년 에 의거해 기입하였다.
기타 풍향 및 농무, 등은 명치 38(1905)년 간행 에서 선별하여 기록했다. 또 화살표는 풍향인데, 긴 화살표는 그 방향에서 부는 바람의 횟수 백분율<1인치의 2분의 1을 단위로 함.>, 화살표 깃의 수는 '뷰우포오트 스케일'에 따른 풍력을 표시하였다.
내 중앙에만 숫자를 표시한 것은 해당 月 중의 농무 횟수이다. 농무권 내의 상부와 하부에 숫자를 기록했는데, 하부의 숫자는 관측 횟수, 상부의 숫자는 그 백분율이다.

9월

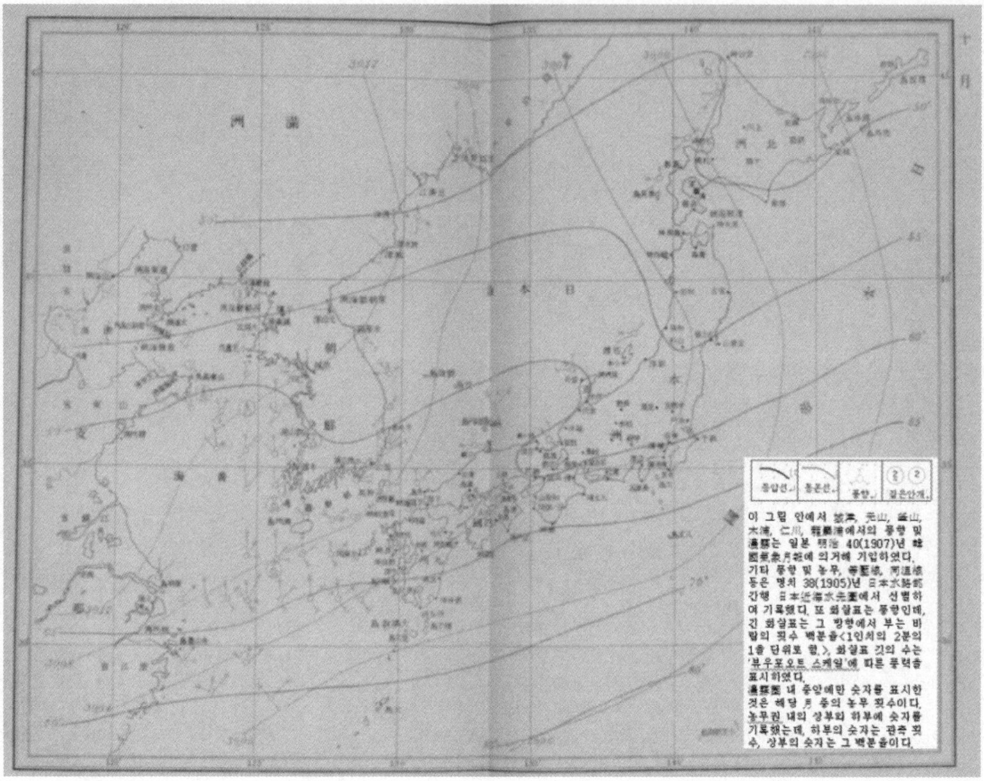
등압선
등온선
풍향
짙은안개
이 그림 안에서 城津, 元山, 釜山, 木浦, 仁川, 龍巖浦에서의 풍향 및 濃霧는 일본 明治 40(1907)년 韓國氣象月報에 의거해 기입하였다.
기타 풍향 및 농무, 等壓線, 同溫線 등은 명치 38(1905)년 日本水路部 간행 日本近海氣象圖에서 선별하여 기록했다. 또 화살표는 풍향인데, 긴 화살표는 그 방향에서 부는 바람의 횟수 백분율<1인치의 2분의 1을 단위로 함.>, 화살표 깃의 수는 '뷰우포오트 스케일'에 따른 풍력을 표시하였다.
濃霧圈 내 중앙에만 숫자를 표시한 것은 해당 月 중의 농무 횟수이다. 농무권 내의 상부와 하부에 숫자를 기록했는데, 하부의 숫자는 관측 횟수, 상부의 숫자는 그 백분율이다.
十月

10월

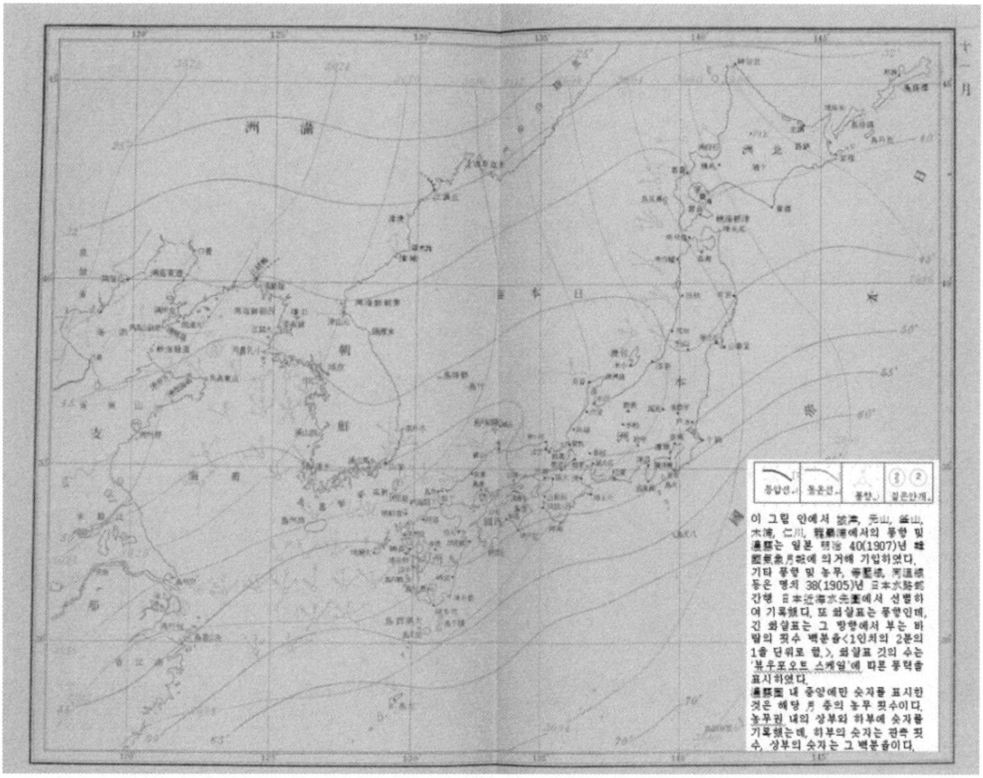
滿 洲
朝 鮮
日 本 海
十一月
여 기록했다. 또 화살표는 풍향인데,
긴 화살표는 그 방향에서 부는 바
람의 횟수 백분율<1인치의 2분의
1을 단위로 함.>, 화살표 깃의 수는
'뷰우포오트 스케일'에 따른 풍력을
표시하였다.
것은 해당 月 중의 농무 횟수이다.
농무권 내의 상부와 하부에 숫자를
기록했는데, 하부의 숫자는 관측 횟
수, 상부의 숫자는 그 백분율이다.

11월

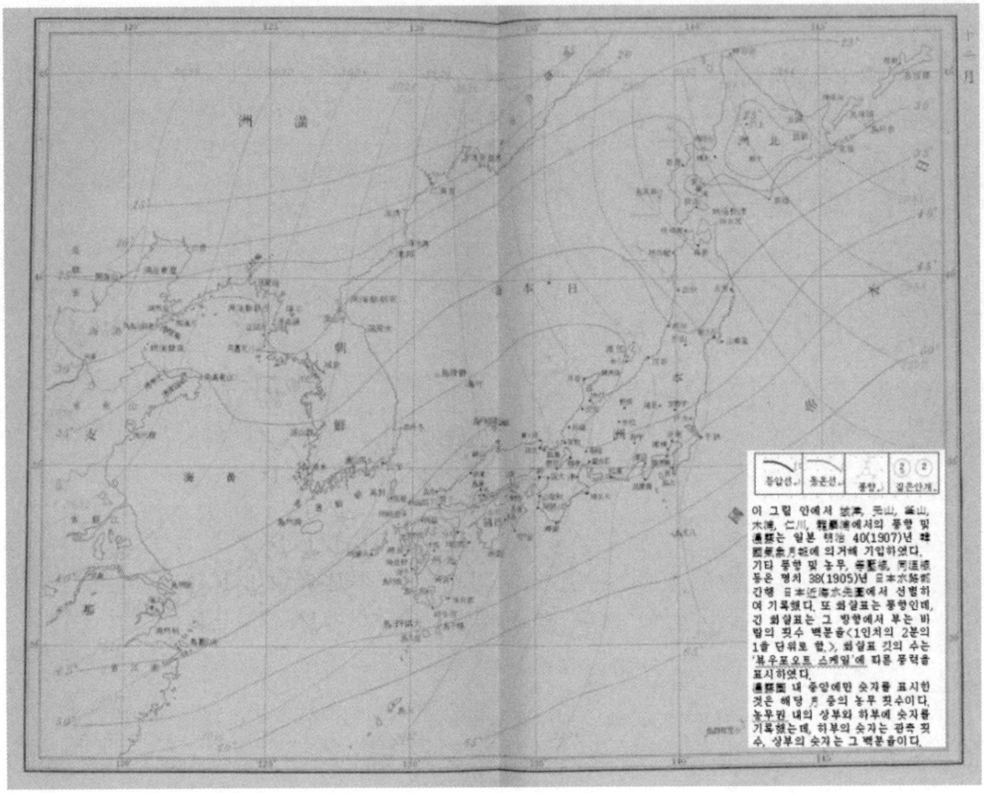
등압선
등온선
풍향
짙은안개
이 그림 안에서 城津, 元山, 釜山, 木浦, 仁川, 龍巖浦에서의 풍향 및 濃霧는 일본 明治 40(1907)년 韓國氣象月報에 의거해 기입하였다. 기타 풍향 및 농무, 等壓線, 同溫線 등은 명치 38(1905)년 日本水路部 간행 日本近海氣象圖에서 선별하여 기록했다. 또 화살표는 풍향인데, 긴 화살표는 그 방향에서 부는 바람의 횟수 백분율〈1인치의 2분의 1을 단위로 함.〉, 화살표 깃의 수는 '뷰우포오트 스케일'에 따른 풍력을 표시하였다.
濃霧圈 내 중앙에만 숫자를 표시한 것은 해당 月 중의 농무 횟수이다. 농무권 내의 상부와 하부에 숫자를 기록했는데, 하부의 숫자는 관측 횟수, 상부의 숫자는 그 백분율이다.

12월

제9장 해류

조선의 연해를 흐르는 해류에는 두 종류가 있다. 하나는 난류 곧 구로시오[黑潮]이고, 다른 하나는 한류 곧 동한해류이다. 그 유역(流域)과 속도에 관해서는 아직 정확하게 밝혀진 것은 없지만 이를 전체적으로 보면 대개 다음과 같다.

난류

난류는 이를 대마해류(對馬海流)라고 칭한다. 그 본류(本流)는 적도해류가 북쪽으로 올라가는 것으로 일본 대만[30]의 동쪽으로 따라 흘러 오키나와 군도의 북쪽에서 분기한다. 본류는 표일본해(表日本海)[31]를 빠르게 지나고, 분류는 규슈의 서쪽을 흘러 조선해협을 통과하여 강원도의 연안으로 흐른다. 동조선만을 지나 점점 동쪽으로 치우쳐 북해도의 서쪽을 지나 다시 나누어진다. 본류는 사할린[樺太]의 서쪽을 흘러 오호츠크해[阿哥科海]에 달한다. 지류는 소야 해협[宗谷海峽]을 지나 치시마[千島]를 거쳐 소멸한다. 단 본 해류는 조선 남해에 도착하자마자 제주도의 서쪽에서 다시 하나의 작은 지류가 되어 황해에 진입하여 조선 서해안 가까이 흘러 발해에 이르는 것 같다.

한류

한류는 이것을 사할린파[樺太派] 혹은 리만파[來滿派]라고 칭한다. 오호츠크해(阿哥科海)의 북서쪽을 따라 연안에 근접해서 흐르고 사할린섬의 북쪽 모퉁이에 충돌하여 두 흐름으로 분기한다. 그 대부분은 달단해협(韃靼海峽)을 통과하여 동해[日本海]로 들어간다. 그 북서쪽 흐름은 대륙에 근접해서 흘러서 함경북도의 연안에서 동남 방향을 지나 울릉도의 동쪽을 흘러내린다. 경상도의 남단에서 잠시 자취를 감추었다가〈해저를 흐르면서〉 다시 나타나서 서남단의 앞바다에 흘러 황해에 들어가 대륙의 연안에 닿는다.

---

30) 당시에는 대만이 일본의 식민지였다.
31) 일본 열도의 태평양 쪽 바다를 말한다.

두 해류 세력의 성쇠[消長]

봄철 4월에 이르면 난류의 폭과 넓이가 점점 늘어나고, 한여름에 가장 확장된다. 10월이 되면 축소되기 시작하고 한류가 이를 대신하여 점차 확장되어 한겨울에 극에 달한다. 그리고 속력은 난류가 급하고 한류는 완만하다. 두 해류의 상황은 대개 이와 같은데 오직 그 개요[大要]를 아는 데 불과하나 조선 기후의 한서(寒暑)가 모두 혹독한 원인은 많지만 해류가 미치는 영향이 큰 것은 논쟁의 여지가 없는 사실이다. 특히 어족은 한·난 양류에 회유하는 것이 섞여서, 그 종류가 많고 또한 풍부한데, 실로 해류가 준 것이라고 하지 않을 수 없다.

제10장 조석(潮汐)

조선 연안에 있어서 조석간만의 차이는 동연안은 작지만 남연안에서 서연안으로 갈수록 점차 증가한다. 강화만〈경기만〉에서 특히 현저하다. 인천항과 같은 경우는 그 차이가 20~30피트에 이른다. 썰물 시에는 온통 갯벌만 보이고 물을 볼 수 없는 지경이 된다. 단 이 지방이 조선 연안 중 조석간만의 차가 최대인 곳이다. 그리고 동연안에서 간만의 차가 적은 것은 동해의 수심이 조선 연해 중 가장 깊은 것도 하나의 원인이지만, 동해의 남북 양단이 좁아서 커다란 내해를 구성하는 것이 주요한 원인이다. 이에 반해 황해에 면하는 연안에서 조석의 차이가 격심한 것은 황해의 수심이 특히 얕고 또한 직접 외양의 영향을 받는 일이 많기 때문이다. 아래에 일본 수로부의 조사에 근거한 각지의 현상을 표시한다.

	지명		삭망고조 시간	대조승(大潮昇)	소조승(小潮昇)
동해(일본해)	함경도	조산만포항정박지		3~4피트	
		신포		약 2피트	
		송전만		약 1피트	
		원산진	1시 46분	1피트 1/2	1피트 1/4
	강원도	죽변만	3시 13분	1피트	1/2피트
	경상도	축산포	3시 29분	3/4피트	1/2피트
		영일만	4시 15분	3/4피트	1/2피트
		울산만	7시 38분	2피트 3/4	1피트 1/2
남해(조선해협)	경상도	부산항	8시 17분	4피트 1/4	3피트
		진해만	8시 23분	7피트 1/4	4피트 3/4
		지세포	8시 40분	6피트 1/2	4피트 1/2
		통 영	8시 56분	7피트 1/4	5피트
		죽림포	9시 08분	9피트	6피트 1/2
		사량도	9시 09분	10피트	6피트 1/2
	전라도	여수근해	9시	12피트	7피트 3/4
		여자만	9시 28분	13피트 1/4	8피트 1/2
		사량도	9시 13분	12피트 3/4	8피트 1/4
	거문도	해밀턴항	9시 15분	10피트 1/2	7피트
		거금도	9시 44분	13피트 3/4	8피트 3/4
		장직로	9시 57분	11피트 1/2	7피트 1/3
		마도해	10시	14피트 1/4	9피트
		오마로도	10시 53분	12피트 1/4	8피트
		소안도	10시 33분	10피트 3/4	6피트 3/4
		제주도비양도정박지	11시 44분	11피트 1/4	6피트 1/2
서해(황해)	전라도	진 도	0시 29분	13피트 1/2	9피트
		팔구포	0시 39분	13피트 1/2	9피트 1/4
		대흑산군도	1시 30분	10피트 1/4	4피트
		목 포	2시 06분	14피트 1/2	10피트
		자사만	1시 32분	16피트 1/4	11피트 1/4
		함평만	2시 18분	20피트 3/4	14피트 1/2
		안마도정박지	2시 20분	18피트 1/2	13피트
		고군산군도	2시 56분	22피트	15피트 1/2
		군산항	3시 57분	25피트	17피트 1/2
		군산포죽도	3시 57분	23피트 1/4	16피트

	충청도	어청도정박지	3시 03분	19피트 3/4	13피트 1/2
		외연도정박지	3시 27분	20피트	13피트 1/4
		사장포구	3시 47분	24피트 3/4	17피트
		아산정박지	4시 30분	28피트	
	경기도	마산정박지	4시 51분	30피트	22피트
		덕적도	4시 39분	27피트 1/2	18피트 3/4
		제물포(인천)	5시 03분	31피트 1/4	21피트 1/2
		주문도(注文島)	5시 14분	28피트 3/4	20피트
	황해도	순위도	5시 25분	18피트 1/4	12피트 1/4
		대청도	5시 53분	13피트	8피트 3/4
		석도정박지	8시 07분	18피트	12피트 1/2
		어은동정박지	8시 43분	19피트 1/4	13피트 1/4
		철도정박지	9시 23분	21피트 3/4	15피트 1/2
	평안도	다사도정박지	9시 23분	23피트	16피트 1/4

연해에서 조석의 대략적인 정황은 이와 같지만 장소에 따라서 계절에 따라서 차이가 있다. 즉, 대동강에서 압록강의 연안과 같은 곳은 가장 심한 곳으로 봄 · 가을 두 평분시(平分時)[32]를 제외하고 달[大陰] · 해[大陽] 모두 그 적위(赤緯)가 크기 때문에 조승(潮昇)이 매우 불규칙하다. 여름에는 항상 오전 조수는 오후 조수보다 높고, 5월에는 전후 두 조수에 5피트 3/4의 차이를 보인다. 또한 5월과 9월의 오후 조수만을 비교하면 9월의 조승이 크고, 그 차이는 8피트에 가깝다. 실제로 단도(椴島)에서는 대조승에 5월은 15피트에 불과했지만 9월은 21피트 반에 달했다. 소조승은 5월은 14피트, 9월은 16피트이고, 소조(小潮)의 차이는 5월은 13피트, 9월은 9피트 1/4임을 확인했다고 한다.

32) 태양이 자오선을 통과하는 시각을 기준으로 하여 진태양일을 24등분하는 시법.

제11장 수온

조선 연해의 수온에 관하여 일본 중앙기상대 구문(歐文, 유럽문자) 보고 제1호에 게재(揭載)된 인천관측소장 와다 유지[和田雄治]씨의 논문에 자세하다. 그 요점을 추려내면 아래와 같다.

조선동해

단위: 도(度)

동경	128~130도				
북위	44~42도	42~40도	40~38도	38~36도	36~34도
1월	-	8.9	7.4	7.7	3.2
2월	-	-	3.5	8.9	11.2
3월	-	8.1	10.0	13.3	11.4
4월	-	6.9	10.2	11.8	14.4
5월	-	8.9	11.3	16.7	18.9
6월	-	16.1	18.2	19.3	19.3
7월	-	-	19.6	21.2	21.8
8월	-	21.2	22.8	25.0	25.1
9월	-	19.7	20.9	22.8	23.4
10월	14.7	17.4	16.9	19.6	20.4
11월	5.4	-	15.9	15.9	18.1
12월	-	12.8	14.7	14.7	13.6
1년 평균	-	-	14.28	16.41	17.48

조선남해

단위: 도(度)

동경	124~126도 · 126~128도			
북위	36~34도	34~32도	36~34도	34~32도
1월	8.1	12.1	9.6	14.9
2월	6.0	11.4	8.1	14.0
3월	6.5	10.4	7.9	13.4
4월	9.6	12.0	12.5	15.2
5월	13.8	15.8	15.6	16.9
6월	17.6	18.5	19.0	20.8

7월	21.6	22.6	22.0	23.6
8월	24.9	25.3	24.1	26.6
9월	22.4	22.1	22.6	24.9
10월	18.4	19.1	19.9	22.1
11월	13.4	14.8	15.5	19.3
12월	11.8	12.2	12.3	16.6
1년 평균	14.51	16.36	15.76	19.02

조선서해

단위: 도(度)

동경	124~126도		
북위	40~38도	38~ 36도	36~34도
1월	3.3	5.3	8.1
2월	5.6	4.2	6.0
3월	5.7	4.8	6.5
4월	6.4	8.1	9.6
5월	13.3	11.8	13.8
6월	-	18.6	17.6
7월	-	23.1	21.6
8월	-	24.5	24.9
9월	-	21.6	22.4
10월	-	18.1	18.0
11월	-	14.2	13.4
12월	-	11.1	11.8
1년 평균	-	13.78	14.48

비고 : 온도는 섭씨(攝氏)로 표시하였다.

앞에서 대한(大韓) 기원 491년(1882)[33]으로부터 510년(1901)에 이르는 20년간 북위 22도에서 서 46도, 동경 114도에서 146도에 이르는 사이의 수온관측 결과는 8월에 대만해협(臺灣海峽)의 30도를 최고로 하고 2월의 직예만(直隸灣) 및 3월의 오호츠크해의 영하 3도를 최저로 한다. 수온은 대략 위도와 함께 오르내리고 또한 해류의 방향에 따른다. 동온선(同溫線)도 대략 이들 해류의 방향에 따라서 변화하는

33) 1392년을 원년으로 하는 연도 표시.

것을 볼 수 있다. 지금 각지에서의 월별 상황을 대략 그림으로 나타내면 다음과 아래와 같다.

1월

이 달의 수면온도는 대만의 남동에서 25도, 직예만에서는 영하 2도로 그 차이가 27도이다. 20도선은 대만으로부터 동북의 방향 즉 구로시오해류[黑潮] 유역을 따라서 규슈와 시코쿠의 남쪽에 이른다. 홋카이도의 동단 및 직예만 입구에서는 0도이다.

2월

수면의 온도는 구로시오해류 유역에는 크게 차이가 없기는 하지만, 각지가 모두 온도가 낮아져서 최저온도에 이른다. 최고 온도는 대만의 남단에서 26도, 최저온도는 직예만에서 영하 3도로 그 차이는 29도이다. 이것이 1년 중의 최고 온도 차이다. 20도선은 대만 부근에서 나타나 북위 28도, 동경 140도에 이르고, 0도선(零度線)은 직예만 입구 및 금상갑(襟裳岬) 부근이다.

3월

대만 부근 및 구로시오해류 유역의 온도는 크게 내려가지만 다른 지방에서는 크게 상승한다. 최고온도는 대만남단에서는 23도, 최저온도는 오호츠크해에서는 영하 3도로 그 격차는 26도이다. 20도선은 류큐 부근으로 한정되고 0도선은 직예만 내와 오호츠크해에 있다.

4월

북부에서는 온도가 현저하게 상승하고, 이 온도선은 불규칙하다. 최고온도는 대만의 남단에서 25도, 최저온도는 홋카이도의 동단에서 2도로서 그 격차는 23도이다. 20도선은 크게 동해로 확장되고, 0도선은 오호츠크해이다.

5월

온도는 대만의 남단부근에서는 28도, 직예만에서는 15도이다. 20도선은 북위 30도 부근에 있고, 10도선은 구로시오 지류의 영향을 받는 동해안에서 북위 45도에 이른다.

6월

최고온도는 대만해협의 입구에서 28도, 최저온도는 오호츠크해에서 8도로 그 격차는 30도이다. 20도선은 동해[日本海]에서 북위 36도 및 40도 부근에 달하고, 10도선은 북위 42도 및 45도 부근이다.

7월

최고온도는 대만의 남쪽 및 그 북쪽 거의 위도 30도에 달하는 28도이고, 최저온도는 오호츠크해에서 10도로서 그 격차는 18도이다.

8월

각 지역이 최고온도에 달하고, 그 격차는 가장 적다. 최고온도는 대만의 동쪽 및 류큐(琉球) 부근에서 29도, 최저온도는 홋카이도의 동단 및 시베리아[西伯利亞]의 동북연안에서 17도로서, 그 격차는 12도이다. 25도선은 직예만으로 올라가고, 동해[日本海]에서는 북위 39도 부근에 달한다.

9월

온도는 남해에서는 거의 동일하지만 북해에서는 크게 내려간다. 직예만 및 조선 · 시베리아의 연안에서는 특히 현저하고, 최고온도는 구로시오해류 유역에서 28도, 최저온도는 오호츠크해에서 15도로 그 격차는 13도이다. 25도선은 크게 내려가서 거의 북위 36도에서, 중국[支那] 연안에서는 북위 29도에 이른다.

10월

최고온도는 류큐제도[琉球諸島]의 남쪽부터 오가사와라섬[小笠原島] 부근에 달하는 27도, 최저온도는 오호츠크해의 남단에서 11도이고, 25도선은 다시 내려가서 대만해협 및 류큐 부근에 이른다.

11월

온도는 북쪽에서는 점차 내려가고, 최고온도는 류큐의 남쪽에서 25도, 최저온도는 블라디보스톡[浦鹽斯德]에서 5도로 그 격차는 20도이다.

12월

온도는 북쪽에서는 더욱 낮고, 남쪽에서는 크게 상승한다. 대만 및 류큐 부근에서 특히 현저하여, 최고온도는 대만의 남쪽에서 30도, 최저온도는 블라디보스톡에서는 영하 2도로 그 격차는 32도이다.

1월

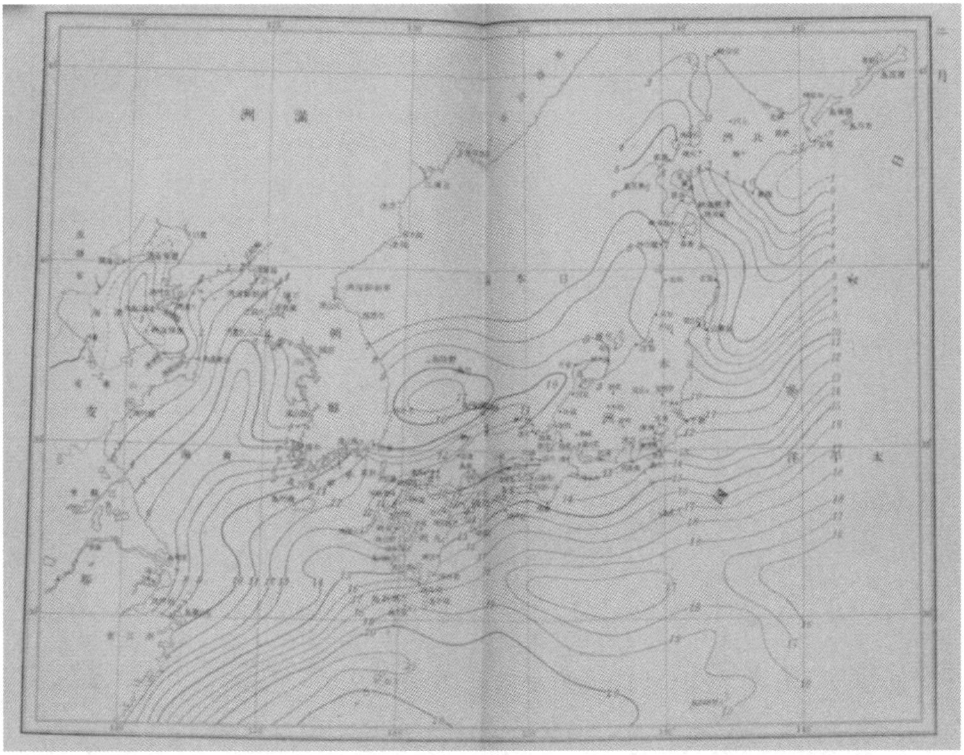

2월

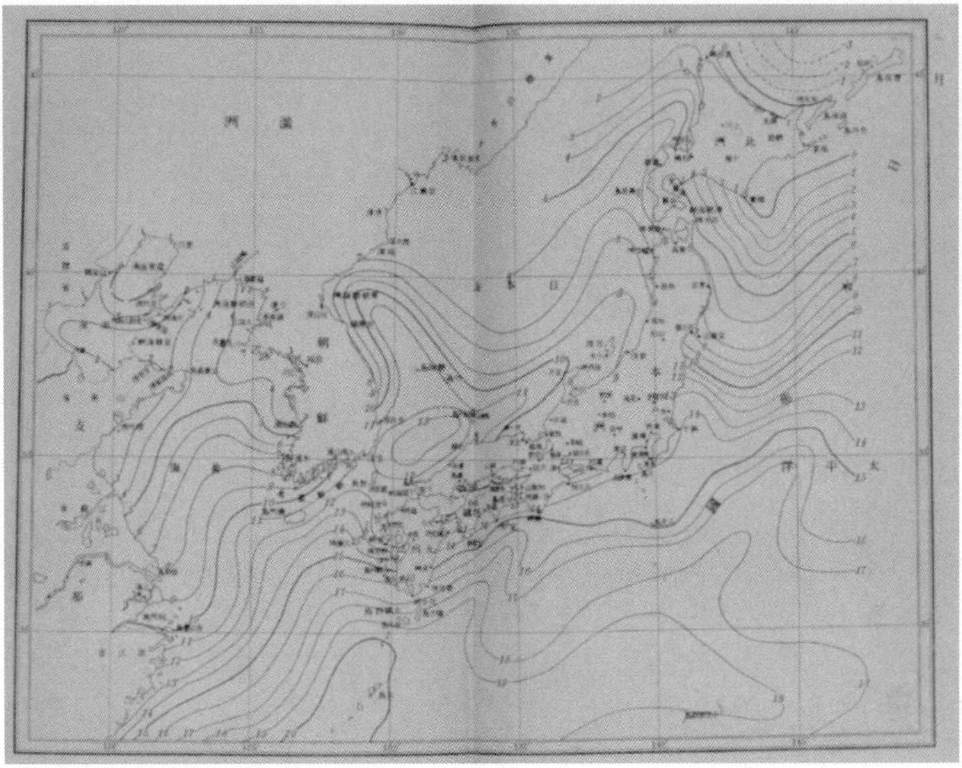

3월

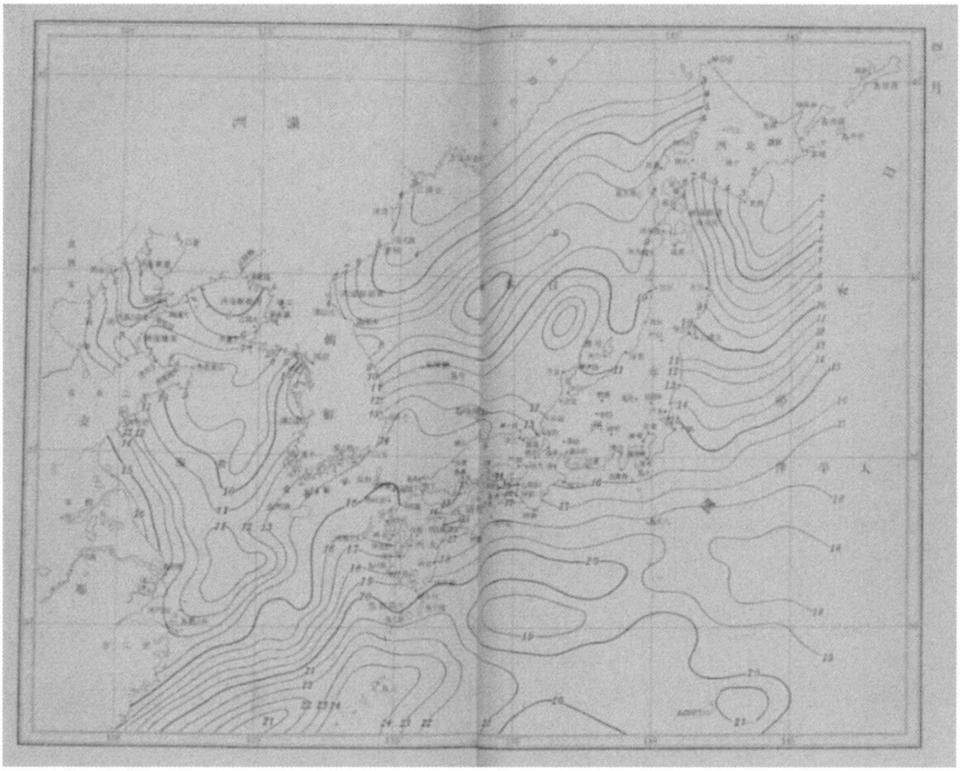

4월

5월

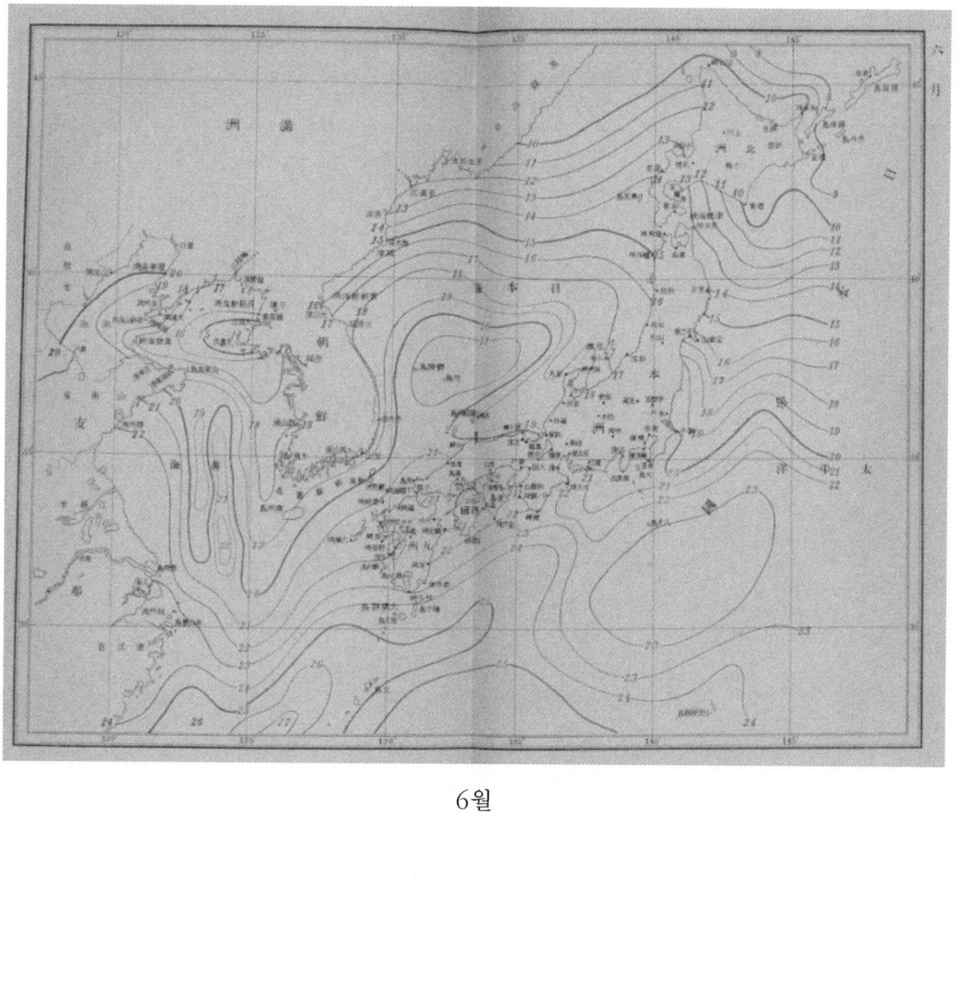

6월

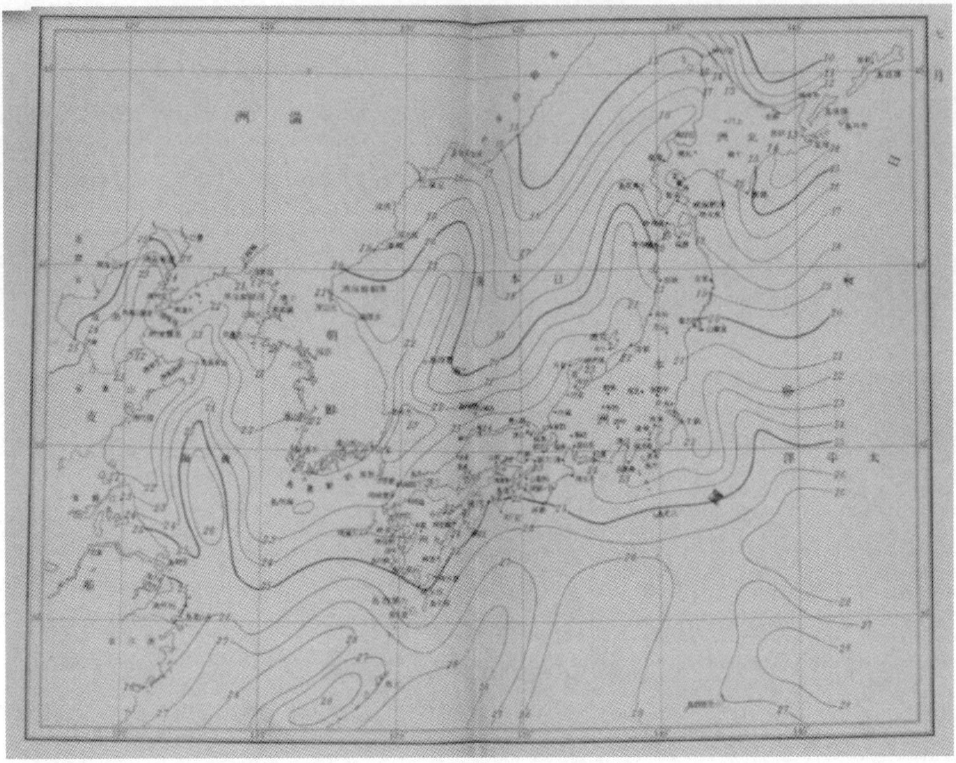

7월

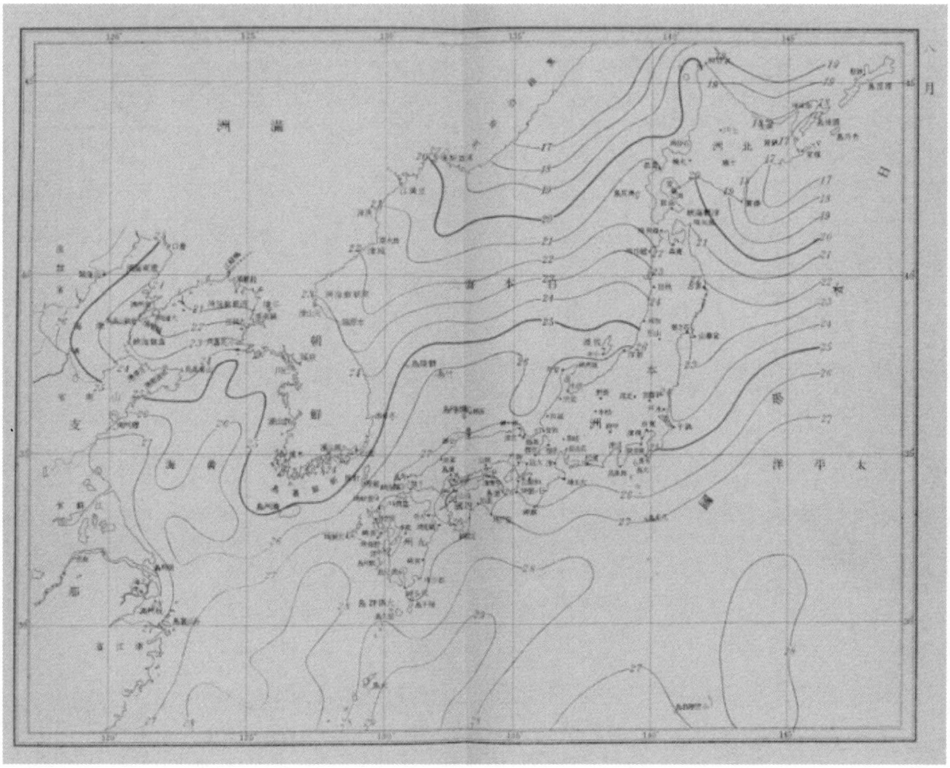

8월

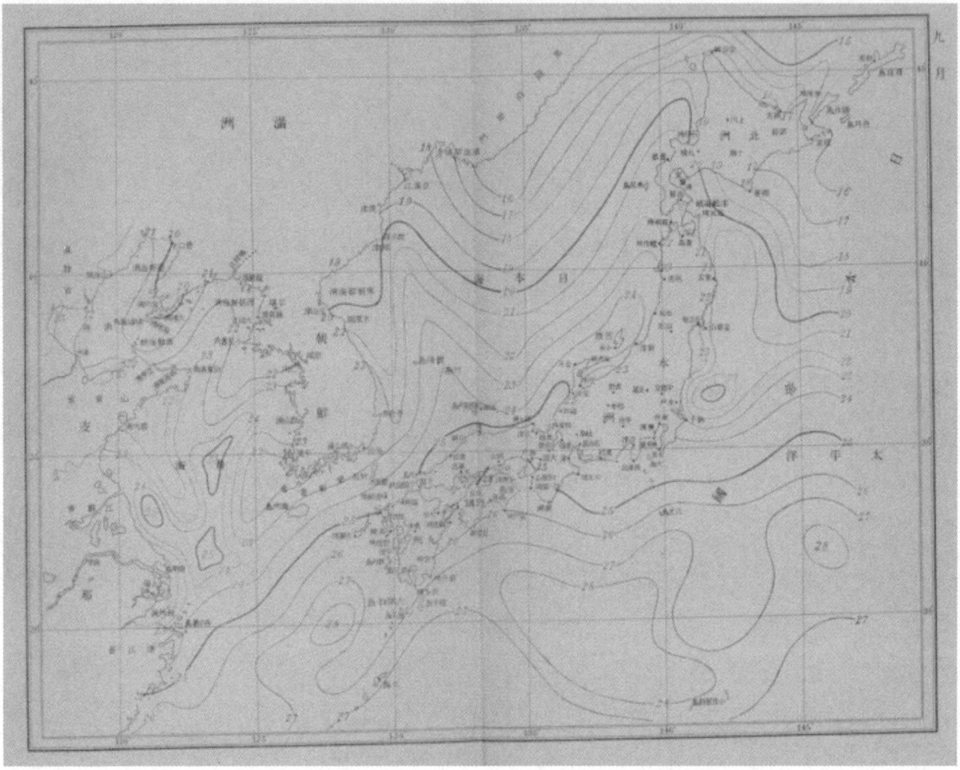

9월

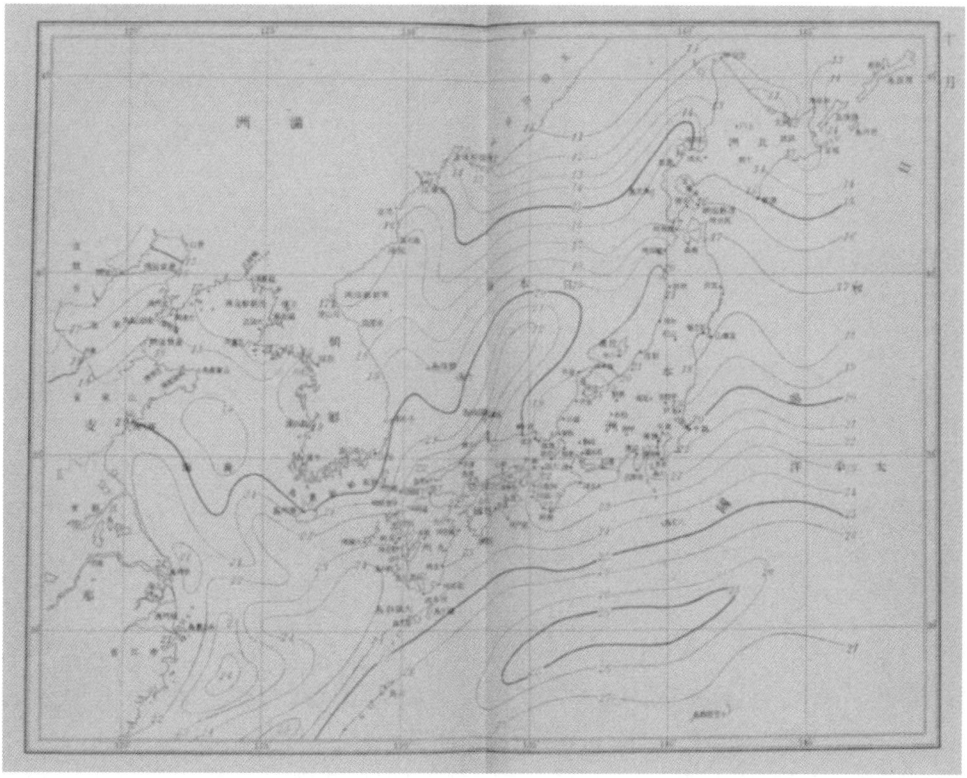

10월

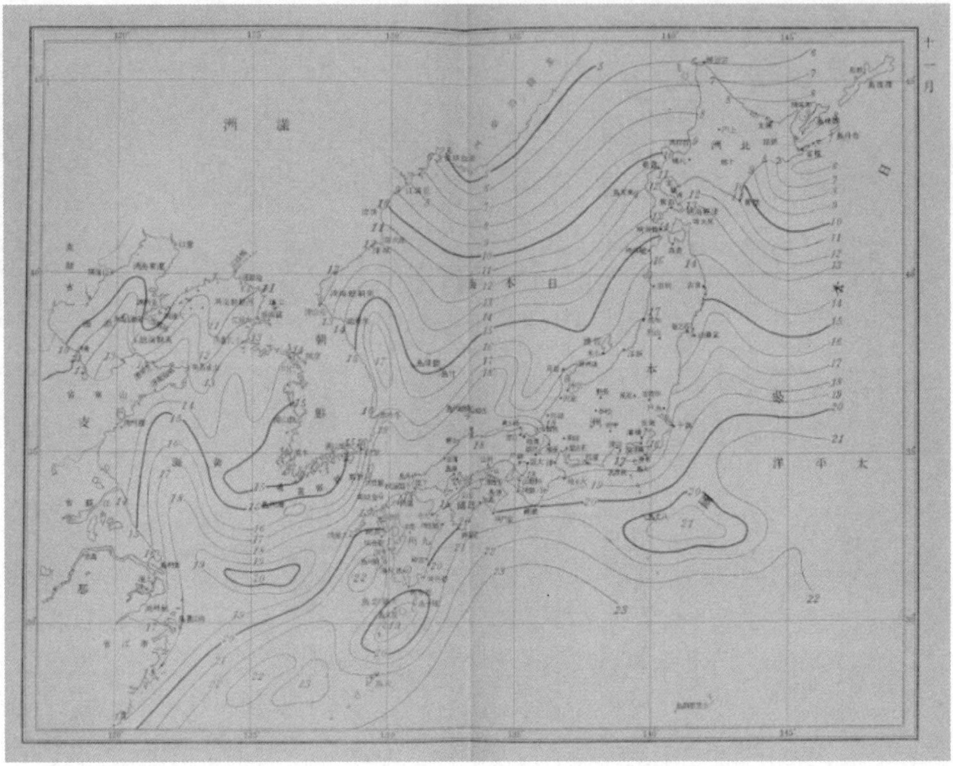

11월

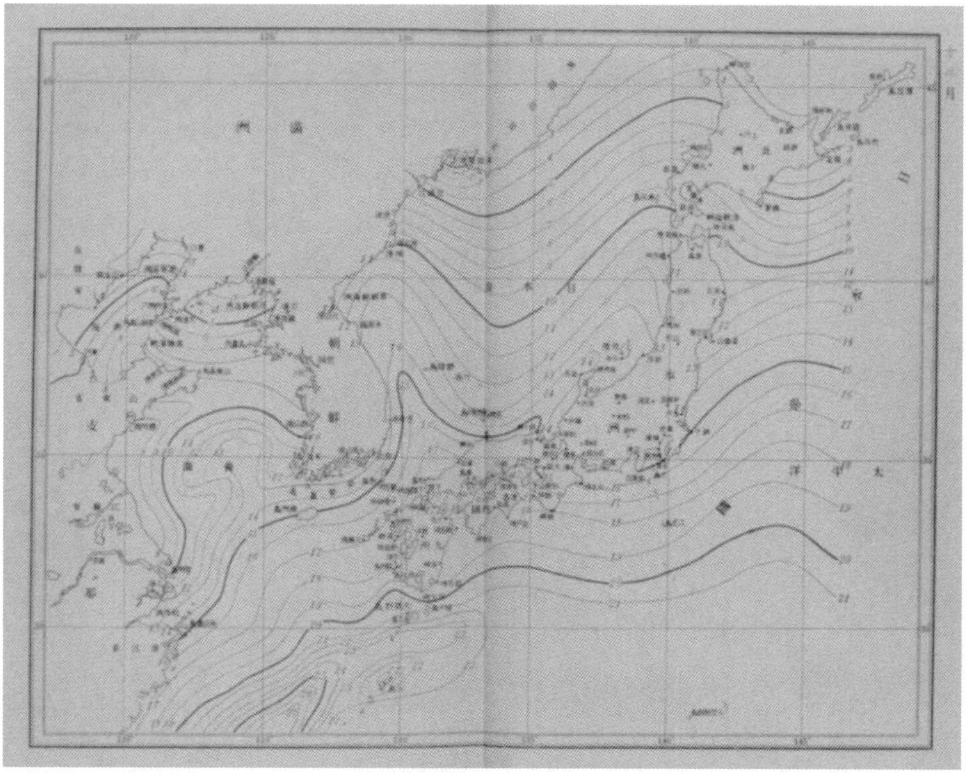

12월

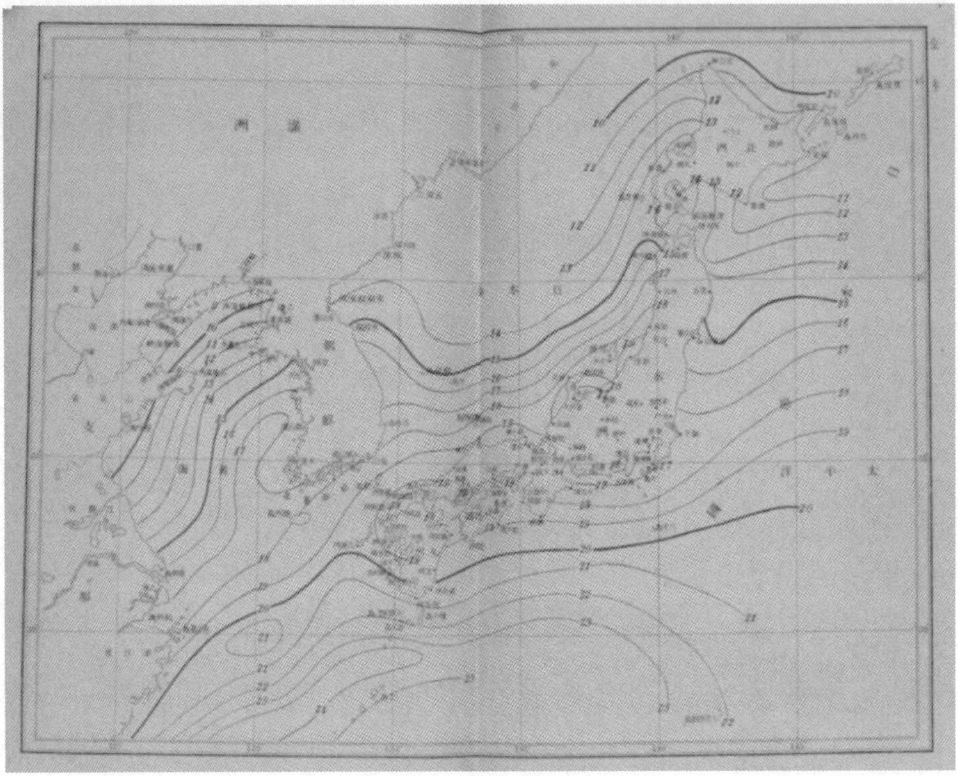

전년

제12장 수색(水色)

조선을 둘러싼 바다의 수색은 동해가 가장 맑고 푸르러서 고래로부터 벽해(碧海)라는 이름이 있었으며, 남해부터 서해로 갈수록 점차 진흙이 섞여 서해는 특히 혼탁함이 심하다. 이것이 황해라고 부르는 까닭이다. 다만 혼탁함이 심한 것은 연안 주변이고 앞바다[沖合]에 이르면 물론 맑고 푸르다. 그러나 동해와 같이 푸른색을 띠는 정도까지는 이르지 않는다. 대개 동해가 맑고 푸른 것은, 그 해심이 남 · 서해면에 비해서 매우 깊고, 조석간만의 차도 적어서 조세(潮勢)가 약하고 바다로 흘러 들어가는 큰 하천도 없기 때문이다. 그에 반해 서해가 혼탁한 것은, 서해로 흐르는 하천은 큰 것이 많아서 토사를 운반하는 양도 적지 않고 게다가 수심도 얕고 조석의 차가 매우 심하며 조류가 매우 빠르게 해저(海底)에서 흐르기 때문이다. 그러나 연안의 탁수권(濁水圈)은 여름과 겨울에 현저한 차이가 있을 뿐 아니라 한사리[大潮]일 때와 조금[小潮]일 때도 또한 다소의 차이가 있다. 곧 여름에는 탁수권이 연안에서 6~7해리 떨어진 곳에서부터 심하면 10해리에 달하는 경우도 있지만, 겨울에는 4~5해리 정도에 지나지 않는다.

제13장 수심(水深) 및 저질(底質)

조선의 연해는 대체로 평탄하고 또한 깊지 않다. 그 중 제법 깊이가 있는 곳은 동해이며, 남해가 그 다음이고, 서해가 가장 얕다. 아래에 각 해면의 개요를 기술하였다.

동해

동해는 북부가 깊어 최고 깊은 곳은 1,600길에 달하는 곳이 있지만 남하하면서 동시에 점차 심도(深度)가 줄어들어 700길을 넘는 곳은 많지 않다. 그러나 그 연안은 대개 급경사로서 연해 10길에서 30~40길에 이르며, 무수단(舞水端)에서 웅원단(雄元端)

에 이르는 구간과 같은 곳은 연안에서 10해리 떨어진 곳 이내에서 대체로 50~70길이다. 간간히 80길에 달하는 곳도 있다. 따라서 동해에 있어서는 어쩌면 어업에 있어서 수심이 점점 깊어지는 탓으로 어구를 사용하는 데에 완전하게 효력을 발휘하지 못할 것이라는 단점이 있을 수 있다. 그렇지만 해수가 맑고 조세가 약하며 조석의 차가 적음은 본 연안의 특색으로, 그 항만은 대개 수심이 있어서 정박할 만한 곳이 많다. 그러나 그 저질(底質)은 연안이 가파른 절벽[險崖]으로 된 곳이나 기타 여러 군데 암초 및 자갈이 흩어져 있으며 때로는 암반이 노출된 곳도 있지만, 대체로 사질 또는 사니(沙泥)로서, 암초에서 유용한 조류(藻類)가 무성하게 자라고 있는 것을 볼 수 있다. 다만 연안에서 떨어지면서 동시에 점차 사질이 증가해 외해에 나가면 대개 연니(軟泥)가 되어서 그 색이 검다.

남해

남해는 서수도(西水道) 부근에 있어서 가장 깊은 곳이 90길에 달한 곳도 있지만, 깊은 곳은 대략 40~60길에 그친다. 서쪽으로 갈수록 얕아지는 것을 볼 수 있다. 그러나 그 연안은 점차 완경사를 이루지만 근해는 10~20길이고 항만과 같은 곳도 불과 7~8길부터 10길에 달하는 경우도 있는 것은 이미 언급한 바이다. 저질은 대개 이질(泥質) 또는 사니(沙泥)이지만 제주도의 서쪽부터 거문도를 거쳐 서해에 이르는 일대에는 군데군데 지각이 드러나 있다. 그래서 그 주위는 어떤 곳은 사질 어떤 곳은 이질인 곳도 있다. 이 해면은 한겨울로 바뀌는 시기라고 해도 기후가 온화하므로, 사계절 내내 각종 어류의 어업에 종사할 수 있고, 또한 만내(灣內)와 도서에는 김 · 풀가사리[海蘿]의 산지가 적지 않다.

서해

서해는 일반적으로 얕아서 외해에서 깊은 곳은 대략 30~40길이며, 가장 깊은 곳도 고작 50길을 넘는 곳이 많지 않다. 특히 그 연안은 경사가 매우 완만해서 얕은 모래톱[淺洲] 일대에서는, 썰물 때가 되면 몇 해리의 앞바다를 걸어서 건널 수 있고, 강화만(경기만) · 서조선만과 같은 곳은 20해리의 밖으로 나가도 8~9길에 그쳐, 10길 이상인 곳은 매우 적다. 게다가 이 두 만은 하천의 토사 운반량이 많아 얕은 모래톱이 길게 뻗어 있는 곳도 매우 많다. 그중에는 십여 해리에 걸쳐서 수심 2~3길인 곳도 있고, 어떤 곳은 썰물일 때 수 피트에 달하는 곳도 있다. 그러므로 조세가 매우 급해서 항만의 경우도 조석의 차이가 매우 심하면 20~30척을 보이는 곳도 있어서, 정박하기에는 대체로 불편하다. 그렇지만 조세가 급한 점을 항해에 이용한다면 속력을 배가할 수 있고, 그것을 어업에 이용하면 효과가 커지는 면도 있다. 곧 안강망과 같은 것은 이 때문에 발달되었음이 틀림없다. 저질은 여러 강이 토사를 많이 사출하므로, 대체로 사니(沙泥)로서 그 색의 대부분은 담갈색이다. 그러나 연안 일대는 항만의 내외를 불문하고 주로 연니(軟泥)로 이루어져 대체로 회색을 띤다.

이를 개관하면 조선의 연해는 일반적으로 평탄해서 울퉁불퉁한 부분이 매우 적고 그래서 그 수심은 연안 경사의 완급에 따라서 동북이 깊고 남쪽으로부터 서쪽으로 갈수록 점차 얕아져 특히 서북 일대가 가장 얕다.

제14장 해운

조선의 땅은 삼면이 바다로 둘러싸여 있을 뿐만 아니라 육상의 교통이 불편하여, 해운업이 옛날부터 비교적 발달하였다. 그렇지만 삼림 남벌의 결과 선재(船材)가 결핍되면서 해운업은 점점 퇴보하여 지금은 작은 배조차도 많지 않다. 그래서 그 선박의 형상은 중국의 정크선[戎克]과 비슷하며, 그 용적(容積)은 그중에서도 크다고 해도 300석(石)을 넘지 않고, 그 구조는 불완전하며, 또한 취약하다. 유일한 특유의 장점이라고 볼 수 있는 것은 돛인데 그 재료가 조잡하지만(골풀 또는 목면을 사용한다. 십중팔구는 골풀이다.) 촘촘하게 펼치고, 또한 돛대[帆檣]가 2개여서 조종하기에 편하여 역풍에도 질주하는 것이 도저히 일본 범선이 미치지 못하는 바이다. 그렇지만 선체가 작고 그 구조가 취약하므로, 본래 원양 항해에 견디지 못한다. 문명적 항운법은 일본인에 의해서 계발되어 지금은 조선의 연안 도처에서 일본 기선이 기항할 수 있다.

근래 정부는 항운업 장려를 위해서 상당한 시설을 갖추는 사람에 대해 보조금을 교부[下付]하기로 하였다. 그래서 현재 그 교부가 결정된 것은 2건이지만, 명령에 근거한 항해를 개시한 것은 현재 1건에 지나지 않는다. 그렇지만, 그 외에도 연안 항해를 기획하는 사람들이 속출하는 형세이므로 현재 상황대로 간다면, 금후 4~5년이 지나지 않아 현저하게 발달을 보일 것이다. 아래에 일본 및 조선 사이 아울러 조선 연안에 있어서의 주요한 기선항로 및 그 기항지를 개략적으로 표시한다.

기선항로 및 기항지

제1. 일본 및 조선 남안과 서안 여러 항 사이

1. 일본우선주식회사(日本郵船柱式會社)

(가) 고베[神戶]~우장선(牛莊線)(일본정부 명령항로)

고베를 출발해서 모지[門司 또는 下關]·나가사키[長崎]·부산(釜山)·인천(仁川)·지부(芝罘)·태고(太沽)를 지나서 우장(牛莊)으로 왕복하는데 매 4주 1회 상기 각 항에 기항한다.

(나) 요코하마[橫濱]~우장선(牛莊線)(自由航)

요코하마항을 출발해서 욧카이치[四日市]·고베·모지·인천·대련(大連)·태고(太沽)를 지나서 우장에 이르는 것으로, 돌아오는 길에는 인천에 기항한다.

2. 오사카상선주식회사[大阪商船株式會社]

(가) 오사카~안동선(일본정부 명령항로)

오사카를 출발해서 고베·모지·인천·진남포(鎭南浦)를 지나서 안동현(安東縣)

으로 왕복하는 것으로서, 한 달에 2회 항행한다. 다만 겨울에 얼음이 얼어있을 때는 진남포 및 안동현을 생략하고 대련에 이른다.

(나) 오사카~인천선(위와 같다)

오사카를 기점으로 해서 고베·모지(또는 시모노세키)·부산·마산·목포·군산을 지나서 인천에 이르는 것으로서, 사용 기선은 4척(현재 安東·群山·能登·木浦)이며, 한 달에 9회 항행한다. 다만 마산의 기항은 때때로 생략하는 경우도 있다.

(다) 나가사키~대련선(위와 같다)

본 항로에는 두 선이 있는데, 즉 그 제1선은 나가사키를 출발해서 인천·진남포를 지나 대련에 이르는 것으로, 기선 1척(현재 신농환信濃丸)으로 한 달에 3회 항해하는 것이며, 되돌아올 때는 진남포에 기항한다. 제2선은 나가사키를 출발해서 고노우라(鄕の浦)·이즈하라(嚴原)·부산·목포·인천·진남포를 지나서 대련으로 왕복하는 것으로서, 기선 1척(우전천환隅田川丸)으로 한 달에 2회 항해한다. 다만 본 항로에 있어서는 겨울에 얼음이 얼었을 때는 진남포의 기항을 생략한다.

(라) 요코하마[橫濱]~대련선(위와 같다)

요코하마를 출발해서 나고야[名古屋]·오사카·모지·인천을 지나 대련에 이르는 것으로서, 기선 2척(승산환勝山丸·조주환潮洲丸)으로 이에 충당하고, 한 달에 3회 왕복하며 귀항에는 상기의 여러 항구 외에 진남포 및 목포에 기항하는 경우가 있다.

이들 각 노선의 항해는 모두 정기편에 속하지만, 매월 다소의 변동은 피할 수가 없다. 그렇지만 조선 여러 항구 중에 목포·군산·인천의 세 항구에는 매주 1회 이상, 연중 52회 이상이고, 진남포에는 매 3주 1회 이상, 연중 18회 이상, 안동현에는 매 3주 1회 이상, 연중 14회 이상 기항한다.

3. 미기기선주식회사(尾崎汽船株式會社)

오사카 · 인천 사이의 부정기선이다. 오사카를 출발해서 고베 · 시모노세키 · 부산 · 마산 · 목포 · 군산을 지나서 인천에 이르는 것으로, 현재 기선 3척(대유환大有丸 · 신대환神代丸 · 군가대환君ヶ代丸)으로 항해한다.

4. 상기 각 회사 기선 외

일본 사가현[佐賀縣]의 명령 항로로 1월 2회 가라츠[唐津]와 인천 사이를 항행하는 것이 있다. 또 고베 · 대련 사이 항행하는 일본 육군 어용선 2척(산성환山城丸, 화좌환樺左丸)이 월 3회 인천에 기항한다. 또 안동현 태고(太沽) 사이에는 일본 육군 운수부(運輸部) 전속의 기선 2척(하나는 안동현을 기점으로 하고 하나는 태고를 기점으로 한다)이 교대로 1월 4회 항행하는 것이다.

제2. 본부 서남 각 항 사이

1. 인천 재주 시바타 마고베이[柴田孫兵衛]가 경영하는 것으로 인천-해주 간을 한 달에 대략 12~13회 운행한다(부정기)

2. 목포 재주 다케우찌 쯔루타로[武內鶴太郎]가 경영하는 것으로 목포를 기점으로 하는 것은 다음과 같다.

(가) 목포~제주도

목포를 출발해 추자도를 거쳐 제주도에 이르는 것으로 우편물을 탑재해 목포우편국으로부터 보조비로 매 1왕복에 25원씩 지급받고, 한 달에 5회의 예정으로 항해한다. 단 제주도에는 양호한 정박지가 없다. 겨울에 들어서면 풍파가 극렬해서 화물을 올리거나 내리는 데 곤란하기 때문에 한 달에 겨우 한 번 왕복하는 데 지나지 않는다.

(나) 목포~줄포

목포를 출발해서 지도, 법성포를 거쳐서 줄포에 이르는 것으로서 항로가 약 60해리이고 한 달에 4~5회 항해한다. 본 항로는 목포, 군산의 경쟁항로로서 목포일본인상업회의소는 보조비로 매 1왕복에 35원을 지급한다.

(다) 목포~영산포

영산강을 오르내리는 것으로 항로는 약 24해리이고 한 달에 8~10회 왕복한다.

3. 목포 재주 히라오카 아무개[平岡某]가 경영하는 것으로 목포-도포(都浦) 사이를 항행하는 것이다. 본 항로는 목포를 출발해서 영안(靈岸) · 해창(海倉)을 거쳐 도포에 이르는 것으로 석유발동기선으로 매일 1회 왕복한다.

4. 부산 재주 나카가미 요사쿠[中上與作]가 경영하는 것으로 부산을 기점으로 마산 · 통영을 경유해 삼천포에 이르는 것이다. 그리고 본 항로는 근래 여수까지 연장하였는데, 부정기적이긴 하지만 한 달에 대략 3회 앞에서 기술한 각 항에 기항한다.

현재 남서안 각 항간의 교통이 이와 같지만, 앞에서 기술한 목포의 다케우찌 쯔루타로는 이미 만들어진 항로 이외에 다시 목포~군산 및 목포~장흥 항로를 개시하려고 기획하고 있다. 또 부산에 있는 일본인이 한남기선주식회사(韓南汽船株式會社)를 발기하였는데 정부는 남해 각 항간의 교통에 편리할 것이기 때문에 융희 2년부터 3년간 매년 3만원씩 합계 9만원을 보조하기로 결정했다. 이미 그 명령서를 교부했다. 또 그밖에도 일본인으로서 남서연안 항로를 개시하려는 자가 있다.

제3. 일본 및 조선 동안 여러 항 사이

1. 일본우선주식회사 블라디보스톡(일본정부 명령항로)

고베를 기점으로 모지(또는 시모노세키) · 나가사키 · 부산 · 원산을 거쳐 블라디보스톡에 이르는 것으로 매 4주 1회 기항한다.

2. 오사카상선주식회사 원산

오사카를 출발하여 고베 · 모지 · 부산 · 원산 · 성진을 거쳐 청진에 이르는 것으로, 기선 2척(현재 축후환筑後丸, 대례환大禮丸)이 월 2회 왕복한다. 항해할 때마다 우편물을 탑재한다.

3. 이 밖에 반군용선(半軍用船)은 매월 대략 3회 고베~청진 간을 항해하는 것인데, 항해 때마다 부산 · 원산 · 서호진 · 신포 · 성진 · 독진에 기항한다.

제4. 동안(東岸) 각 항의 사이

1. 원산 재주(在住) 요시다 히데지로[吉田秀次郎] 경영

이 사람은 종래 부산, 원산 간 및 원산으로부터 북한 연안 각 항 사이에서 부정기 항해를 운영하였는데, 정부는 그 항해를 확실히 할 것을 기대하여 매년 17,019원씩 3년간 교부하기로 결정했다. 그리고 그 명령에 기초하여 개시한 항로는 다음과 같다.

(가) 부산~원산

부산을 출발하여 울산 · 영일만 · 죽변 · 강릉 · 양양 · 간성 · 장전동을 거쳐 원산을 왕복하는 것으로 항해는 한 달에 한 번 왕복한다. 편도에 출발에서 도착까지 모두 4일이 걸린다.

(나) 부산~웅기

부산을 출발하여 울산 · 영일 · 죽변 · 강릉 · 양양 · 간성 · 장전동 · 원산 · 서호진 · 용포 · 신창 · 성진 · 명천 · 어대진 · 독진 · 청진 · 이진을 거쳐 웅기에 이르는 것으로 항해는 한 달에 한 번 왕복한다. 편도에 출발에서 도착까지 모두 8일이 걸린다.

(다) 서호진~강릉

서호진을 출발하여 원산 · 장전동 · 수원단 · 간성 · 양양을 거쳐 강릉에 이른다. 한 달에 한 번 왕복하는 명령항로이다. 편도에 출발에서 도착까지 모두 4~5일이 걸린다.

(라) 원산~웅기

원산을 출발하여 서호진 · 신포 · 신창 · 단천 · 성진 · 명천 · 어대진 · 독진 · 청진 · 이진을 거쳐 웅기에 이르는 것으로 한 달에 3번 왕복하는 명령항로이다. 또한 자유항해는 월 1회 이상 왕복한다. 다만 이 항로에서는 편도인 경우 출발에서 도착까지 모두 5일간을 요한다.

2. 대한협동우선(大韓協同郵船) 주식회사 경영

부산~북한선 부정기 항해이지만 때때로 북한 각 항에 기항한다. 그리고 부산~원산 간은 항해할 때마다 우편물을 탑재한다.

3. 기타 일본 군대 어용선(제이선해환第二扇海丸)

한 달에 일반적으로 2회 부산~원산 간을 항해한다. 장전동 · 청진 · 강릉 · 삼척 · 죽변 · 영해 · 영일 · 울산에 기항한다.

아래에 한남기선주식회사 및 요시다 히데지로에게 교부된 항해명령서와 동 명령서에 기초하여 인가되었던 승객 및 화물 운임표를 게재한다.

釜山雄基 釜山元山 西湖江陵 元山雄基 間船客運賃表

	釜山	蔚山	迎日	竹邊	江陵	襄陽	杆城	水源端	長箭	元山	西湖津	前津	新浦	新昌	端川	城津	明川	漁大津	獨津	青津	梨津
蔚山	一、〇〇																				
迎日	二、〇〇	一、五〇																			
竹邊	三、〇〇	二、五〇	一、五〇																		
江陵	三、五〇	三、〇〇	二、五〇	一、〇〇																	
襄陽	三、八〇	三、六〇	三、〇〇	一、七〇	八〇																
杆城	四、〇〇	三、八〇	三、四〇	二、四〇	一、二〇	七〇															
水源端	四、二〇	四、〇〇	三、五〇	二、六〇	二、二〇	一、二〇	五〇														
長箭	四、三〇	四、一〇	三、六〇	三、二〇	二、八〇	二、二〇	一、二〇	七〇													
元山	四、五〇	四、二〇	三、八〇	三、〇〇	二、五〇	二、二〇	一、八〇	一、二〇	一、〇〇												
西湖津	四、七〇	四、五〇	四、二〇	三、五〇	三、〇〇	二、七〇	二、二〇	一、七〇	一、三〇	九〇											
前津	五、〇〇	四、七〇	四、五〇	四、二〇	三、五〇	三、〇〇	二、五〇	二、〇〇	一、七〇	一、五〇	五四										
新浦	五、二〇	五、〇〇	四、八〇	四、六〇	三、八〇	三、二〇	二、七〇	二、三〇	二、〇〇	一、六〇	七〇	四〇									
新昌	五、五〇	五、二〇	五、〇〇	四、八〇	四、〇〇	三、五〇	三、〇〇	二、五〇	二、二〇	一、八〇	一、一〇	八〇	四〇								
端川	五、八〇	五、五〇	五、三〇	五、〇〇	四、三〇	三、七〇	三、二〇	三、〇〇	二、六〇	二、二〇	一、七〇	一、四〇	一、二〇	五〇							
城津	六、〇〇	五、八〇	五、五〇	五、二〇	四、六〇	四、〇〇	三、五〇	三、三〇	[illegible]	二、五〇	二、〇〇	一、八〇	一、六〇	一、三〇	六〇						
明川	六、四〇	六、〇〇	五、八〇	五、四〇	四、八〇	四、四〇	四、〇〇	三、八〇	三、四〇	三、〇〇	二、三〇	二、〇〇	一、八〇	一、六〇	一、〇〇	五〇					
漁大津	六、八〇	六、二〇	六、〇〇	五、六〇	五、〇〇	四、八〇	四、五〇	四、〇〇	三、八〇	三、二〇	二、九〇	二、五〇	二、三〇	二、〇〇	一、四〇	一、二〇	八〇				
獨津	七、〇〇	六、四〇	六、二〇	五、八〇	五、四〇	五、〇〇	四、八〇	四、四〇	三、六〇	三、一〇	二、六〇	二、四〇	二、二〇	一、六〇	四、〇〇	一、五〇	一、二〇	四〇			
青津	七、五〇	七、〇〇	六、五〇	六、〇〇	五、八〇	五、四〇	五、〇〇	四、八〇	四、四〇	三、八〇	三、三〇	二、八〇	二、六〇	二、四〇	一、八〇	一、六〇	一、四〇	八〇	四〇		
梨津	八、〇〇	七、五〇	七、〇〇	六、五〇	六、〇〇	五、八〇	五、二〇	五、〇〇	四、八〇	四、〇〇	三、六〇	三、二〇	三、〇〇	二、八〇	二、二〇	二、〇〇	一、六〇	一、二〇	一、〇〇	六〇	
雄基	八、五〇	八、〇〇	七、五〇	七、〇〇	六、五〇	六、〇〇	五、八〇	五、四〇	五、〇〇	四、五〇	四、〇〇	三、八〇	三、六〇	三、四〇	二、八〇	二、七〇	二、五〇	一、八〇	一、六〇	一、二〇	六〇

備考

食事一、二、三等共和食附

二等ハ此ノ定額ノ五割増

一等ハ本額ノ倍額

小児運賃

拾貳歳未滿ハ半額運賃　四歳未滿ハ壹名無賃

他ハ四分ノ一額

부산~웅기 · 부산~원산 · 서호~강릉 · 원산~웅기 간 선객 운임표

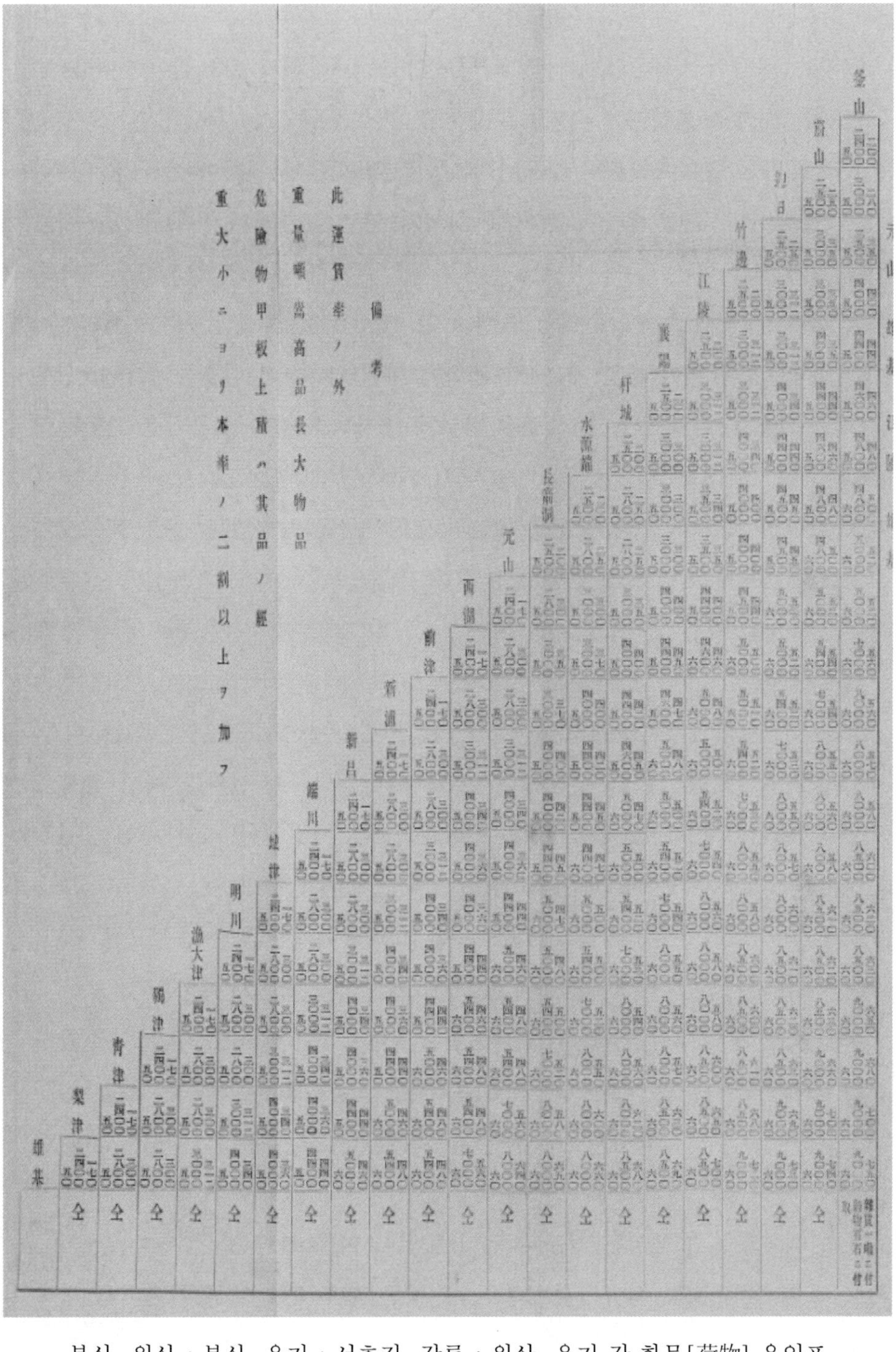

부산~원산 · 부산~웅기 · 서호진~강릉 · 원산~웅기 간 화물[荷物] 운임표

정부는 한남기선주식회사에 대해 다음의 조건에 따라 보조금 9만원을 교부하는 것으로 한다.

1. 보조금은 융희 2년부터 3년 간 매년 금 3만원을 교부하여 합계 금 9만원으로 한다. 다만 융희 2년 중에 회사가 영업을 개시하지 못할 경우에는 일체 보조금을 교부하지 않을 것.
2. 회사는 매 영업기에 순익금 중에서 그 10/100을 적립금으로 공제(控除)한다. 그 잔액이 불입(拂込) 자본액에 대해 연 8%의 비율을 초과할 경우는 그 초과액의 5/10를 보조금 반납에 충당하여 점차 보조금을 완납해야 할 것.
3. 전항의 반납을 마칠 때까지 별지의 명령사항을 준수할 것. 단 정부는 형편에 따라 그 명령 사항을 변경할 수 있다.

명령사항

1. 부산~영일만 간 그리고 부산~목포 간 항로에는 총 톤수 180톤 이상, 고속력 1시간 7해리 이상의 기선 2척을 사용한다. 전자는 매월 왕복 2회 이상, 1년 동안 왕복 24회 이상, 후자는 매월 왕복 4회 이상, 1년간 48회 이상의 항해를 해야 할 것.
2. 부산~영일만 간의 항해는 왕복할 때 모두 울산에 기항하는 것으로 한다.
   부산~목포 간의 항해는 다음의 곳에 기항하는 것으로 한다.
   마산 · 통영 · 삼천포 · 좌수영 · 완도 · 나로도 · 벽파진 · 목포 · 소안도 · 제주부 · 우도 · 거문도 · 안도 · 욕지도 · 장승포
3. 각 항로 기점 · 종점의 두 항에서의 발착일시는 정부의 인가를 받아 이를 정할 것.
4. 여객 · 화물의 운임은 정부의 인가를 받아 이를 정할 것.
5. 소형 범선 또는 석유발동기부범선으로서 기항지와 그 부근과의 연락 ·

운수를 하게 할 수 있다.

6. 정부에서 필요하다고 인정할 경우에는 항로 · 기항지 · 기선의 종류 · 척수 · 톤수 · 속력 및 항해 횟수의 변경을 명령할 수 있다.
7. 정부에서 필요하다고 인정할 경우에는 여객 · 화물의 운임을 내릴 수 있다.
8. 보조금은 매년 6월 및 12월에 각각 그 연액의 5/10를 교부한다.
9. 대표이사[取締役] 및 감사역(監査役)의 취임은 정부의 승인을 거쳐야 할 것.
10. 정관을 변경시키고자 할 경우에는 정부의 승인을 거쳐야 할 것.
11. 매월 영업의 상태 및 수지 계산에 관한 보고서를 제출해야 할 것.
12. 회사는 정부의 인가를 거치지 않고는 주주에게 배당금을 분배할 수 없다.
13. 매 결산기(決算期) 후 70일 이내에 재산목록 · 대차대조표 · 영업보고서 · 손익계산서 · 준비금 및 이익 배당에 관한 서류를 제출해야 할 것.
14. 정부는 언제라도 회사의 금고 · 장부 · 문서 및 화물을 검사할 수 있다.
15. 정당한 사유 없이 본 명령 또는 본 명령에 기초하여 발했던 제반 명령을 위반했을 경우에는 일시에 보조금 전부를 반납하도록 할 수 있다.

항해보조(航海補助)에 관한 명령서

부산~원산 간, 부산~웅기만 간, 원산~웅기만 간 및 서호~강릉 간 항해보조로, 융희 2년 9월부터 동년 8월까지 3년 동안 매년 부산~원산 간은 4,670원, 부산~웅기만 간은 5,139원, 원산~웅기만 간은 5,154원, 서호~강릉 간은 2,516원으로, 합계 금 17,019원을 교부함. 그리고 별도로 정한 바의 규정에 따라 총톤수 500톤 이상의 기선 1척을 대여해야 함에 따라 별지 명령 조건을 준수하여 항해를 해야 할 것.

전항의 보조금은 융희 12년 9월부터 이후 10개년 동안에 매년 그 1/10에 상당하는 금액을 반납해야 할 것.

별지 명령서의 사항은 보조금의 반납을 끝낼 때까지 준수할 의무가 있는 것으로 한다.

명령서

- 부산~원산 사이와 부산~웅기만 사이의 항로에는 총톤수 500톤 이상의 기선 1척을 사용하여 매월 1회 1년간 12회의 항해를 한다.

  원산~웅기만 사이의 항해에는 총톤수 180톤 이상, 최고속력 1시간 7해리 이상의 기선 1척을 사용하여 매월 3회 1년간 36회의 항해를 한다.

  서호~강릉 사이의 항해에는 총톤수 180톤 이상, 최고속력 1시간 7해리 이상의 기선 1척을 사용하여 매월 1회 1년간 12회의 항해를 한다.
- 부산~원산 사이의 항해는 왕복으로 하지만 울산 · 영일만 · 죽변만 · 강릉 · 양양 · 고성 · 장전동에 기항하는 것으로 한다.

  부산~웅기 사이의 항해는 왕복으로 하지만 울산 · 영일만 · 죽변만 · 강릉 · 양양 · 간성 · 장전동 · 원산 · 서호 · 신포 · 신창 · 성진 · 명천 · 어대진 · 독진 · 청진 · 이원에 기항하는 것으로 한다.

  원산~웅기만 사이의 항해는 왕복으로 하지만 서호 · 웅진 · 신포 · 신청 · 단천 · 성진 · 명천 · 어대진 · 독진 · 청진 · 이진에 기항하는 것으로 한다.

  서호~강릉 사이의 항해는 왕복으로 하지만 양양 · 간성 · 수원단 · 장전동 · 원산에 기항하는 것으로 한다.
- 각 항로 기점과 종점 두 항에서의 발착일시는 정부의 인가를 거쳐 이를 정한다.

  정부에서 필요하다고 인정되는 경우에는 각 항로 내에 기항지를 증가하거나 변경을 명할 수 있는 것으로 한다.
- 여객 · 화물의 운임은 정부의 인가를 거쳐 이를 정한다.
- 정부에서 필요하다고 인정되는 경우에는 종류를 지정하여 여객화물의 운임을 감액할 수 있는 것으로 한다.

- 정부는 비상 사변이 일어났을 때 각 항로의 선박과 선원을 사용할 수 있다. 단 이 경우에는 상당의 사용료를 지급한다.
- 정기 선박검사 또는 수선을 위해 휴항할 경우에는 1주일 전에, 임시휴항할 경우에는 그때마다 사유를 갖추어 정부에 신고해야 한다.
- 보조금은 3개월마다 전(前) 3개월분을 각 항로마다 계산해서 교부한다.
- 사고 때문에 예정된 항해를 할 수 없을 경우에는 그 항해 횟수에 맞추어 별도로 정한 바의 규정에 따라 보조금을 감액하는 것으로 한다. 단, 정부에서 필요하다고 인정되는 경우에는 보조금의 감액에 대신하여 항로의 보충을 명할 수 있다.
- 매월 영업한 상황과 수지계산서에 관한 보고서를 정부에 제출해야 한다.
- 정부는 언제라도 영업의 현황 · 출납장부 · 문서 · 물건 등을 검사할 수 있다.
- 정당한 사유가 없이 본 명령 또는 본 명령에 근거하여 발한 정부의 명령에 위배될 경우에는 기한에 제한 없이 보조금의 전부를 반납하게 할 수 있다.

제15장 통신

조선에서의 통신사업은 다음에 기록한 한일양국정부의 계약서에 따라 그 관리를 전부 일본국정부에 위탁하였다. 일본정부는 통신기관에 필요한 비용 전부를 부담하여 현재 이의 경영을 담당하게 되었다.

계약서

일한(日韓) 양국 정부는 통신기관을 정비하고, 일본국의 통신기관과 합동

연락해서 양국 공통된 하나의 조직을 만든다면 한국의 행정상, 아울러 경제상 이득이 된다고 하였다. 아울러 또 그것을 위해 한국의 우편·전신·전화 사업을 일본국 정부의 관리에 위탁하는 것이 필요하다고 인식하여 대일본제국 특명전권공사 하야시 겐조(林權助) 및 대한국 외부대신(外部大臣) 이하영(李夏榮)은 정당한 위임을 받아, 다음 계약을 한다.

제1조 한국 정부는 국내에서 우편·전신 및 전화 사업(宮內府, 전속을 제외)의 관리를 일본국 정부에 위탁한다.

제2조 한국 정부가 이미 설립한 통신사업에 관련한 토지·건물·기구·기계 기타 일체의 설비는 본 계약에 따라 일본국 정부로 이관한다.

앞 항의 토지·건물·기타 설비에 관해서는 양국의 관헌(官憲)이 회동한 후에 재산목록을 조사·작성해서 후일의 증거로 삼는다.

제3조 한국의 통신 기관 확장을 위해 일본국 정부에서 필요로 하는 경우에는 국유의 토지 및 건물은 무상으로 사용하고, 아울러 어떤 개인의 토지·건물은 그것을 유상으로 거두어 사용할 수 있다.

제4조 통신기관의 관리 및 재산의 보호·관리에 관해서는 일본국 정부는 자기의 비용으로 선량한 관리인에게 책임을 맡길 수 있다.

통신 관련에 필요한 비용도 역시 일본 정부의 부담으로 한다.

일본 정부는 통신기관의 관리에 관한 재정 상황을 한국 정부에 공시해야 한다.

제5조 일본 정부의 통신기관의 관리, 혹은 확장 상 필요한 설비 및 물건은 일체 과세를 면제한다.

제6조 일본국 정부의 관리권 및 업무확장에 저촉되지 않는 범위에 있어서 현재의 통신원(通信院)을 존치하는 것은 한국정부가 임의로 하고, 일본 정부는 관리 및 확장의 업무에 관해서 가능한 많은 한국 관리 혹은 사용인을 쓴다.

第7조 우편 · 전신 및 전화에 관해 종전의 한국정부가 외국과 협력한 사항에 대해서는 일본국 정부가 대신해 그 권리를 행사하고, 그 의무를 이행한다.
통신기관에 관해 장래 새로이 한국정부와 외국정부 사이에 협정이 필요한 경우에는 일본정부는 한국 당국정부를 대신해 그 협정의 책임을 맡는다.

第8조 일본국정부와 한국정부의 사이에 종래 성립된 통신기관에 관한 각종의 협정은 본 협약에 따라 당연히 개폐 · 변경되는 것으로 한다.

第9조 종래 한국 통신사업 발달을 위해 일본정부가 이미 만든 설비의 관리, 보관 및 신사업에 소비한 비용에 대해 충분한 수익을 만들었을 때에는 일본국정부는 수익 중 상당 부분을 한국정부에 교부한다.

第10조 장래 한국 정부의 재정에 충분한 여유를 남긴 경우는 양국 정부 협약상 통신기관의 관리를 한국정부에 환부한다.

명치(明治) 38년 4월 1일
광무(光武) 9년 4월 1일

특명전권공사 하야시 겐조
외 무 대 신 이 하 영

이전에도 우편 · 전신 · 전화 등 각 기관 모두 다소의 설비가 없는 것은 아니었지만, 우편과 같은 것은 단지 보통우편 · 서류 · 소포 등의 취급에 그쳐서, 통신의 확실 · 신속은 도저히 기대할 수 없었다. 전신과 같은 것도 또한 그 회선이 우회적이고 복잡한 여러 중계와 경유가 필요하여 신속함이 부족했다. 전화의 경우도 겨우 경성 · 인천 · 평양에 설치되었을 뿐 가입자는 매우 적었고 모두 그 설비가 불완전하여 이것을 현재 상황에 비교하면 매우 유치해서 단지 그 형체를 가지고 있는 것에 지나지 않았다. 그러나 일본정부가 명치 9년 부산거류지에 우편국을 설치한 것을 시작으로, 점차 각 개항장 및 경성 ·

평양 등에 이르렀고, 명치 38년에 이르러서는 국 · 출장소 · 수취소(受取所) 등을 아울러 63개소 이상에 달했을 뿐만 아니라, 조선 출어자의 편리를 위해서 재부산 조선해수산조합의 순라선(巡羅船)에도 수취소(受取所)를 설치하여 보통우편 외에 환(換) · 저금 · 소포 등을 취급하여 그 기관이 완비되었다. 이를 과거의 조선 통신기관과 도저히 비교할 수 없다. 일한통신합동 및 연락을 협정하는 데 이른 것은 요컨대 이러한 사정 역시 하나의 요인이 되었다. 그리하여 합동협약이 이루어지고 일본정부에 관리를 위탁한 이래 그 발달이 현저해져서 일본인이나 그 밖의 외국인 소재지에는 국이나 우편소를 두었다. 군청(郡衙) 소재지에는 우편취급소를 설치하고, 단지 조선인만 있는 부락에는 우체소를 두었다. 지금 전국 도처에 통신의 편익을 누리지 않는 곳이 없고, 전신 · 전화와 같은 것 또한 우편과 더불어 그 진보가 실로 놀랄 만한 것이다. 우편 취급소는 우편 사무 외에 조선 국고금 출납사무도 취급한다. 대개 본 사무는 금고가 설치되지 않은 지역에 그 취급을 위탁하게 하고, 그 대가로 담당 정부는 매년 25만원을 통감부에 교부한다(단 이 금액으로 그 비용을 보상하는 것은 부족하고 거의 2배의 금액을 필요로 한다고 한다). 아래에 본년 1월 현재의 우편 전신국소수 및 과거 수년간 각 연말의 국소수 · 우편 · 전신 · 전화 각 선로의 거리[里數]를 표시한다.

국소수(局所數)

국소별		국소수
우편국	관리사무분장 우편전신취급	8
	우편전신취급	38
	우편취급	5
소계		51
취급소	우편전신취급	25
	우편취급	117
소계		142
우편소	우편전신취급	21
	우편취급	51
소계		72
전신취급소		51
우체소		166
우편계립소(郵便繼立所)		1
우편입환소(郵便立換所)		7
우편수도소(郵便受渡所)		3
합계		493
명치 39년도 말(광무 10년)		508
동 38년도 말(동 9년)		490
동 37년도 말(동 8년)		67
동 36년도 말(동 7년)		28
동 35년도 말(동 6년)		18

우편선로(郵便線路)

단위: 마일

선로종류별[線路種別]	연도별[年別]	단리정(單里程)	연리정(延里程 1일분 평균)
철도우편선로 (鐵道郵便線路)	명치38년 말(광무 9년)	648	478

	동 39년 말(동 10년)	648	2,558
	동 40년 말(융희 원년)	648	2,627
수선우편선로(水線郵便線路)	동 38년 말	1,640	1,448
	동 39년 말	8,453	1,757
	동 40년 말	8,494	2,082
통상도로우편선로(通常道路郵便線路)	동 38년 말	3,695	2,639
	동 39년 말	2,674	2,366
	동 40년 말	2,594	2,895

전신 및 전화선

단위: 리(里)

연별	회선종별		긍장(亘長)[34]	연장
38년 말(광무 9년)	전신회선		1,177	2,409
	전화선	시내	18	178
		시외	14	98
39년 말(광무 10년)	전신회선		1,247	2,635
	전화선	시내	38	568
		시외	14	314
40년 말(융희 원년)	전신회선		2,232	2,308
	전화선	시내	50	1,318
		시외	14	340

또한 연락의 결과 일본-한국 양국의 주요지역 상호간 우편송달일수를 표시하면 아래와 같다.

34) 송배전 선로나 통신 선로에서 일정한 구간의 수평 거리.

일한 주요지역 상호간 우편송달 일수 일람표
〈명치41년(융희2년) 6월 통감부 통신관리국 조사〉

	부산	마산	대구	대전	경성	인천	개성	진남포	평양	신의주	의주	목포	군산	원산
小倉	2일	2일	2일	2일	2일	2일	3일	3일	3일	3일	4일*	4일*	4일*	5일*
福岡	2일	2일	2일	2일	2일	2일	3일	3일	3일	3일	4일	4일*	4일*	5일*
大分	3일	3일	3일	3일	3일	3일	4일	4일	4일	4일	5일	5일*	5일*	6일*
佐賀	2일	2일	2일	2일	2일	2일	3일	3일	3일	3일	4일	4일*	4일*	5일*
熊本	2일	2일	2일	2일	2일	2일	3일	3일	3일	3일	4일	4일*	4일*	5일*
長崎	2일	2일	2일	2일	2일	2일	3일	3일	3일	3일	4일	4일*	4일*	5일*
宮崎	4일	4일	4일	4일	4일	4일	5일	5일	5일	5일	6일	6일*	6일*	7일*
鹿兒島	3일	3일	3일	3일	3일	3일	4일	4일	4일	4일	5일	5일*	5일*	6일*
那覇	6일*	6일*	6일*	6일*	6일*	6일*	7일*	7일*	7일*	7일*	8일*	8일*	8일*	9일*
山口	2일	2일	2일	2일	2일	2일	3일	3일	3일	3일	4일	4일*	4일*	5일*
廣島	2일	2일	2일	2일	2일	2일	3일	3일	3일	3일	4일	4일*	4일*	5일*
岡山	2일	2일	2일	2일	2일	2일	3일	3일	3일	4일	4일	4일*	4일*	5일*
松山	3일	3일	3일	3일	3일	3일	4일	4일	4일	5일	5일	5일*	5일*	6일*
松江	3일	3일	3일	3일	3일	3일	4일	4일	4일	4일	5일	5일*	5일*	6일*
高松	3일	3일	3일	3일	3일	3일	4일	4일	4일	4일	5일	5일*	5일*	6일*
善通寺	3일	3일	3일	3일	3일	3일	4일	4일	4일	4일	5일	5일*	5일*	6일*
德島	3일	3일	3일	3일	3일	3일	4일	4일	4일	4일	5일	5일*	5일*	6일*
高知	3일	3일	3일	3일	3일	3일	4일	4일	4일	4일	5일	5일*	5일*	6일*
姫路	2일	2일	2일	2일	2일	2일	3일	3일	3일	3일	4일	4일*	4일*	5일*
神戸	2일	2일	2일	2일	2일	2일	3일	3일	3일	3일	4일	4일*	4일*	5일*
鳥取	4일	4일	4일	4일	4일	4일	5일	5일	5일	5일	6일	6일*	6일*	7일*
大阪	3일	3일	3일	3일	3일	3일	4일	4일	4일	4일	5일	5일*	5일*	6일*
奈良	3일	3일	3일	3일	3일	3일	4일	4일	4일	4일	5일	5일*	5일*	6일*
津	3일	3일	3일	3일	3일	3일	4일	4일	4일	4일	5일	5일*	5일*	6일*
岐阜	3일	3일	3일	3일	3일	3일	4일	4일	4일	4일	5일	5일*	5일*	6일*
京都	3일	3일	3일	3일	3일	3일	4일	4일	4일	4일	5일	5일*	5일*	6일*
大津	3일	3일	3일	3일	3일	3일	4일	4일	4일	4일	5일	5일*	5일*	6일*
和歌山	3일	3일	3일	3일	3일	3일	4일	4일	4일	4일	5일	5일*	5일*	6일*
金澤	3일	3일	3일	3일	3일	3일	4일	4일	4일	4일	5일	5일*	5일*	6일*

福井	3일	3일	3일	3일	3일	3일	4일	4일	4일	4일	5일	5일*	5일*	6일*
富山	3일	3일	3일	3일	3일	3일	4일	4일	4일	4일	5일	5일*	5일*	6일*
名古屋	3일	3일	3일	3일	3일	3일	4일	4일	4일	4일	5일	5일*	5일*	6일*
靜岡	3일	3일	3일	3일	3일	3일	4일	4일	4일	4일	5일	5일*	5일*	6일*
橫濱	3일	3일	3일	3일	3일	3일	4일	4일	4일	4일	5일	5일*	5일*	6일*
甲府	4일	4일	4일	4일	4일	4일	5일	5일	5일	5일	6일	6일*	6일*	7일*
長野	4일	4일	4일	4일	4일	4일	5일	5일	5일	5일	6일	6일*	6일*	7일*
新潟	4일	4일	4일	4일	4일	4일	5일	5일	5일	5일	6일	6일*	6일*	7일*
東京	3일	3일	3일	3일	3일	3일	4일	4일	4일	4일	5일	5일*	5일*	6일*
浦和	3일	3일	3일	3일	3일	3일	4일	4일	4일	4일	5일	5일*	5일*	6일*
千葉	3일	3일	3일	3일	3일	3일	4일	4일	4일	4일	5일	5일*	5일*	6일*
宇都宮	3일	3일	3일	3일	3일	3일	4일	4일	4일	4일	5일	5일*	5일*	6일*
前橋	3일	3일	3일	3일	3일	3일	4일	4일	4일	4일	5일	5일*	5일*	6일*
水戶	4일	4일	4일	4일	4일	4일	5일	5일	5일	5일	6일	6일*	6일*	7일*
福島	4일	4일	4일	4일	4일	4일	5일	5일	5일	5일	6일	6일*	6일*	7일*
仙臺	4일	4일	4일	4일	4일	4일	5일	5일	5일	5일	6일	6일*	6일*	7일*
山形	4일	4일	4일	4일	4일	4일	5일	5일	5일	5일	6일	6일*	6일*	7일*
秋田	4일	4일	4일	4일	4일	4일	5일	5일	5일	5일	6일	6일*	6일*	7일*
盛岡	4일	4일	4일	4일	4일	4일	5일	5일	5일	5일	6일	6일*	6일*	7일*
弘前	5일	5일	5일	5일	5일	5일	6일	6일	6일	6일	7일	7일*	7일*	8일*
靑森	4일	4일	4일	4일	4일	4일	5일	5일	5일	5일	6일	6일*	6일*	7일*
札幌	5일	5일	5일	5일	5일	5일	6일	6일	6일	6일	7일	7일*	7일*	8일*
旭川	5일	5일	5일	5일	5일	5일	6일	6일	6일	6일	7일	7일*	7일*	8일*
樺太	7일*	7일*	7일*	7일*	7일*	7일*	8일*	8일*	8일*	8일*	9일*	9일*	9일*	10일*

비고

1. 본 표는 일본~한국 각 주요지역 상호간 통상 우편물 송달에 필요한 일수를 보기 위한 편의를 제공하는 것으로 한다.
2. 본 표의 일본 주요지역은 현청소재지 및 사단사령부 소재지 등을 위주로 게재하였다.
3. 본 표의 일수는 국 상호간의 송달소요일수(속달)를 게재한 것이므로 우편물의 투함시각 및 우편국의 배달시각의 관계에 따라서 본 표 일수에서 대략 1일 지연되는 경우가 있다.
4. 본 표 중 날짜 위에 *를 붙인 것은 선편 연락의 여하에 따라서 하루 이상 며칠까지 지연되는 경우가 있다.

연해에서 일본 출어자에게 도움을 주기 위해 조선해수산조합 순라선 안에 설치된 우편소는 종전대로 계속해서 그 사무를 취급한다. 기타 각 도서에도 매월 몇 차례의 체송을 통해서 편리를 주고 있다〈각 어촌포구 및 각 도서에 있어서는 통신의 상황은 별도로 기록해야 한다〉. 현재 순라선 안에 설치된 우편소는 부산 · 마산 · 목포의 3개소를 기점으로 하는 것으로, 그 구역은 각 순라선의 순라구역에 따르는데, 다음과 같다.

1. 부산을 기점으로 하는 것은 동쪽으로 강원도 삼척군의 장울리(長鬱里)부터 서쪽으로 진해만의 동수도(東水道)를 둘러싸고 있는 가덕도에 이르는 연해 일대.
2. 마산을 기점으로 해서 가덕도부터 서쪽으로 섬진강에 이르는 연해 일대.
3. 목포를 기점으로 하는 전라남 · 북도 연해 일대.

조선해수산조합은 일찍이 이 지역에 원산 · 군산 · 인천 지군 소속 순라선 안에서도 우편소 설치를 출원했다고 한다. 설치에 이르지는 못했지만(설치를 한다면) 단지 출어자가 편리해질 뿐 아니라 연해 어촌 각 도서의 거주자에게도 유익한 면이 매우 많을 것이다.

제2편 수산일반

제1장 수산물

조선에 생산되는 이미 알려진 유용수산물은 모두 104종류로, 그 중에는 해수류 6종류 · 어류 60종류 · 패류 19종류 · 조류(藻類) 9종류 기타 10종류라고 한다. 이 구분에 따라 각 종류의 명칭을 열거하였다.

개요

해수류(海獸類)

고래[鯨] · 돌고래[海豚] · 쇠물돼지[スナメリ][1] · 바다표범[海豹] · 물개[膃肭獸] · 수달[水獺][2]

어류(魚類)

명태(明太魚) · 대구[鱈] · 조기[石首魚] · 정어리[鰮][3] · 청어[鰊] · 방어[鰤] ·

---

1) 혹은 쇠돌고래를 말하며, 고래 중 가장 작은 종류이다.
2) 해달일 것이다.
3) 우리나라에서는 정어리 · 멸치 · 눈통멸 · 샛줄멸 등을 구분하고 있는데 일본에서는 이를 정어리류(いわし)로 통칭한다. 『한국수산지』 편찬담당자가 일본인인 점을 감안해서 정어리[鰮]로 표기한다.

전갱이[鰺] · 삼치[鰆] · 고등어[鯖] · 청새치[羽魚] · 다랑어[鮪][4] · 가다랑어[鰹] · 상어[鱶] · 가오리[鱝] · 병어[マナカツオ] · 도미[鯛] · 농어[鱸] · 민어[鮸] · 성대[魴鮄] · 준치[鰣] · 달강어[火魚] · 붉바리[赤魚] · 가자미[鰈][5] · 넙치[鮃] · 서대[牛舌魚] · 다금바리[鯇][6] · 매퉁이[鱠][7] · 꼬치고기[魣] · 갈치[大刀魚] · 도로묵[鰰] · 전어[鰶] · 사백어[鱎魚] · 학꽁치[鱵] · 복어[河豚] · 놀래기[ベラ] · 쥐치[カワハギ][8] · 쑤기미[オコゼ] · 아구[鮟鱇] · 볼락[目張魚] · 감성돔[黑鯛][9] · 자리돔[黑魚] · 빙어[公魚] · 까나리[玉節魚] · 뱅어[白魚] · 붕장어[海鰻] · 갯장어[鱧] · 칠성뱀장어[八ツ目鰻] · 보리멸[鱚] · 망둥이[鯊] · 연어[鮭] · 송어[鱒] · 황어[イダ][10] · 숭어[鯔] · 은어[鮎] · 곤들매기[鯇] · 잉어[鯉] · 붕어[鮒] · 뱀장어[鰻] · 피라미[鮑] · 미꾸라지[鰌].

패류(貝類)

전복 · 참고동 · 떡조개 · 소라고동 · 홍합 · 가리비 · 대합 · 재첩 · 동죽(물통조개) · 바지락 · 꼬막 · 키조개 · 왕우럭조개(부산: 부채조개) · 굴 · 긴맛 · 맛조개 · 새조개 · 말조개.

조류(藻類)

다시마 · 감태 · 대황 · 미역 · 톳 · 풀가사리 · 김 · 우뭇가사리 · 파래.

---

4) 참치를 말한다.
5) 여기서는 가자미[鰈], 넙치[鮃]라고 하였으나, 「수산물일한명칭대조표」에서 반대로 표시하고 있다. 이곳의 구분이 옳다.
6) '아라(あら)'라고도 한다.
7) 학명은 *Saurida*이며, 일본어로는 에소(えそ)라고 한다.
8) 「수산물일한명칭대조표」에서는 한자로는 鮍魚라고 표기하였다.
9) 「수산물일한명칭대조표」에서는 黑鯛를 먹도미라고 하였다. 먹도미는 감성돔과 같은 말로도 쓰이고 비슷한 물고기를 지칭한다.
10) 황어, 학명은 *Tribolodon Hakonensis*. 도쿠시마에서는 이다(イダ), 아키타에서는 우다이(ウダイ), 동경에서는 하야(ハヤ)라고 읽히는 종으로, 玆山魚譜에서는 雜魚라고 기록되어 있다.

기타

해삼 · 멍게 · 성게 · 새우 · 가시왕게 · 장다리게 · 꽃게 · 낙지 · 오징어 · 해파리.

이상의 수산물은 이 나라 연해의 양상이 동북부와 서남부에 크게 차이가 있기 때문에 그 분포를 달리한다. 지금 그 두드러진 것을 들면, 명태 · 청어 · 대구 · 은어 · 방어 · 삼치 · 연어 · 송어 · 빙어 · 가리비 · 사할린북방대합 · 말조개 · 부채조개 · 가시왕게 · 장다리게 · 다시마와 같은 것은 주로 동북부(함경 · 강원 · 경북) 연해에서 나며, 조기 · 민어 · 준치 · 농어 · 붕장어 · 갈치 · 방어 · 붉바리 · 달강어 · 전어 · 뱅어 · 바지락 · 동죽 · 새우 · 오징어 · 감태 · 대황 · 톳 · 해파리와 같은 것은 주로 서남부(경남 · 전라 · 충청 · 황해도 · 평안도) 연해에서 난다.

이들 수산물을 포획하는 시기는 겨울철에 잡히는 명태 · 청어 · 대구와 같은 것을 제외하면 대개 봄 · 여름 · 가을 세 계절이며, 그중 성수기는 봄 · 여름 교체기이다.

조선인의 포획물 중 주요한 것은 명태 · 조기 · 새우 · 정어리(멸치) · 청어 · 대구 등이며, 일본통어자의 주요 포획물은 도미 · 정어리(멸치) · 삼치 · 조기 · 해삼 · 전복 등이다. 청나라 사람은 갈치 · 준치 · 달강어 · 조기 · 새우 등을 포채한다.

조선인이 포채한 것은 대개 건제(乾製) 또는 염장을 해서 내국에 소비하게 되며, 해외에 수출하는 것은 정어리(멸치) · 우뭇가사리 · 풀가사리 등을 일본으로 수송하는 데 그친다.

일본인이 포채한 것은 대부분 생선 그대로 일부 이 내지에서 판매하고, 나머지는 일본에 수송된다. 조선 내지에 판매하는 것 중 조선인의 소비에 충당되는 것은 조기 등이며, 나머지는 재류일본인 사이에서 소비된다. 또 일본에 수송되는 것 중 전복 · 해삼 · 홍합 · 굴 등은 청나라 취향으로 가공되어 일본에서 다시 청나라에 수출된다. 청나라 사람이 포획한 것은 어류는 염장하고, 새우는 건제하여 거의 전부 청나라에 수송된다.

1년 중 수산물의 산액은 대략 11,547,000여 원이며, 그 중에 어류 약 7,139,000여 원, 해조류 408,000원 정도, 식염 4,000,000원 정도라고 한다. 이하 각종 수산물에 관하여 그 형태 분포 · 어구 · 어법 · 처리 · 판매 · 산액 및 중요한 어업조직 등을 개관하고자 한다.

고래 クジラ 鯨

조선 연해에 회유하는 고래는 유수족(有鬚族)인 북방긴수염고래(背美, セミクジラ)[11] · 혹등고래(座頭,ザトウクジラ)[12] · 긴수염고래(장수고래)[13] · 귀신고래(小鯨, コククジラ 靑鷺, 아오사기)[14] · 보리고래(鰮鯨, イワシクジラ)[15]등으로, 향유고래(抹香)[16] 및 부리고래(槌鯨, ツテクジラ)[17]는 회유하지 않는다. 북방긴수염고래도 최근 거의 회유가 끊어져서, 수년 동안 겨우 2~3마리를 포획하는 데 그쳤다. 혹등고래도 또한 그 회유가 감소하여 매년 십여 마리를 포획하는 데 불과하다. 근래에 이르러서도 여전히 회유가 많은 어족은 긴수염고래로, 때때로 혹 수십수백의 큰 무리를 이루어 통과하는 경우도 있다. 이 고래는 각종 어족 중에 체구가 가장 장대하여, 작아도 8~9길이고, 큰 것은 20길에 달한다. 대체로 12~13길인 것이 많다. 몸 색깔은 백색도 있고 회색도 있는데, 백색인 것을 백장수(白長須)라고 부른다. 이 고래는 기름양이 많고, 육미는 혹등고래에 버금간다. 그렇지만 빠르게 헤엄쳐서 포획하기 어렵다. 귀신고래 및 정어리고래는 풍부하게 서식하는데 특히 귀신고래는 경상도 및 전라도 남해안에 오는 경우가 많고 암초 부근 및 바닷가 가까이에 회유한다. 대개 암초 사이에 서식하는 해삼 · 게 · 작은 물고기 등의 먹이를 잡아먹기 위해서라고 한다. 이 고래는 체구가 단소(短小)하여 작은 것은 4~5길, 큰 것도 8~9길에 불과하다. 기름양이 적고 육미 또한 맛이 없다. 게다

---

11) 학명은 *Eubalaena japonica*로 북태평양참고래라고도 한다.
12) 학명은 *Megaptera novaeangliae*로 등에 혹이 있어서 혹등고래라고 한다. 영어로는 humpback whale이다.
13) 학명은 *Eubalaena glacialis*이다.
14) 학명은 *Eschrichtius robustus*이며 쇠고래라고도 한다.
15) 멸치고래, 정어리고래라고도 한다.
16) 학명은 *physete macrocephalus*이며, 龍涎香이라는 향료를 얻을 수 있으므로 향유고래라는 이름이 붙었다.
17) 망치고래라고도 한다.

가 성질이 민첩하여 포획하기 쉽지 않다.

고래의 회유

조선 연해에서 고래의 회유는 매년 늦가을경 한류의 폭이 점점 확대되면서 북해에서 점차 남하하여, 9~11월경에는 함경 · 강원 · 경상 각도의 연해를 통과한다. 12월부터 1월경에는 앞바다를 통과하여 조선해협을 거쳐 일본 고토열도[五島列島] 부근에 이르러 심해를 헤엄친다. 3~4월경 난류의 폭이 확장됨에 따라 앞의 경로를 따라 북쪽으로 돌아가는 듯하다. 그리하여 4~6월경에는 울릉도 부근에서 가장 회유를 많이 한다. 충청 · 경기 · 황해 · 평안 각 도의 연해 즉, 황해에서도 때때로 수컷과 암컷이 헤엄치는 것을 볼 수 있지만 아직 포획한 경우는 없기 때문에 그 정황을 상세히 알 수는 없다.

경상도 거제도 부근에서 귀신고래의 회유 정황은 매년 10월경부터 겨울철까지는 거제도와 육지 사이를 북에서 남으로 통과하고, 다음 해 봄철에 이르러 거제도 앞바다를 남쪽에서 북쪽으로 향하여 통과하는 경우가 많다고 한다.

포경 계절

고래 무리가 회유하는 개략적인 상황은 이와 같기 때문에 조선 연해에서는 1년 내내 그 포획에 종사할 수 있다. 특히 여름철에는 해상이 평온하고 또한 고래 무리도 일반적으로 해안에 접근해 오기 때문에 포획하기 쉽다. 그렇지만 이와 동시에 남획(濫獲)의 폐해에 빠지기 쉽다. 또한 여름에는 지방이 소모되어 깊은 맛이 부족하여 기름을 짜내고 음식으로 만드는 데 모두 마땅치 않다. 게다가 가격이 싸고 또한 부패될 우려가 있다. 따라서 포경자의 입장으로는 여름철에 3마리를 잡는 것보다도 오히려 겨울철에 1마리를 잡는 것이 낫다고 한다. 일본 명치 29년 8월경 러시아 포경선은 함경도 마양도 부근에 출어하여 하루에 7마리를 포획하였고, 또 명치 36년 8월에도 이 지역 부근에 출어해서 일주일 중 여러 날을 휴업하고도 12마리를 잡아 도리어 처치하는 데 곤란을 겪었다고 한다. 고래 무리 중 가격이 가장 비싼 긴수염고래의 회유는 끊어진 듯하고, 혹등고래의 회유도 감소한 것 같다. 필경 모두 종전에 남획한 결과일 것이다. 이로 인하여 작년 융희 원년 9월 법률 제7호 포경업관리법을 제정하여 포경기간을 10월 1일부터 다음 해 4월 30일까지 7개월간으로 하고, 기타 기간 즉 5~9월까지 5개월간을 금어기로 했다.

어장

러시아 포경선은 함경도의 마양도 · 강원도의 장전동 · 경상도의 울산 등 3개소에 중심으로 고래무리를 쫓아 근거지를 이동했지만, 지금은 모두 주로 울산에 근거하며 장전동 이북까지 가서 포경하는 일은 없다. 다만 포경에 어려움이 있기 때문이 아니라, 운반이 편리하지 않기 때문이다. 그 어장은 긴수염고래 및 혹등고래의 경우 근거지에서 50~60해리 떨어진 곳이라고 한다. 때때로 80~90해리에서 100해리로 나가는 경우도 없지 않다. 귀신고래는 대저 15~16해리에서 24~25해리 사이이며 30해리 바깥에 출어하는 경우는 드물다고 한다.

포경업자 및 기지

현재 조선에 기지를 두고 포경에 종사하는 자는 동양어업주식회사 · 장기포경합자회사 · 일한포경합자회사 등 3개 회사로, 동양어업주식회사와 장기포경합자회사의 2개 회사는 러시아 포경선이 고래해체작업[割截]했던 마양도와 장전동 · 울산의 3개소를 기지로 삼았다. 일한포경합자회사는 울산 및 거제도의 지세포를 기지로 삼았다(포경업의 특허 및 연혁 등은 제3집에서 상세히 설명할 것이다).

포경의 대체적 상황

포경관리법 제정 전에는 대저 9월부터 다음 해 7월까지를 하나의 어기로 삼았다. 아래에 일본 명치 39년 9월부터 41년 2월까지 앞서 기술한 3개 회사의 포경 통계를 표시하였다. 이를 통해 최근의 포경 정황 일반을 충분히 살펴볼 수 있다.

동양어업주식회사 포경수〔捕鯨頭數〕 월별표

명치39년(광무10년) 9월부터 동41년(융희2년) 2월까지

연월		고래종류 [鯨種]	마리 수 [頭數]	수컷	암컷	평균 길이	어장
명치 39년	9월	긴수염고래	13	11	2	57척	죽변 · 영일
	10월	긴수염고래	10	5	5	57	위와 같음
	11월	긴수염고래	1	1	0	65	위와 같음
	12월	귀신고래	28	16	12	41	울산의 북 20해리
명치 40년	1월	귀신고래	32	6	26	41	울산의 북 20해리
	1월	북방긴수염고래	1	1	0	55	울산의 북 50해리
	2월	긴수염고래	6	3	3	60	울산의 북 43해리
	2월	혹등고래	1	1	0	40	울산의 북 26해리
	3월	긴수염고래	3	2	1	60	울산의 북 55해리
	3월	귀신고래	3	1	2	41	울산의 북 38해리
	4월	긴수염고래	2	0	2	61	장전
	6월	긴수염고래	22	8	14	52	울산의 북동 50해리
	7월	긴수염고래	11	7	4	51	울산의 북 8해리, 동 33해리
	7월	흰긴수염고래	2	2	0	68	울산의 북 8해리, 동 68해리
소계			135	64	71	53.5	
명치 40년	9월	긴수염고래	3	3	0	60	울산의 동 15해리
	9월	흰긴수염고래	1	0	1	64	울산의 동 15해리
	10월	긴수염고래	16	11	5	59	울산의 북동 43해리
	11월	긴수염고래	14	10	4	57	울산의 남동 30해리
	11월	흰긴수염고래	1	0	1	75	울산의 남동 30해리
	11월	귀신고래	1	0	1	39	울산의 남동 30해리
	12월	긴수염고래	1	1	0	52	울산의 북동 14해리
	12월	흰긴수염고래	1	0	1	71	울산의 북동 25해리
	12월	혹등고래	1	1	0	40	울산의 북동 40해리
	12월	귀신고래	22	9	13	39	울산의 북동 25해리
명치 41년	1월	긴수염고래	1	1	0	58	울산의 북동 70해리
	1월	혹등고래	1	0	1	47	울산의 북동 28해리

	1월	귀신고래	9	3	6	39	울산의 북동 23해리
	2월	긴수염고래	4	0	4	57	울산의 북동 49해리
	2월	귀신고래	1	0	1	39	울산의 북 25해리
소계			77	39	38		
합계		긴수염고래	107	63	44		
		흰긴수염고래	5	2	3		
		북방긴수염고래	1	1	0		
		혹등고래	3	2	1		
		귀신고래	96	35	61		
		계	212	103	109		

나가사키포경합자회사 포경수〔捕鯨頭數〕 월별표

명치39년 9월부터 동41년 2월까지

연월		고래종류	마리 수	수컷	암컷	평균 길이	어장
명치 39년	9월	긴수염고래	3	2	1	63척	죽변 · 영일
	10월	긴수염고래	11	4	7	57	위와 같음
	10월	혹등고래	1	1	0	35	위와 같음
	11월	긴수염고래	1	0	1	43	울산의 북동 30해리
	12월	귀신고래	31	11	20	40	울산의 북동 16해리
명치 40년	1월	귀신고래	26	7	19	38	울산의 북동 18해리
	2월	긴수염고래	12	9	3	59	울산의 북 8해리, 동 34해리
	2월	흰긴수염고래	1	1	0	80	울산의 북 8해리 동 34해리
	2월	혹등고래	3	0	3	44	울산의 북 8해리, 동 34해리
	3월	긴수염고래	4	0	4	59	울산의 북동 44해리
	3월	혹등고래	1	1	0	43	울산의 북동 44해리
	3월	귀신고래	1	0	1	40	울산의 북동 44해리
	4월	긴수염고래	1	1	0	67	울산의 북동 22해리
	6월	긴수염고래	14	8	6	56	울산의 북동 50해리
	7월	긴수염고래	19	9	10	60	울산의 동북 34해리
소계			129	54	75		
명치 40년	9월	긴수염고래	6	2	4	62	울산의 동북 80해리
	10월	긴수염고래	30	12	18	62	울산의 동 40해리
	10월	흰긴수염고래	1	1	0	83	울산의 동 80해리
	11월	긴수염고래	16	9	7	57	울산의 남 28해리
	11월	귀신고래	2	2	0	40	울산의 남 28해리
	12월	긴수염고래	3	2	1	53	울산의 북동 18해리
	12월	귀신고래	31	17	14	41	울산의 북동 18해리
명치 41년	1월	긴수염고래	3	3	0	61	울산의 북동 75해리
	1월	귀신고래	16	2	14	40	울산의 북동 19해리
	2월	긴수염고래	5	3	2	60	울산의 북 70해리
	2월	혹등고래	1	0	1	30	울산의 북동 15해리
소계			114	53	61		
합계		긴수염고래	128	64	64		

	흰긴수염고래	2	2	0		
	북방긴수염고래	0	0	0		
	혹등고래	6	2	4		
	귀신고래	107	39	68		
	계	243	107	136		

일한포경합자회사포경수〔捕鯨頭數〕 월별표

명치39년 10월부터 동40년 3월까지

연월		고래종류	마리 수	수컷	암컷	평균 길이	어장
명치 39년	10월	긴수염고래	2	2	0	65척	죽변 · 영일
	11월	혹등고래	1	0	1	44	불명
	11월	흰긴수염고래	2	0	2	66	불명
	11월	귀신고래	2	1	1	43	불명
	12월	긴수염고래	1	0	1	68	불명
	12월	흰긴수염고래	1	0	1	64	불명
	12월	귀신고래	9	7	2	38	죽변 · 영일
명치 40년	1월	귀신고래	7	1	6	39	울산의 북동 30해리
	1월	북방긴수염고래	1	1	0	41	울산의 북동 30해리
	2월	긴수염고래	4	0	4	58	울산의 북동 8해리, 동 38해리
	3월	긴수염고래	2	0	2	56	울산의 동 38해리
	3월	혹등고래	1	0	1	44	울산의 동 38해리
소계			33	12	21		
합계		긴수염고래	9	2	7		
		흰긴수염고래	3	0	3		
		북방긴수염고래	1	1	0		
		혹등고래	2	0	2		
		귀신고래	18	9	9		
		계	33	12	21		

다시 앞의 3표를 합하여 포경종류별로 하여 표시하면 다음과 같다.

포경종류별 월별차표

명치39년 9월부터 동41년 2월까지

연월		종류	마리 수	수컷	암컷
명치 39년	9월	긴수염고래	16	13	3
	10월	긴수염고래	23	11	12
		혹등고래	1	1	0
	11월	긴수염고래	2	1	1
		흰긴수염고래	2	0	2
		혹등고래	1	0	1
		귀신고래	2	1	1
	12월	긴수염고래	1	0	1
		흰긴수염고래	1	0	1
		귀신고래	68	34	34
명치 40년	1월	북방긴수염고래	2	2	0
		귀신고래	65	14	51
	2월	긴수염고래	23	13	10
		흰긴수염고래	1	1	0
		혹등고래	4	1	3
	3월	긴수염고래	9	2	7
		혹등고래	2	1	1
		귀신고래	4	2	2
	4월	긴수염고래	3	1	2
	6월	긴수염고래	36	16	20
	7월	긴수염고래	30	16	14
		흰긴수염고래	2	2	0
소계			197	131	166
명치 40년	9월	긴수염고래	9	4	5
		흰긴수염고래	1	0	1
	10월	긴수염고래	45	22	22
		흰긴수염고래	1	1	0
	11월	긴수염고래	30	19	11
		흰긴수염고래	1	0	1
		귀신고래	3	2	1

	12월	긴수염고래	4	3	1
		흰긴수염고래	2	0	2
		혹등고래	1	1	0
		귀신고래	53	26	27
명치 41년	1월	긴수염고래	4	4	0
		혹등고래	1	0	1
		귀신고래	25	5	20
	2월	긴수염고래	9	3	6
	12월	혹등고래	1	1	0
		귀신고래	1	1	0
소계			191	91	100
합계		긴수염고래	244	129	115
		흰긴수염고래	10	4	6
		혹등고래	11	3	8
		귀신고래	221	84	137
		북방긴수염고래	2	2	0
		계	488	222	266

포경 처리

포경은 각 회사 모두 그 기지에서 해체해서 고래기름 · 고래수염 · 고래힘줄 · 고래뼈 등은 거의 전부를 일본으로 수송한다. 고기도 대부분 마찬가지로 일본으로 보내고, 그 중 일부는 조선 내지에 판매된다. 일본으로 수송하는 것은 겨울에는 소금을 치지 않은 채로, 다른 계절에는 소금에 절인다. 염장에 필요한 식염 사용량은 계절에 따라 많고 적음이 있지만 한 어기를 통틀어 고래와 새끼고래의 대소를 평균하여 한 마리에 사용되는 것은 약 5,000근 내외라고 한다. 단, 이 용량은 여름철 포경에 종사했을 당시의 대략적인 계산이며, 여름철 5~7월 말에 이르는 사이는 고래 대소 평균 1마리에 대해 식염 약 1만근 내외가 필요하다. 따라서 늦가을에서 봄까지를 한 어기로 하면 그 평균 사용량은 현저하게 줄어듦을 알 수 있다.

또한 과거 5년간 포경수를 표시하면 다음과 같다.

연차	동양어업주식회사	장기포경합자회사	일한포경합자회사	계
명치36년	157	0	0	157
명치37년	282	91	0	373
명치38년	293	31	0	324
명치39년	324	84	20	428
명치40년	144	171	15	330
계	1,200	377	35	1,612

포경가격은 해에 따라 혹은 계절에 따라 현저하게 차이가 있지만 대개 혹등고래는 1마리 평균 5,000원 내외, 긴수염고래는 1마리에 2,000~3,000원, 귀신고래는 1,000원 내외로 보아도 큰 차이가 없다. 그러면 매 1년에 포경가격은 40~50만원으로 견적하면 크게 틀리지 않을 것이다.

명태 すけとうたら 明太 북어 北魚

명태는 함경도의 특산물로 어장은 북으로는 두만강에서, 남으로는 함흥 부근에 이른다. 산란기에 이르면, 큰 무리를 지어 연안의 얕은 곳으로 내유한다. 그 무리는 길이 수십 리, 폭 20~30리에 이르는 경우도 있다. 알을 배고 있는 동안은 움직임이 아주 느리고 물속에서 오르락내리락하지만 산란을 마치면 연안 각지로 흩어져 수면 가까이를 떠다닌다. 어장은 과거에는 명천 부근이 중심을 이루었으나 현재는 신포 근해 수심 4~40길 되는 장소로 이동하였다. 점차 남쪽으로 이동하는 것 같다.

어기는 10월에서 다음 해 3월까지이며 초기에는 송도갑(松島岬)과 마양도(馬養島)의 남쪽 20~30리 되는 곳이며, 12월 초순부터는 마양도의 서남쪽, 전진(前津)의 50~60리 앞바다를 어장으로 한다. 그리고 12월 초순부터 중순까지가 성어기이다. 1월 초순부터는 마양도 동쪽 면부터 신창(新昌)의 전면으로 옮겨 어기가 끝날 때에 이른다. 어부의 말에 의하면 명태는 한 어기 중에 연안 가까이 3회 왕래한다고 한다. 또한 북풍이 강할 때는 앞바다로 물러나고 서풍이 불 때는 연안으로 내유한다고 한다. 또한 어기의 초반에 몸집이 크고 알집이 크면 흉어의 조짐이라고 한다.

본 어업은 조선의 중요어업 중에서도 중요한 것으로서, 그 기원 및 연혁에 관해서는 예로부터 지금까지 정확하지는 않지만, 일설에 전해지는 것에 의하면 황조(皇祖) 이성계 시대에 함경도(咸鏡道) 명천군(明川君)에 태(太) 아무개라는 어부가 있어 하루는 연승(延繩)으로 진귀한 물고기를 잡았는데 그 이름을 알지 못하였다. 이것을 군수에게 바치고 그 명칭을 물었더니 군수는 즉시 지명과 어부의 성의 각 한 자를 취하여 명태(明太)라고 하였다고 전한다. 명태(明太魚)의 명칭이 여기에서 비롯되었다고 한다. 진위는 알 수 없다 하더라도 만약 이것을 믿는다면 본 어업의 기원은 지금으로부터 500년 전인 듯하다.

어구는 연승(延繩) · 자망(刺網) · 거망(擧網) · 수조망(手繰網) 등을 쓴다. 연승은 본 어업 개시한 때부터 사용된 어구로서 각지에 이르는 곳마다 오로지 이 어구만을 이용해왔지만, 달리 이보다 나은 것이 행해지기에 이르러 크게 감퇴하였다. 현재는 주로 차호 이북 명천에 이르는 사이에 이것을 사용하는 자가 있을 뿐이다. 자망(刺網)은 연승 다음에 생긴 어구로 한때는 매우 성행하였으나, 후에 거망(擧網) 및 수조망(手繰網)이 차례로 생겨났기 때문에 이에 압도되어 점차 쇠락하게 되었다. 거망은 일본의 대부망(大敷網)과 취향을 같이 하는 정설어구(定設漁具)로서 물고기 무리가 몰려오는 길을 기다려 연안에 설치되었으므로, 어획은 가장 많은 한 어기 간의 어획량이 100~200태(太)에 달하였다. 그러나 남획의 결과 내유(來游)하는 지역이 바뀌어 연안에 가까이 가지 않기에 이르렀다. 거망 어업자는 크게 영업에 곤란을 입게 되었고, 동업자 일동이 연서하여 과세의 면제를 관찰사에게 탄원할 정도로 어려운 지경에 달하였다. 수조망은 지금으로부터 12~13년 전 원산지역의 일본 통어자가 사용하는 것을 보고 이를 본 어업에 응용하여 자못 좋은 결과를 얻게 되었다. 특히 노력과 자본을 요구하는 것이 적기 때문에 이를 본받는 자가 속출해서, 5~6년 전부터 크게 그 수가 증가하여 다른 어구를 압도하기에 이르렀다. 현재의 추세라면 몇 년이 지나지 않아 수조망은 이보다 뛰어난 다른 어구가 나오지 않는 한은 본 어업에 있어서의 유일한 어로법이 될 것이다.

어업은 한 사람의 영업주 아래에 급료로 고용된 어부에 의해서 행해지는 것으로, 다른 어업처럼 보합법(步合法) 혹은 합자법(合資法) 등에 따른다. 급료는 한 어기(약 2개월 반) 22원(圓) 50전(錢)~36원으로 고용 중에는 담배 · 짚신 · 방한구 등을 고용주가 지급한다. 어부는 원주민인 경우는 적고 함흥(咸興) · 원산(元山) · 이원(利源) · 단천(端川) · 길주(吉州) · 명천(明川) · 성진(城津) · 경성(鏡城) 및 강원 지방에서 출가[18]한 자이며 그 중 함흥지방 출신이 가장 많다. 대개 이 지방의 어민은 용감해서 풍파를 두려워하지 않고, 잘 참는 성격으로 추운 기후를 피하지 않아 도저히 다른 지방 어부와 비견할 수 없기 때문에 영업주는 기꺼이 이들을 채용한다. 그리고 뛰어난 자를 고용하려고 하면 어기(漁期) 전에 미리 예약해 두지 않으면 안 된다. 또 고용계약이 성립될 때에는 고용주는 거기에 7원 50전~15원의 선대금[前貸金]을 주는 것을 상례로 한다. 영업주가 만약 자금이 부족할 때는 다른 곳에서 재원을 마련하는데, 이 경우에는 대개 자본주가 영업주와 동반해서 어항(漁港)에 와서 어획물을 자기 손으로 매수한다. 대금에는 하루 3푼[步]의 이자를 붙이고, 어획물 매수 때에는 시가(時價)에서 300~500문(文) 싸게 거래한다고 한다.

명태는 국내 도처에서 수용되지 않는 곳이 없고, 특히 관혼상제(冠婚葬祭)에는 빠지지 않는 것이므로, 그 판로의 광대함이 조선 수산물 중 여기에 필적할 만한 것이 없다. 대부분은 건장(乾藏)하지만, 날생선인 채로 판매하는 경우도 있다. 특히 어기 초에는 계절과 날씨가 아직 춥지 않아서 동건(凍乾)에 적합하지 않기 때문에 오로지 날생선인 채로 어장 부근에 공급하거나 혹은 멀리 말에 실어서 경기(京畿) · 황해(黃海) · 평안(平安)의 여러 도(道)에 수송한다. 즉 먼저 함흥(咸興) · 원산(元山) 등에 보내어 다시 육로로 경성(京城) 등에 수송하는데, 시세는 어장과 집산지의 사이에서 한 짐[太][19] 2,000마리 가격이 2~4관문(貫文)의 차가 있는 것이 보통이다. 그래서 이 운송에 종사하는 자는 거둬들이는 이익이 적지 않다. 여기에 종사하는 자는 대부분 원산 · 함흥지방의 어상(漁商)으로서 폭이 1장(丈) 2척(尺)이고, 적재력(積載力)이 100석(石) 정도인 배에 7~9명의 선원이 승선해 신포(新浦) · 신창(新昌) · 차호(遮湖) · 전진(前津) 등에 와서 10~15짐[太]의 선어(鮮魚)를 사들여서 각자의 소속지로 귀항한다. 지난

18) 出稼 : 일정기간 타 지역으로 가서 일함.
19) 2천 마리를 뜻한다.

광무 7년(일본 명치 36년) 1월의 경우는 신포(新浦)에서 한 짐[太]에 14원 25전인 것이 함흥에서는 시세 19원 50전, 소매가 22원 50전이었다고 한다.

명태를 냉동 · 건조하려면, 먼저 어선에서 하역한 것을 바닷가 또는 자신의 집 마당으로 운반하여 부녀자를 모아 그것을 해체한다. 그 방법은 먼저 작은 칼로 생선의 머리를 앞에 두고 아가미 아래부터 칼을 넣어 항문까지 절개하여 알, 간장 및 위장을 갈라내어 각각 그것을 별도의 용기에 넣는다. 알은 조리를 담당하는 부녀자가 품삯으로 거두어 가진다. 간장 및 위장은 건조장 임대주인이 가지는 것으로 한다. 이렇게 내장을 모두 제거한 생선은 바닷물로 한번 씻어서 20마리씩 묶어 건조장(덕장)에 걸어둔다. 건조장은 지름 1척 안팎의 긴 소나무를 두 칸 남짓한 간격으로 바둑판 모양으로 세운 다음 손이 닿을 수 있는 높이에 지름 5~6촌의 소나무를 가로로 놓아서 각각의 기둥에 묶어 고정시킨다. 다시 이와 나란하게 위쪽으로 1척 가량 간격을 띄워서 다시 지름 3~4촌의 소나무를 가로로 배치한다. 이렇게 해서 대부분은 3단으로 만든다. 그 건축비는 조선 돈으로 약 50관문을 필요로 한다고 한다. 이 건조장은 임대를 목적으로, 건설한 것으로서, 그 소유주를 '덕지기'[20]라고 부른다. 장주(場主)가 곧 어획자로부터 건조를 위탁받을 때, 생선 한 태(駄)에 대해 500문씩의 임대료를 징수한다. 건조가 끝나기까지는 3~4주의 시일을 필요로 하므로 그 기간의 감독과 보관 등은 모두 장주의 책임이며, 만약 위탁품에 손실 결손이 생길 시에는 이를 변상하지 않으면 안 된다. 따라서 위탁자는 결손이 생길 것을 예상해서 한 태에 대해 600마리 정도를 가산하여 장주에게 위탁한다. 장주는 건조의 정도를 살펴보고 점차 위층으로 옮기고, 건조가 완료되면 그것을 아래로 내려서 길이 3척 가량의 칡 또는 싸리[萩]로 머리 부분을 꿰어 수를 확인해서 위탁자에게 돌려준다. 건조할 때 기후가 온난해서 주로 햇볕으로 건조하게 되면 몸통이 줄어들고 고기가 딱딱해지며 색은 암흑색이 되어, 품질이 열등하여 좋은 가격을 받지 못한다. 그에 반해 추위가 격심하고 바람과 눈이 잦으면, 생선 속의 수분이 동결해서 고기가 팽창하고 질이 터실터실해지며 색이 밝은 황색을 띠는데, 그러한 것을 좋은 품질이라고 한다. 이 때문에 건조장의 위치는 한랭한 서북풍을 받는 곳이 가장 좋다고 한다. 지세(地勢)

---

20) 덕장을 지키는 사람.

상 이러한 위치에 해당하는 곳은 신창인데, 신창의 제품은 질이 좋다고 하여 그 이름이 시장에서도 유명하다. 그러나 마양도산은 가장 열등하다고 한다.

알과 창자는 젓갈로 만들어서 판매하고 있다. 젓갈로 만드는 알은 산란[放產]을 시작하지 않은 명태로 해야 한다고 한다. 이미 산란을 시작한 것은 제조 후 막이 찢어지고 알은 흩어져 외관과 풍미가 좋지 않다. 그러므로 동지 이전의 제품은 품질이 우수하며, 그 이후에 제조된 것은 열등하다고 한다.

만드는 방법은 용량 8~9되 정도의 질그릇에 알집 270~300개 정도를 식염(食鹽) 5홉 정도로 고춧가루를 더하여 담근다. 한 그릇의 가격은 280~350문이라고 한다. 국내 소비가 가장 많아서 부산 · 인천 · 목포 등 각 개항지를 지나서 내지로 수송된다. 그 중 소비가 가장 왕성한 곳은 경성 · 진남포 · 강경 · 대구 등이라고 한다. 창자(창란)의 소비는 명란만 같지 않고, 겨우 스스로 집에서 쓸 것을 만들거나 혹은 주문을 받을 때만 만든다. 그 방법은 알집과 큰 차이는 없으나 소금과 고춧가루를 더해 넣는 양이 많은 점이 다를 뿐이다. 가공할 때 창자의 오물을 제거하는 것이 까다로워서 한 항아리의 용량을 얻은 데에는 자못 많은 힘을 필요로 하므로 가격은 명란과 비교해서 비싸며 한 항아리에 5~6백문이다.

간장(肝臟)은 이를 달여서 기름을 만든다. 그 방법은 석유통 2배의 간장을 가마 속에 넣고, 끓이는데 온도가 올라가면서 생기는 거품을 제거한다. 또 끓어올라서 기름이 가마 속에서 넘쳐 나오려고 하면 원료를 더해서 이를 식힌다. 다시 끓어올라서 간장에서 기름 성분이 모두 밖으로 나오고 찌꺼기가 모두 가마 바닥에 가라앉기에 이르면 가열을 멈춘다. 그리고 가마 속의 기름 부분을 떠서 항아리로 옮기고 잠시 내버려 둔다. 그래서 기름이 냉각되고 그 속에 함유된 고형물이 차츰 항아리 바닥에 침전되기를 기다려서 그 위에 맑은 것을 다른 큰 항아리에 떠서 옮긴다. 며칠간 가만히 두어 다시 작은 찌꺼기를 침전시키고 그 위에 떠오른 부분을 떠서 석유통에 저장한다. 그릇 바닥에 침전한 고형물은 다시 새로운 원료와 함께 가마 속에 넣어 끓여서 남은 기름이 빠져나오게 한다. 기름 한 통의 가격은 1관 450문으로서 오로지 점등용으로 내놓을 수 있다.

명태의 가격은 해에 따라서 상당한 편차가 있다. 1태의 값을 매기면 5~6관문이 되기도 하며, 혹은 12관문이 되기도 한다. 그렇지만 통상 10관문으로 예상할 수 있다. 그 편차의 원인은 여러 가지가 있겠지만, 어업의 풍흉 및 구매력의 강약과 같은 것이 중요한 이유이다. 한 어기의 어획고를 계산하면 대략 857,700여 원에 달한다.

조기 ぐち 石首魚 石魚

조기는 경상남도 마산 이서에서 북쪽 평안도에 이르는 연해에서 산출된다. 조선인이 가장 즐기고 좋아하는 어류 중 하나로서, 역시 관혼장제(冠婚葬祭)에 빠지지 않는다. 따라서 전국 방방곡곡에서 판매되는 것을 볼 수 있다. 그러므로 그 어업의 성대함이 실로 명태 어업에 버금간다. 종래에는 오로지 조선인이 조기 어업에 종사하였지만, 근년 일본인 출어하는 경우가 점차 증가하는 추세다. 몇 해를 계속한다면 명태어업을 능가하게 될 것이다.

분포는 지극히 광범위하지만 그 중에서도 가장 좋은 어장으로 유명한 곳은 전라도 칠산탄 · 황해도 연평열도 부근이며(그 생산량이 많다) 이곳에 버금가는 곳은 경상도 연안 일대이다.

어기(漁期)는 해마다 다소 더디고 빠른 차이가 있지만, 경상도 연안과 전라도 남안은 6월부터 9월경까지이고, 가장 유명한 칠산탄 · 위도의 어장은 2월 중순에 시작해 4월 상순에 끝난다. 여기로부터 북쪽을 따라가면, 어기가 점차 늦어져 황해도 연평 열도 부근에서는 4월부터 5~6월경까지이다.

어구(漁具)는 망선(網船, 繰網[21]) · 중선(中船[22], 안강망[23]의 종류) · 정선(碇船[24],底刺網) · 주목(駐木[25], 낭대망) · 어살[魚箭, 통발][26]과 외줄낚시[27] 등을 사

21) 제7장 어구와 어선 부분 설명 및 도판 참조
22) 자루모양의 그물 2개를 어선의 두 현에 달고 조류를 타고 오는 물고기를 잡는 어로법으로 주로 조기 및 새우를 잡을 때 많이 사용하였다.
23) 안강망은 긴 주머니 모양의 통그물로 조류에 밀리는 물고기를 잡는다. 鮟鱇은 일본에서는 아귀를 뜻하며, 아귀의 입모양과 닮은 것에서 망의 이름이 생겼다.
24) 닻으로 바다 밑에 刺網을 고정시켜 어획하는 방법이다.
25) 자루 모양의 그물을 나무 기둥이나 닻으로 고정하여 조류를 이용하여 어획하는 방법이다.
26) 나무 · 대나무 · 갈대 · 돌 · 흙 등으로 장벽을 설치하여 어획하는 방법이다.
27) 一本釣

용하며, 그중 조선인이 사용하는 주요한 것은 주목 · 안강망 · 정선 · 중선이며 일본인은 오로지 안강망을 사용한다. 이 어업의 장관은 실로 이 나라 어업계에 하나의 특색을 이루는 것으로, 어기에 이르면 주요 어장의 하나인 칠산탄의 경우는 팔도의 어선이 이곳에 폭주하며, 출매선(出買船) 역시 어선을 따라 모여들어 거의 빈틈을 찾아볼 수 없다. 마치 해상에 하나의 커다란 섬이 나타난 것 같고 밤에는 어선이 각각의 구화(篝火)[28]를 피워 어획 중임을 표시함으로써 출매선을 불러 모은다. 이때 불빛이 수면을 비추는데, 그 아름다움과 모습이 실로 장관이다.

칠산탄은 전라남도 칠산도에서 위도에 이르는 해면에 대한 총칭으로, 바다가 얕아 4~5길이 보통이고, 깊어도 7~8길을 넘지 않는다. 바닥 상태는 모래와 진흙이고, 대체로 완사면을 이룬다. 조류의 속도는 1시간당 6~7해리, 방향은 만조 시에는 북상한다. 조석간만의 차는 대조시(大潮時)에는 1장(丈) 7~8척(尺), 소조시(小潮時)에는 1장(丈)이다. 물고기는 큰 무리를 이루며 2월경부터 산란을 위해 수온을 따라 여기 얕은 곳으로 오고, 4월경에 이르러 다른 곳으로 이동하여 흩어진다. 이 달의 기온은 화씨 55도, 수온은 46도이다. 일본인이 이 어업에 종사하기에 이른 것은 명치33년(1900)경 대일본수산전습소 출신인 쇼바야시 히데오[正林英雄]씨가 규슈 아리아케해[有明海]에서 안강망(鮟鱇網, 일명 파샤 또는 道樂網)을 사용한 데서 시작되었다. 그 이래로 본 어업에 종사하는 자가 속출하여, 지난 광무 10년(1906)에 출어한 선박은 310척이 되었다. 그리고 어구는 쇼바야시가 한 것을 따라서 대개 안강망을 사용한다. 풍어의 때에는 한 그물에 4~5만 마리, 흉어라고 하더라도 5~6천 마리를 어획할 수 있다. 때로는 그물 중에 물고기가 가득 차 인양할 수 없어 도리어 그물이 파손되는 경우도 있다. 이 나라 사람은 각 도로부터 이 어장에 모여드는데, 각각 어구를 달리한다. 황해도에서 오는 어선은 대개 중선 및 망선인데 중선에는 어부 25~ 30인이 승선하며, 한 어기에 300관문(貫文) 내외의 어획을 올린다. 이곳의 어기가 끝나자마자 바로 황해도 연평탄으로 옮겨 조업한다. 망선에는 어부 34~35인 내지 40인이 승선하고, 야간에 12회 조업을 행한다. 한 어기의 어획고는 1,000관문을 내려가는 경우가 드물다. 망선은 중선과는 다르게 조

---

28) 조명이나 警護 등을 위해 철제 바구니 속에서 피우는 불을 말한다.

류가 약간 느려질 염려가 있을 때 사용한다. 전라도에서 오는 어선은 대부분 정선(碇船)으로 어부 14~15인이 승선하며, 한 어기의 어획고는 200관문 내외이다. 충청도에서 오는 어선은 어부 10인 내지 14~15인이 승선하고, 한 어기의 어획고가 2관문(貫文)[29] 내지 1,000관문에 이른다. 대부분 주목(駐木)이다. 연평열도 또한 칠산탄에 못지않은 큰 어장으로 그 이름이 높다. 특히 이곳 근해의 조기는 모양이 대단히 크고 질 또한 양호하여, 칠산탄의 조기보다 훨씬 우수하다. 수심은 7~8길 내지 24~25길이며, 10길 내외인 곳이 가장 좋은 어장이라고 한다. 매년 이곳에 모여드는 어선이 400~500척에 달하며 아직은 적어도 200척을 내려간 적이 없다. 그밖에 이 물고기를 산출하는 연안 도처에서는 외줄낚시를 사용하여 고기잡이하는 경우도 없지 않지만, 대부분은 천칭조(天秤釣)를 이용하며 1척에 4~5인을 승선시켜 출어한다. 1년 어획고는 40~50관문(貫文)이다.

이 물고기는 거의 대부분이 조선인의 소비에 충당되는데 흔히 전라도의 명태라고 칭해진다. 판매하는 방법은 먼저 출매선(出買船)의 손을 거쳐 가장 가까운 시장에 넘긴 후 각 지방으로 나누어 보내진다. 출매선은 대개 어선에 대해 자금을 전대하고, 출어할 때 항상 어선을 따라가 어장에 가서 어획하는 옆에서 이를 매입한다. 어선은 절대로 특약출매선 외에는 함부로 매도할 수 없다. 출매선이 어획물을 매입할 때는 고기 1,000마리를 700마리로 계산한다. 즉, 300마리는 대부금의 이자로 거두어 가는 것이다. 때로는 1척의 어선에 3척~5척의 전대출매선이 붙는 경우도 있다. 이들은 어선의 주위에 정박하여 순서대로 어획물을 매입한다. 어선에 있어서 이익 분배법은 어획물을 판[賣揚] 대금 중에서 망대(網代) · 식료 · 주유대(酒油代) · 기타 잡비를 공제한 잔액을 선주와 공평하게 나누는데 어획물을 200관문으로 가정하면 망대 · 식료 등 제잡비로 150관문을 제하고, 잔액 50관문 중 25관문을 선주가 취하며 남은 25관문을 승선원 일동에게 분배한다.

출매선이 수송 · 판매하는 지역은 남해는 부산 · 통영 및 삼천포이고, 칠산탄은 법성포 · 군산 및 강경이며, 연평열도는 경성부근의 마포 · 진남포의 각 시장이다. 출매선은 어획물을 날 생선인 채로 시장에 수송하지만 계절 혹은 장소에 따라 배 안에서 염장하는

29) 원문에 2관문으로 기록되어 있는데 200관문의 오기로 보인다.

경우도 있다. 시장에서는 날생선인 채로 혹은 소금을 뿌려 말리거나[鹽乾], 혹은 소금에 절여서[鹽藏] 각 지역으로 수송한다. 염장품은 선어보다도 대개 고가(高價)인데, 어기 이외의 시기에 즈음해서 때때로 10배 이상에 이르는 경우도 있다. 특히 가을에는 추석의 제수용품 및 젓갈용으로 쓰이는 경우가 가장 많기 때문에 재력[資力]이 풍부한 도매상[問屋]에서는 큰 통에 염장해서 밀봉하여 값이 높아지는 시기를 기다려 판매한다. 저장하면서 생기는 염즙도 또한 야채를 절이는 용도로 쓰이는 경우가 있어 상당한 가격으로 매매된다. 시장에서의 어가(魚價)는 평균 1마리 5~6문, 각 지방에서는 1마리 15~16문이고, 소금에 말린 것은 20마리를 1련(連)이라고 하는데 그 가격은 100~120문으로 한다. 어획고는 한 어기를 통틀어 대략 674,400원을 상회한다.

도미 たひ 鯛 道味 刀味

도미는 조선 전 연안에서 두루 생산된다. 그 생산액의 대부분은 '참돔'이고, '붉돔[30]' · '황돔'이 그 다음이다. 겨울철은 근해[沖合]에서, 3~4월은 기후가 온난해짐에 따라 점차 얕은 바다와 내만 등 수심 5~6심의 곳에 모여들어 88일 밤[31]을 전후로부터 산란을 시작한다. 가장 많이 모여드는 곳은 동해안에서 영흥만, 남해에서 욕지도 근해와 진도 근해, 서해에서 군산 · 죽도 및 대화도 근해라고 한다. 6월경에 산란이 끝나면 점차 흩어져 근해(沖合)의 깊은 바다로 돌아가는 것이 일반적이다. 그러므로 어장도 항상 이에 따라서 이동하게 된다. 어청도 · 제주도 · 태랑도 및 거문도 근해는 사계절을 통해서 도미가 서식하는 것을 볼 수 있다.

이 물고기는 원래 조선인이 그다지 즐겨 먹는 것이 아니므로 도미 어획에 종사하는 사람이 매우 적고 겨우 강원도 및 함경도 남부 연안에서 지예망으로 고기를 잡을 뿐이었다. 그런데 근년 일본연승어선이 가장 많이 내어하는 지방 즉, 부산 · 마산 · 제주도 · 목포 · 인천 및 진남포 등에는 그것을 모방하여 연승을 사용해 어획하는 자가 나타나기에 이르렀다. 그 수는 각지를 합하여 약 80척에 이르지만, 그 기술이 익숙하지 않기 때문에

30) 血鯛, 학명은 *Evynnis japonica* 이다. 花鯛 · 姬鯛 등 다양한 이름으로 불린다.
31) 立春에서 88일 되는 날로 대체로 5월 2일 전후이다.

일본 어부에 비하면 어획이 매우 적어 그 우열을 비교하면 1/3 정도이다.

일본인이 조선에 내어하는 경우의 과반수는 이 어업에 종사하는 자들이며, 실로 이 어업이 일본인 통어(通漁)의 출발점이 되었다. 어구는 연승 · 외줄낚시 · 박망(縛網)[32] · 조망(漕網)[33] 및 안강망 등을 이용하는데 연승이 가장 개략적인 수를 보면 연승 573척 · 외줄낚시 235척 · 박망 3조(組)[34] · 조망 30척 · 안강망 531척에 달한다.

어장은 대부분 전 연안에 걸쳐있으며, 어획은 또한 1년 내내 이루어지지만, 지금 그 주요한 것을 들면, 함경도에서 봄 5월 초순에서 6월에 이르는 사이이다. 영흥만 내에서는 연승어업이 최고로 성행하며 이보다 이북인 서호진 · 신포 · 신창 · 성진 · 독진 · 청진 및 웅기만 등 각 지방에서 어기가 점차 늦어져서 5월 중순부터 시작된다.

부산 근해에는 봄 · 가을 두 계절의 성어기(盛漁期)에 부산의 남쪽으로 6~7해리 떨어진 앞바다[沖合] 곧 까마귀 섬(からす島)[35] · 삼자도(三子島) 부근에서 조업한다. 기후가 한랭해짐에 따라 점차 북동 방향으로 이동하여 한겨울부터 다음 해 3월 무렵까지는 기장 · 울산 앞바다가 주요한 어장이다. 이 근해는 이미 십 수 년 전부터 일본어업자 일반에게 잘 알려져 어기에 이를 때면 일시에 다수의 연승(延繩) 및 외줄낚시 어선이 모여드는 것을 볼 수 있다.

거제도 근해의 어기는 봄철이며, 어장은 진해만 · 마산만 입구 · 김해군 및 웅천군 연해 일대에 이른다. 연승이 가장 성행한다. 동계에 이르면 거제도 남곶에서 조획하기

32) 원문은 전망(縛網)으로 되어 있는데 縛網의 오기로 보인다. 縛網은 '시바리망'이라고 하며, 권망의 일종으로 고기떼를 몸통그물로 둘러친 다음 그물을 조여 포어 부분으로 포획하는 어구이다.

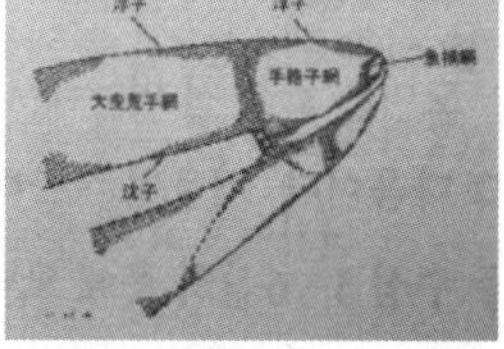

33) 배를 앞으로 전진시키면서 저인망 등으로 어개류를 포획하는 소규모 어로방식을 말한다. 地漕網이라고도 한다.
34) 2척의 배가 그물을 교차하는 방식으로 어획하므로 組라고 하였다.
35) 통영 앞 바다의 연대도 동쪽에 까마귀섬이 있으나 거리상 너무 멀다. 부산 앞바다의 무인도로 생각된다.

도 하지만 그 형체는 부산 근해에 비해 대체로 작다.

욕지도 · 안도 · 청산도 근해에 있어서는 봄 · 가을 두 계절에 연승이 성행하는데 추계가 최성기이다.

남해도 · 두미도(頭尾島) · 사량도 · 좌수영 근해는 봄철에 박망(縛網)의 주어장이며, 본 어업은 때에 따라서는 한 어기에 수만 원의 수익이 있다. 그러나 그 조직이 복잡해서 다수의 어부를 필요하기 때문에 만일 흉어를 만날 때는 큰 타격을 받아 재기할 수 없기에 이르므로 점차 감소하여 현재 출어는 겨우 3조에 불과하다.

진도 · 완도 근해는 음력 10월부터 다음 해 3월까지를 성어기로 하고 연승을 주로 행한다. 죽도(竹島)[36]는 88일 밤 전후로부터 대략 60일간을 성어기로 한다.

죽도 근해는 봄철 산란 때문에 도미 무리가 가장 많이 몰려드는 유명한 대어장이다. 그 어기에 이르면 각지에서 근거하던 어선이 모두 이곳으로 운집하는 것이 통례이다. 어구는 연승을 주로 사용하지만, 산란기 중에는 안강망을 사용한다. 이 시기에는 연승 · 외줄낚시 · 기타 어선이 모두 안강망으로 바꾸어 출어한다. 그 근거지는 죽도 및 연도(烟島)[37]로, 이 두 곳에 집합하는 선박을 개산하면 어선 800척, 일본의 염절선(鹽切船) 120척, 출매선 500척에 달한다. 아마도 이곳은 이 나라 연안 제일의 도미 어장일 것이다.

죽도 부근에 어업을 마친 어선은 점차 북상하여 고도(孤島) · 녹도(鹿島)[38] · 가의도(賈誼島)[39] · 덕적도(德積島) 등으로 이동하여 조업한다. 6월 하순부터 7월 중순까지의 기간에 도미는 먼 바다 깊이 들어가므로 일시적으로 어업을 중지한다. 노승(鱸繩)[40] 및 분공조(鱝空釣)[41]로 전환한다. 7월 하순부터 다시 도미 어업을 시작하여

---

36) 竹島. 충청남도 태안군 이원면 포지리에 딸린 섬이다.

37) 煙導는 전북 군산시 앞바다 고군산군도의 일부를 이루고 있는 섬. 중국 산둥에서 하늘 높이 솟아오르는 연기를 볼 수 있다 하여 煙자를 써서 연도라 부르게 됐다는 설이 있음. 椽島는 진해시 웅천동 앞바다의 섬으로, 근해에서는 정어리(멸치) · 붕장어 · 도다리 · 낙지 · 볼락 등이 많이 잡히고, 피조개 외에 굴 · 홍합 등의 양식도 활발하다.

38) 충남 보령 앞바다의 섬이다.

39) 賈誼島 옛날 중국의 가의라는 사람이 이 섬에 피신하여 살았으므로 가의도라고 하였다는 설과 이 섬이 신진도에서 볼 때 서쪽의 가장자리에 있어 가의섬이라고 하였다는 설이 전하고 있다. 현재 충남 태안군 근흥면 가의도리에 딸린 섬으로, 주변에 죽도 · 목개도 · 정족도 등의 섬이 있다.

그 대부분은 연평열도와 대청도 및 위도(蝟島)[42] 근해에서 조업하여 11월 하순에 이르면 중지한다. 북방으로 향하던 어선도 10월 하순에 이르면 점차 남하하여 어청도[43]·소안도[44]·욕지도[45]·거제도[46] 등을 거쳐 12월 하순에는 일본에 돌아가는 것이 보통이다.

일본에서 내어하는 외줄낚시 어선은 주로 야마구치[山口]·사가[佐賀]·나가사키[長崎]·히로시마[廣島]·가가와[香川]·에히메[愛媛]·오카야마[岡山]의 여러 현으로 그 계절을 가리지 않는다. 경상·전라·충청도의 앞바다[沖合] 여러 섬에 출어하는데 일정한 근거지가 없지만, 제주도·거문도·청산도·소안도 및 추자도가 가장 많이 모이는 곳이며 이상 여러 섬 사이를 편의에 따라서 왕래한다. 어획물은 연승과 비교해서 규모가 대체로 작다. 연승어선은 대부분 히로시마[廣島]·오카야마[岡山]·가가와[香川]·에히메[愛媛]·나가사키[長崎]·효고[兵庫]·후쿠오카[福岡]·구마모토[熊本]의 여러 현이며, 항상 일본인 거류지 부근의 근해에 머무르면서 조업하며 어기와 어장을 따라서 여기저기 옮겨 다니는 일이 없다.

미끼는 낙지(アナタコ)·곰치(ドロボウ)·해삼(ナマコ)·해파리(クラゲ)·개불(いむし)[47]·새우(エビ)·갯가재(シャコ)[48] 등이다.

낙지는 미끼 중 으뜸인데, 사계절 동안 끊임없이 사용하지만, 가장 성행하는 것은 7~10월에 이르기까지라고 한다. 얼마간은 일본 수조선(手繰船)에서 공급받지만, 대부분은 당국인으로부터 매입한다. 주로 부녀자가 포획하는 것이다. 매입할 때 어선이 폭주해서 후에 도착한 사람은 크게 곤란을 느끼는 경우도 있다. 각 산지에는 미끼 판매를 중

40) 농어를 잡기 위한 주낙을 말한다.
41) 가오리를 잡기 위하여 쓰는 미끼를 달지 않는 낚시를 말한다.
42) 전북 부안. 근해는 연평도, 신미도 근해와 더불어 서해안의 3대 조기 산란장으로 유명하며, 4~5월 산란기에는 전국 각지에서 어선이 모여 波市가 선다.
43) 전북 군산시.
44) 전남 완도군.
45) 전남 신안군.
46) 원문에는 臣으로 되어 있으나 巨의 오기이다.
47) 정확하게는 일본어로 유무시(ゆむし)이다.
48) 쏙과와 다르며, 크고 날카로운 집게발을 가지고 있다.

개하는 자가 있으며, 어업자는 여기에 술과 돈을 주고 특별히 편의를 도모하기도 한다. 여하튼 사정을 잘 모르는 경우는 직접 매입하는 것이 매우 곤란하다. 가격은 봄은 3리(厘) 내지 6~7리(厘), 가을은 4~5리(厘)이며, 때로는 1전 이상으로 치솟아 오르기도 한다.

곰치(ドロボウ)[49]는 남해 도처에 바닥이 진흙인 바다에 서식한다. 이를 포획하는 것은 그다지 노력을 필요하지 않기 때문에, 어업자 스스로 이에 종사한다. 그 방법은 통발에 생선 창자[魚腸] 등을 넣고 밤새 이것을 바다 속에 가라앉혀 두었다가 다음 날 아침 이것을 끌어올린다. 하룻밤 수백 마리를 쉽게 잡을 수 있다. 사용할 때는 뜨거운 물을 부어서 껍질을 벗겨서 적당하게 가로로 잘라서 낚싯바늘에 건다.

해삼은 여름부터 가을과 겨울에 걸쳐서 다른 미끼가 부족할 때에 사용할 수 있다. 그 방법은 먼저 이것을 익힌 다음 적당하게 잘라서 낚싯바늘에 건다. 일본 잠수기업자(潛水器業者)·나잠업자(裸潛業者) 및 당국인에게 구입한다.

해파리는 가을과 겨울에 서남 제도(諸島) 사이에서 풍부하게 산출된다. 가는 곳마다 당망(攩網, 산대, 뜰채)으로 이를 포획해서 짤막하게 끊어서 낚시 바늘에 걸어 큰 물고기를 잡는 것이 특색이다.

개불은 주로 히로시마 및 야마구치 두 현(縣)의 사람이 사용하는 것으로, 개불 긁개[搔]라고 칭하는 기구로 직접 이것을 잡거나 또는 조선인으로부터 구입한다. 수조[活洲][50]에 저장하여 사용한다. 국도(國島)의 서면(西面)인 방축포(防築浦)는 가장 유명한 요산지(饒産地)이다. 가격은 한 마리에 2리(厘) 내외이다.

새우는 봄·여름·가을 사이 국도 근해에서 풍부하게 산출된다. 그 종류는 중하(中蝦, シバエビ)[51], 보리새우[クルマエビ][52]가 주류를 이루는데, 대부분은 성질이 예민하여 다루기가 매우 곤란할 뿐만 아니라, 이를 잡는 것 또한 용이하지 않다. 그 때문에

---

49) 곰치의 히로시마 방언이며 학명은 *Gymnothorax kidako*이다. 껍질이 두껍기 때문에 벗겨서 미끼로 쓴다.

50) 물고기 등을 산채로 보관하거나 운반하기 위하여 배에 설치한 수조를 말한다.

51) 학명은 *Metapenaeus joyneri*로 보리새우과에 속한다. 보리새우에 비하여 크기도 작고 가늘다. 반투명의 담황색을 띠고 남색의 반점이 있다.

52) 학명은 *Marsupenaeus japonicus*이다.

봄에 다른 미끼가 부족할 때 일부 이것을 곁들여 사용할 따름이다. 가격은 한 되에 25~30전 정도이다.

갯가재는 마산의 진해만 내, 통영 등에서 풍부하게 산출된다. 대부분은 일본 수조망선(手繰網船)으로부터 공급받는다. 사용할 때에는 한 마리를 5~6조각으로 가로로 잘라서 낚시 바늘에 건다.

미끼 생산지의 현황에 대해서는 일찍이 조선해수산조합에서 조사한 바에 따르면, 다음과 같다.

지명	계절	생산량	비고
경상도			
안골	7월~10월	어선5~6척분	당국 및 일본 수조선(手繰船)
제포	동	동	동
단목	동	동2~3척분	당국인
통영	동	동3~4척분	당국 및 일본 수조선
낙자포	동	풍부	당국인
하동강	동	동	동
전라도			
묘도	동	풍부	동
도남포	동	어선10척 내외분	동
신성포	동	동 4~5척분	동
송도	동	풍부	동
굴전포	동	어선3~4척분	동
국포	동	풍부	동
금죽포	동	동	동
경도	동	동	동
장도	동	동	동
태포	동	동	동(이 곳에는 수조에 저장한다).
오동도	동	동	동
요마도	봄3~5월 가을7~11월	풍부	봄철 군산 근해 出漁 時에 구입하는 곳
절이도 북면	동	풍부	동
봉촌	동	동	동
소안도	7~10월	어선4~5척분	당국인
목포 고하도	3~12월	보통	목포 재류 어선이 구입하는 곳
화원만	동	풍부	당국 및 일본어선 미끼 및 식용
번성포	5~10월	새우 풍부	당국 및 일본어선 구입

줄포	4~11월	동	동
충청도			
마양	5~11월	갯가재 풍부	당국 및 일본어선 구입
금강 하류	동	동	동
문천	3~5월	개불 · 낙지 풍부	동
천수만	4~10월	풍부	동
안면도	동	동	어청도 일본어선 구입 및 당국인의 식용
백사수도	동	보통	동
신포	동	동	인천, 어청도 어선 구입
개시포	동	풍부	인천어선 구입
경기도			
인천	동	보통, 갯가재 풍부	동
용기포[53]	동	보통	동
황해도			
부기	4~9월	동	동
용호도	4~10월	풍부	동
대동강구	4~11월	보통	동
몽금포	5~9월	갯가재 약간	진남포 어선 구입
월포	4~11월	풍부	동
평안도			
신이도	5~10월	풍부	용암포 어선 구입
초도	동	동	동

어획한 것은 어선이 각기 어장부근의 일본인 거류지 또는 거류지로 교통이 편리한 지방에 이르러 날생선인 채로 판매하지만, 죽도(竹島) · 연도(煙島)와 같이 일시에 많이 어획하는 대어장의 경우에는, 일본에서 범선 및 소선이 와서 어획물을 매입하여 배 안에서 염장하여 일본으로 수송한다. 그 시기는 거의 5월의 모심기[田植] 전에 주로 농가에서 쓸 목적으로 판매한다. 대개 한인(韓人)의 소비는 대단히 드물지만, 부산 · 마산 부근에서는 근년에는 다소 팔리는 듯하다. 또한 10~20척으로 이루어진 소위 모선조직(母船組織)을 갖추어 고기잡이하러 오는 경우도 있다. 이들은 거류지에서 멀리 떨어진 앞바다[沖合] 어장을 근거로 조업한다. 어획물은 전부 배를 갈라 염장하고, 3~4척의

53) 백령도의 용기포구로 추측된다.

모선이 만선이 될 때마다 옮겨 실어서 일본으로 보낸다. 봄과 가을, 두 계절의 기후가 다소 한랭하여 선어(鮮魚)를 취급하기에 편한 시기에는 부산 · 인천 · 목포 등 일본인이 재주하는 시장에서 판매하는 경우도 있지만, 이것은 매우 단기간에 지나지 않는다. 1년 중에 어획고는 대략 481,500여 원에 달한다고 한다.

정어리(멸치) いわし 鰮 幾魚 鰔魚

정어리(멸치)는 조선 연안 도처에서 생산되지만 특히 강원도와 경상도 연안, 거문도, 제주도 및 어청도 근해에 풍부하다. 종류는 정어리 · 멸치 · 눈통멸 · 밴댕이 등으로 그 중 멸치가 가장 많다.

강원도 연해에 내유하는 것은 대부분 성어(成魚)이고, 경상남도 여러 섬 사이에 있어서는 유어(幼魚)이다. 정어리(멸치)는 초봄과 늦가을에 몸길이 3촌 이상에 이르는 것을 볼 수 있다. 정어리 치어[54]는 봄과 여름의 교체기에 멸치와 함께 내유하는데 몸길이 1촌 내외의 것이 많다. 정어리는 늦가을에 내유하고 몸길이 3촌 이상에 이르는 것을 볼 수 있다. 지방이 많고, 시기[期節]는 본토 연안에는 봄, 제주도에서는 늦은 봄으로 한다.

주요한 어장은 함경남도 영흥만 · 강원도 연안일대 · 마산만 하구 · 진해만 · 고성반도 · 거제도 · 욕지도 · 사량도 · 남해도 · 거문도 · 제주도 · 대흑산도 · 어청도를 주로 한다. 경상도 연해에서는 일본인 어업이 가장 성대하지만 다른 방면은 거의 조선인이 독점하고 있다. 본 어업은 예로부터 행해지지 않았던 것은 아니지만 방법이 매우 유치해서 어느 곳도 모두 불완전한 작은 어구를 이용하여 연안에 군래하는 물고기 중 소량을 어획하는 데 불과했다. 대개 조선에서는 이것을 날생선인 채로, 혹은 햇볕에 말려서 오로지 일상요리의 용도로만 사용했고 아직 이것을 비료로 이용하는 방법을 알지 못했다. 그런데 최근 일본인이 비료용 건정어리(멸치)로 활발하게 매입하는 일이 속출하여 조선인 또한 그 이익에 착안해 이 어업에 크게 힘을 기울이기에 이르렀다. 이에 일본인으로부터 혹은 자본을 혹은 어구를 빌리거나 혹은 어법을 전수받아 드디어 열심히 노력하여

---

54) 일본에서는 정어리 치어를 따로 히라고(ひらご)라고 부른다. 또한 정어리 · 멸치 · 은어 · 뱀장어 등의 치어를 총칭해서 시라스(しらす)라고도 부른다.

오늘날과 같이 조선의 중요한 어업의 하나가 되기에 이르렀다.

일본인은 명치 22~23년경부터 경상남도 연해에 와서 이 어업에 착수하여, 많은 차질을 겪은 끝에 성공의 단계에 이르러서, 오늘날에는 1년의 어리(漁利)가 약 40만 원에 이른다고 한다. 출어자는 히로시마현(廣島縣)을 주로 하여 에히메현(愛媛縣)·오카야마현(岡山縣)·야마구치현(山口縣)이 그 뒤를 잇는다. 창업 이래로 일본 어민들이 십여 년이 넘도록 항상 동일한 장소를 근거로 하기 때문에, 원주민과의 교정이 자못 두터워서 화기애애한 속에서 조업을 한다. 창고 같은 것도 모두 영구적인 것이어서 귀국할 때에, 어구(漁具)나 어선(漁船)을 이곳에 넣어두고 보관을 마을 사람에게 의탁하는 것이 예사이다. 건조장 같은 것은 도처에서 일본인들이 사용할 수 있도록 하여 굳이 방해를 하지 않는데, 아마도 이것은 해당 지방에 있어서 미풍이라 일컬어야 한다.

어기(漁期)는 봄·가을 두 계절로 나누어 강원·함경 양도의 연안에서는 봄 5~7월에 이르고, 가을 9~11월에 미친다. 경상·전라 양도에서는 봄 4~7월에 이르고, 가을 9~11월에 이른다. 어청도(於靑島)에서는 봄에 내유(來遊)가 매우 적고, 가을 9~11월에 이른다.

어구(漁具)는 지예망(地曳網)·부망(敷網)[55]·선망(旋網)[56]·선예망(船曳網) 및 석전(石箭, 돌살) 등을 쓴다. 강원도 및 함경남도에서는 조선인은 휘망〈(揮網), 지예망(地曳網)〉을 주로 하며 그 외에 소규모의 부망을 사용하고, 일본인은 지예망 및 양조망(揚操網)을 사용한다. 경상도에서는 조선인은 지예망을 주로 하고, 그 외 부망 및 선망을 사용하며, 일본인은 부망을 사용하는데 그 수는 매우 적다. 충청도·어청도에서는 조선인 이외에 이 어업을 영위하지 않는데, 어구는 주로 지예망을 사용한다. 지금 어구의 종별(種別) 및 인원수(員數)의 대략을 표시한 것은 아래와 같다.

---

55) 일본어로 '시키아미'라고 하며 그물을 바다 바닥이나 중간에 펴서 신속하게 떠올리는 것처럼 포획하는 어구이다.

56) 일본어로 '마키아미'라고 하며 우리말로는 두릿그물이라고 한다. 고기떼를 그물로 둘러싸서 포획한다. 군집성이 강한 어류에 적합하며, 고기를 모으기 위해서 등을 밝히기도 한다.

어구별		함경도	강원도	경상도	전라도	충청도	합계
地曳網	조선인	55	182	32	120	4	393
	일본인	2	5	88	-	-	95
敷網	조선인	15	70	50	60	30	225
	일본인	-	-	13	9	-	22
旋網	조선인	-	-	-	25	-	25
	일본인	-	-	-	-	-	-
石箭	조선인	-	-	97	58	-	155
	일본인	-	-	-	-	-	-
揚操網	조선인	-	-	-	-	-	-
	일본인	1	2	2	2	-	7
船曳網	조선인	-	-	-	-	-	-
	일본인	-	-	8	-	-	8

참고 : 지예망은 無囊引網 및 袋形曳網을 포함하며, 부망류는 焚寄網 · 四張網 · 三角網을 포함하고, 石箭은 防簾을 포함한다. 船曳網은 權現網망을 포함한다.

어선은 조선인이 사용하는 것은 지예망의 경우 조선의 일반적인 구조로서, 대개 어깨 너비 8~9척, 길이 2장 8척인 것이고, 부망 및 선망의 경우 어깨 너비 4~5척 정도의 것이라고 한다. 일본인이 사용하는 것은 각종 어구의 크고 작음에 따라 선형이 똑같지는 않지만, 보통 망선이 큰 것은 어깨 너비 1장, 길이 3장이고, 작은 것은 어깨 너비 7척, 길이 2장 3~4척이라고 한다.

조선인으로서 소규모의 어구를 사용하는 경우에는 단독영업을 하지만, 지예망과 같이 많은 자본을 요하는 경우에는 조합 · 조직을 구성하는 것을 관례로 한다. 그 조직에 두 종류가 있는데, 한 종류는 자본주와 공동 영업을 하는 것이며, 한 종류는 자본주에게 금전을 빌려서 영업하는 것이다. 지금 강원도의 정황[情態]을 서술하자면 자본주와 공동영업을 하는 경우는 총 어획금액에서 자본금의 이자 및 일체의 잡비를 공제한 순익금을 계산하고, 먼저 그 10%를 떼어서 이것을 지배인의 소득으로 한다. 잔여 90%를 반으로 나누어 그 한 부분을 자본주의 소득으로 하고, 한 부분을 어부 전체의 소득으로 한다. 어부 각자가 받을 수 있는 비율은 선두(船頭)를 한 사람에 5%, 충합두(沖合頭)를 한 사람에 2%로 산정하고, 그 나머지는 평등하게 나눈다. 그 외 자본주가 어획의 풍흉에 따라 어부 1명에게는 3~5원의 상여금을 지급하는 경우가 있다. 자금을 차입해서 영업하는 것은 총 어획금액에서 원리금 및 잡비 일체를 공제한 순익의 10%를 영업주가 취하여 자기 것으로 하고 나머지를 어부의 소득으로 한다. 그 분배법은 전자와 동일하다. 자본주는 공동영업에 의하든 자금대부법에 의하든 관계없이 어기 중에는 그 어획고를 감시하고 어획물을 달리 밀매하지 않도록 해야 하기 때문에 대리인을 파견하거나 혹은 신용할 수 있는 사람에게 상당의 보수를 줘서 비밀감시원으로 삼는다. 해당 지방에서 어떤 조선인은 50통 이상의 그물에 투자하고, 또 일본인으로서 많게는 12~13통, 적게는 2~3통에 대해서 투자하는 경우가 있다. 이들은 모두 어기에 달하면 대리인을 어장에 파견해서 어획물을 수집하도록 한다. 자본주는 금전 이외의 물품 가령 망지 · 어구 · 미곡 등을 대여하는 경우도 있다. 이때에도 현금과 마찬가지로, 월 3%의 이자를 붙인다. 그 이자 징수법은 자못 기이해서 어리가 풍부하여 가령 춘기 1~2개월 사이에 원리금을 갚고, 나머지 가격에 달하는 말린 정어리(멸치)를 자본주에게 건네줄 수 있는 상황이라도 자본주는 그때에 계산을 하지 않고 그대로 방치하며, 가을까지 계속 끌고 가서 어획물을 거두어들이다가 어기가 완전히 끝나면 계산을 한다. 반드시 월 3%의 이자 10개월 분, 즉 30%의 이자를 징수한다. 다른 지방의 영업조직도 역시 대동소이하게 하며 제주도에서는 일본인에게 자본을 기대하는 경우가 많다.

경상남도 연해에 내어하는 일본인 영업조직은 대부분 1조에 5척 즉 망선 2척 · 수선 2척 · 자부(煑釜)를 갖춘 평저선 1척으로 이루어져 있다. 어획물은 근해[沖合]에서 곧바로 증기로 쪄서 익히고 대바구니로 건져 올려서 운반하며, 육지에 돌아온 후에 건조장에 널어 볕에 말린다. 지예망으로 어획한 경우, 모두 육상에서 조업(操業)하는 것은 물론이다. 이처럼 제조된 것은 일본에 수송한다. 그 방법은 대부분 2~3조가 공동으로 200석 내외의 배를 고용하거나 혹은 한 번의 항해마다 운임을 계약하거나, 혹은 보할법(步割法)으로 운반을 위탁하는 경우도 있다. 한 조직의 수확은 정어리(멸치) 어획고 평균 7,000관 내외이고 그 가격은 약 3,500원, 기타 잡어의 수획 약 300원을 산입하면 합계 3,800원을 내려가지 않을 것이다.

조선인이 어획한 것은 대개 건정어리(멸치)로 만들어서 비료용으로 일본인에게 매도하는데, 그 액수가 매우 크다. 겨우 일부분만이 식용으로 쓰이고, 식료품으로서는 연안부근 지역에서는 날것으로 먹는[鮮食] 경우도 있지만, 대부분은 20~30마리씩 볏짚으로 엮어 볕에 말리거나 혹은 젓갈[鹽辛]로 만든다. 그 판로는 자못 넓어서 어떠한 한촌벽지에 이르러서도 그것을 볼 수 없는 곳은 없다. 그런데도 그 가격에서는 도저히 말린 정어리(멸치)에 비교할 수 없다.

일본인이 어획한 것은 주로 식용으로, 자건(煮乾) · 소건(素乾) · 염지(鹽漬) 및 젓갈로 만들고, 특별한 풍어일 때나 혹은 장소에 따라서 간간이 비료용 건정어리(멸치)로 만드는 경우도 있다.

각 도에 걸친 본 어업의 수획고에 대해서는 또한 아직 확실한 조사를 거치지 않았지만, 조선인이 어획한 것은 강원도는 약 16만원, 함경도 2만원, 경상도 5만원, 제주도 15만원, 거문도 2만원, 어청도 1만원으로 계 41만원이며, 일본인에 있어서는 강원 · 함경 양도 2만 원, 경상도 40만원으로 계 42만원이어서 통계 83만원을 웃돈다.

삼치 さわら 鰆 亡魚 麻魚 三治

삼치는 조선 도처에 내유(來遊)하지만, 그 구역은 자연히 서남과 동북, 2개 구역으로 나뉜다. 동북 방면에서는 봄철에 난류를 따라 북상하고, 가을철에는 한류를 만나 남하한다. 그때 강원도 연안에 이른 것은 대부분 정어리(멸치)를 따라 상층에서 헤엄치지만, 북부에 이르러 기후가 한랭해짐에 따라 중층으로 내려가 헤엄치는 듯하다. 그러므로 어기는 강원 · 경상 양도의 연안에서는 길고, 함경도 북부에서는 짧다. 서남 방면에서도 또한 봄철의 난류와 함께 전라 · 충청 · 경기 · 황해 · 평안 각 도를 따라서 회유하는데, 그 초기에는 연안 및 도서 부근에 군집하였다가, 여름철에 이르면 점점 근해로 향하고, 겨울철에는 난류의 감퇴와 함께 부산 · 거제도 근해로 물러나는 듯하다. 그 군집함이 넓은 것은 수 해리에 이르는데, 펄쩍 뛰어오르는 것이 흡사 폭우가 해면을 치는 듯한 풍경이다. 그런데 동북 방면은 서남 방면에 비하면 그 내유가 훨씬 풍부하지만, 이쪽은 어항이 부족한 점, 판로가 불편한 점 등의 장애 때문에, 이 어업에 종사하는 사람이 아직 적다.

겨우 울산 · 원산 · 청진 · 웅기만 등 장애가 적은 곳에서만 행해지는데 불과하다. 5~6월경에 근해로 와서 산란한다.

조선인은 종래 전업으로 본 어업에 종사하는 사람이 없었는데, 근년에 일본통어자를 모방하여 유망(流網)[57] 및 예승(曳繩)[58]을 구입하여 여기에 종사하기에 이르렀지만, 그 수는 아직 많지 않다. 일본인에 의해 행해지고 있는 본 어업은 그 성대함이 도미 연승업(鯛繩業)에 다음간다.

어장은 경상도에서는 부산 근해를 중심으로 한다. 전라 · 충청 양도에서는 안도 · 돌산도 · 손죽열도 · 생일도 · 청산도 · 소안도 · 위도 · 격음도 · 죽도 · 연도 · 녹도 및 호도가 중심인데, 그 중에서 위도에서 녹도 부근에 이르는 일대의 광활한 해면은 서해에서 최고로 좋은 어장이다. 수심은 10.8~18m이고, 바닥은 모래와 진흙이 반반이다. 유망의 사용이 적당하기 때문에 일본 유망업자들이 여기에 고기잡이하러 오는 경우가 많다. 한때는 대단히 왕성했지만, 규슈 지방에서 안강망업자들이 속속 증가함에 따라 조업에 큰 방해가 되어 충분한 어리(漁利)를 얻을 수 없음에 이르렀다. 그러므로 점차 쇠퇴하여, 지금은 소수의 출어자가 보일 따름이다. 이에 근년에는 경상 · 강원 양도 쪽으로 크게 발전하여 그 세력을 무시 못 할 정도이다. 이 지방에서의 근거지 중 가장 유명한 곳은 방어진(方魚津)이고, 기진(其津) · 모포(牟浦) · 구룡포(九龍浦) · 여남(汝南) · 강구(江口) · 축산(丑山) · 후리포(厚里浦) · 죽변(竹邊) 등이 여기에 버금간다. 올해 어기(漁期) 초에 이 지방에 모여든 선박은 조선(釣船) 110척, 유망선 130척 남짓, 여기에 부속한 모선은 일본형 30여 척, 기선 2척, 석유발동기선 3~4척으로, 가가와[香川] · 오카야마[岡山] · 야마구치[山口] · 와카야마[和歌山] · 후쿠오카[福岡] · 시마네[島根] 등 여러 현에서 온다. 그중에서 가가와현에서 오는 자가 가장 많다.

어기(漁期)는 경상 · 강원 양도에서는 10월 상순부터 다음 해 3월까지이고, 부산 근해에서는 거의 1년 내내 걸쳐있지만, 10월부터 다음 해 2월까지를 최성기로 한다. 전라

---

57) 刺網의 일종인데 자망은 고정시키는 데 대하여, 流網은 조류에 따라 그물이 흐르도록 한다는 점에서 다르다. 대개 조류에 직각으로 설치하여 그물에 고기가 얽히도록 만들어 포획하는 어구이다.
58) 일본어로 '히키나와'라고 하며, 전진하는 배에서 낚시를 드리워 마치 낚시줄을 끄는 것처럼 고기를 잡는 데서 온 명칭이다. 주로 다랑어 등을 포획한다.

· 충청 양도에서는 봄부터 가을에 이르고, 군산 앞바다에서는 입하 전후에서 이후 10일 정도까지가 최성기라고 한다. 어구는 유망(流網) · 예승(曳繩) 및 지예망(地曳網)으로 요즘에 진해만에서 선망(旋網)[59]을 사용하는 사람도 있지만, 그 수는 아주 적다. 그 밖에 부망(敷網)으로는 청어와 대구를 동시에 혼획(混獲)하는 경우도 있다. 1년 동안의 어획고(漁獲高)를 개산(概算)하면 대략 293,000여 원에 달한다.

조선인은 종래 강원 · 함경 양도의 연안에서 지예망을 사용하는 경우와 거제도 근해에서 부망을 이용해서 대구와 청어를 동시에 혼획하는 경우도 있었지만, 근년 일본인을 따라서 유망 및 예승을 사용하는 데 이르렀다. 지예망은 도미[鯛] 및 방어[鰤]를 어획하는데 이용하기도 하는데, 삼치[鰆] 어기에는 이것만 잡고, 그 성어기가 지나면 다른 어류도 동시에 혼획한다. 일본인은 유망을 주로 하고 또한 예승을 사용한다. 그 길이는 240~320길(길이 8길의 그물을 25~40개를 연결해서 쓴다). 폭은 5길인데 여기에 2길 가량의 뜸줄[浮子繩]을 붙이고, 야간에 물속에 던져서 조류(潮流)에 따라 이리저리 움직이게 하므로 조류에 크게 좌우된다. 한사리인 밤일 때가 좋다. 이를 이용하는 어선(漁船)은 폭[肩幅] 6~8척, 길이 30장 7~8척되는 것으로 승조원(乘組員)은 대개 1척에는 3~4인이라고 한다. 예승은 7~8년 전 야마구치현 출어자(出漁者)들이 시험한 결과 의외의 어획이 있어서, 그것을 모방하는 자가 속출하여, 드디어 금일의 성황(盛況)을 보기에 이르렀다. 그렇지만 오히려 아직 강원 · 함경 양도의 연해에 그치고, 남해에서 행하는 것을 볼 수 없다.

일본인이 본 어업에 종사하는 경우는 개인 또는 단체로 영업한다. 그중 가가와현(香川縣) 어업자는 조직을 정돈하여 타의 모범이 되었다. 그 방법에는 전대특약과 공동조직의 두 종류가 있다. 모두 염절선 2~3척과 어선 5~6척 내지 14~15척으로 이루어져 있다. 염절선은 100~300석 정도의 목조선[和船]으로 자본주가 영업한다. 어선은 각 100~200원씩 빌려 받는 것으로 한다.

염절선과 어선의 관계는 아주 원만하여 분의나 갈등 때문에 영업을 방해하는 경우는

---

59) 일본어로 '마와시아미' 또는 '마키아미'라고 하며 고기떼를 그물로 감싸서 포획하는 어구를 말한다. 전갱이, 정어리, 고등어 등을 포획하는 데 주로 쓴다.

없고 즐겁게 서로 격려하며 조업하기 때문에 거두는 이익이 많다. 한 어기 간에 어선 1척이 거두는 것은 300~500원에 달한다. 대여선[仕入船]의 어획물은 근량(斤量) 혹은 마리 수[尾數]에 따라 특약가격으로 염절선에 매도한다. 가격은 1마리 평균 15전 내외로 한다. 염절선의 탑재량은 선체의 대소에 따라 다르지만 대개 2,000~4,000마리로 만재하면 하카타[博多]·시모노세키[馬關]·오노미치[尾の道]·효고[兵庫]·오사카[大阪] 등으로 수송한다. 10관에 대해 6원 내외의 시가로 염어도매상에게 판매한다. 삼치와 함께 혼획된 다른 어류는 대개 앞바다[沖合]에서 조선인에게 매도하는데, 때로는 염장해서 삼치와 함께 매매하는 경우도 있다. 염절하는 방법은 배를 가르는 것이 아니라 척추골에 붙어 있는 양 지느러미에서 칼을 넣는다. 500~600돈[目] 정도인 생선 1마리에 대해 평균 1되 3~4홉의 소금을 치고, 차례로 선저(船底)에 배열하여 저장한다. 가르고 씻는 등 일체의 작업은 선수(船首) 갑판 위에서 각자 일을 나누어 행한다. 그 기술이 숙련된 자는 하루에 2,000마리를 가른다고 한다. 가를 때에 알은 내장(臟腑)에서 따로 나누어 2~3일 염장한 후 씻어 갑판 위에 늘어놓고 햇볕에 말려 술안주[からみす][60]로 만드는 경우도 있고, 혹은 그대로 내장과 함께 조선인에게 매도하는 경우도 있다. 그렇지만 가격은 상당히 저렴해서 한 마리(腹) 분량이 겨우 3~8문에 불과하다. 서남해 방면의 어장에서는 그 부근 연안에 살며 농상(農商)을 업으로 하는 조선인이 내장[臟腑]을 얻을 목적으로 임금을 요구하지 않고 이들 일본 염절선에 타기를 바라는 자가 있다. 또한 목포·군산 앞바다[沖合]의 도서에서는 항상 5~10명이 단체를 만들어 여기에 종사하는 경우가 있다. 그 자르는 기량에 이르러서는 일본인에게 미치지는 못하지만 하루 평균 400~500마리를 가를 수 있다. 그 보수로 얻은 내장은 젓갈로 만들어 각지 마을로 보내어 판매한다.

본 어업은 군산 근해 방면에서는 안강망의 영향을 받아서 일시적으로 차질이 있었지만, 앞으로 편리한 방법을 강구하여 회복할 희망이 없는 것은 아니다. 남해방면 여러 섬 사이와 강원·함경 양도 연해의 경우는 또한 많은 어선을 수용할 여지가 있다. 대개 장래 유망한 어업이라고 말할 수 있다.

---

60) 난소를 소금에 절여 말린 것. 술안주로 이용된다.

대구 たら 鱈 大口魚

대구는 함경 · 강원 · 전라 및 충청의 각 도에서 나는데, 그 중 경상도가 중심이다. 어기는 각 지역에 따라서 늦거나 빠르다. 부산의 서쪽 연안에서는 음력 10월 초순부터 시작해서 12월 초순에 끝난다. 함경도 차호만 근해에서는 음력 1~3월까지라고 한다. 대개 이 물고기는 수온 화씨 35~42도의 바다 속에 서식하므로, 경상도 남부 연해는 가장 빠르고, 북부 함경도로 가면서(어기가) 점차 늦어진다고 한다.

어구는 정치망[魚帳][61] · 어살 · 지예망 · 자망 · 수조망 · 연승 및 외줄낚시 등인데 경상도 연안 및 영흥만 내에서는 어장을 주로 하며, 함경 · 강원 양도 연안에서는 연승을 주로 한다. 그 외 자망 · 수조망 등을 사용한다. 근년 일본인 중에서도 역시 본 어업에 주목하는 자가 있어서 호망 및 대부망 등을 사용해서 이러한 어획에 종사한다. 충청도에서는 본토 연안에 내유하는 경우가 매우 드물며 근해 섬 사이에서 조기 잡는 그물에 섞여 잡힌다. 어청도에서는 겨울철 12월부터 1월까지 사이에 예망을 사용해서 어획하는 경우도 있지만, 그 기간이 짧아서 산액이 많지 않다.

어선은 일반적인 구조로서 폭 5척, 길이 3장 2~3척으로 되는 것을 사용한다. 경상도 연해에서는 일본 통어자가 귀국할 때, 매각한 것을 구입해서 사용하는 경우가 있다.

연승은 1척에 평균 10발을 사용하며, 미끼는 개불 · 청어 · 숭어 · 굴 등을 사용하는데, 그 중 굴을 가장 많이 사용한다. 하룻밤에 20~30마리를 어획한다. 외줄낚시는 수심 15~20길 되는 곳에서 조업하며, 미끼는 청어 · 개불 · 문어 등을 사용한다. 하루에 1척에서 10마리 어획하며, 어획량이 많을 때에는 20마리에 이르는 경우도 있다. 자망은 1척에 25발을 사용해서 풍어(豊漁)일 때는 하룻밤에 200~300마리를 어획한다. 어장은 17~20길의 곳이라고 한다. 어장 · 어살은 조선에서는 가장 발달된 어구에 속하는 것으로서, 근년 물고기가 감소되어서 옛날과 같은 장관은 아닐지라도, 여전히 중요한 어업 중 하나임은 변함이 없다. 그 구조가 여러 가지여서 각각 그 설치하는 장소를 달리한다. 어살은 연안이 얕아서 대개 수심 2~5길 정도의 곳, 어장 중 부설하는 것은(혹은 浮帳이

---

61) 우리나라의 재래식 정치망을 말한다.

라고도 칭한다) 수심 14~15길을 적당한 정도로 보며 깊어도 17길을 넘지 않는다. 그렇지 않은 것은(혹은 大漁帳이라고 한다) 수심 8~9길을 적당한 정도라고 하며, 깊어도 10길 반을 넘지 않는다. 각각 그 부근에는 반드시 임시 가옥을 설치하며, 어부는 항상 그 곳에 기거하며(어기 중에) 자신의 집으로 돌아가는 경우는 없다. 어장은 무릇 어기에 앞서서 건설하며, 어기가 끝나면 이를 철거한다. 어기 중에는 경상 · 전라 · 충청도에서 출매선이 운집해 오며 고기가 잡힌 어장에서 물고기를 잡아 올려 어선에 가득 싣고 임시 가옥에 도착하면 큰 북을 쳐서 이것을 멀고 가까운 곳에 알린다. 부근의 출매선은 이 소리를 듣고 곧 임시 가옥 앞에 모여들어 앞다투어 사들인다. 출매선은 이것을 부근의 시장에 혹은 각 도에 수송 판매한다. 어장의 어획고는 자못 거액에 이르며 어살의 경우는 수년 전까지는 1기간에 100관문의 수획이 있었지만, 근년은 30관문 정도를 보통으로 한다. 많아도 500관문을 넘는 경우는 없다. 어장과 같은 경우도 역시 마찬가지여서 평균 1,000~1,200관문 정도라고 한다.

정치망[魚帳]의 망대는 관유(官有)인 것도 있고, 민유(民有)인 것도 있다. 관유인 경우에는 대부분 궁내부 직할에 속하고, 일정의 망대세(網代稅)를 정하여 이것을 민간에게 대여한다. 세금은 매년 어기에 앞서 이원(吏員)을 각지에 파견하여 이것을 징수한다. 해당업자는 자기가 바라는 곳의 망대를 선택하고, 세금을 납부하여 그 사용권을 얻는다. 단, 가덕도의 망대에 한해서 해당업자가 스스로 경성에 와서 망대세를 궁내부에 납부하여 사용허가를 얻는 것을 관례로 한다. 그 영업조직은 자못 다양해서 지방에 따라서 다소의 상이함이 있다. 어살은 한 사람이 여러 장소를 소유하는 경우도 있고, 두 사람 또는 세 사람이 한 장소를 소유하는 경우도 있다. 어느 쪽이든 웅천 · 고성 부근에서는 급료를 지불하고 어부를 고용한다. 풍어일 때만 따로 얼마간의 배당을 한다. 부산 및 울산만에 있어서는 어획고의 10%를 어부에게 배당하고, 그 잔액에서 영업비 일체를 제한 것을 장주(帳主)의 소득으로 한다. 부장(浮帳)은 어디에서나 총 어획고에서 설치비 및 영업비 일체를 제하고, 잔액을 이등분해서 반을 어부에게 배당하고 반을 장주의 소득으로 한다. 대어장(大漁帳)은 부산 및 울산만의 경우는 대략 부장과 동일하지만, 가덕도의 경우는 다소 다르다. 장주는 미리 정부로부터 망대의 사용 권리를 얻어서 그 장소 부근에 임시 건물[納屋]을 짓고 어기(漁期)에 이르기를 기다린다. 어기에 이르면 부근의 어업자들이 다투어 장주와 교섭을 하며, 협약이 성립되었을 때는 장주는 요구에 응해 자본을 대여한다. 자본은 반드시 현금으로 하지 않고, 어구재료 · 어선 등으로도 한다. 장주는 곧 어장을 설치하고 어부를 고용해서 어업에 종사한다. 어부는 분할배당으로 매일의 어획고에 따라서 10~20%를 바로 그날 지불한다.

획부(獲夫)는 각지에서 출가(出稼)한 사람으로 매년 어기가 되면 사방에서 모여들어 영업자의 고용을 기다린다. 부장 및 대어장에서는 1명에 대해 1관문씩을 전대(前貸)함으로써 필요한 인원을 고용하고, 별도로 4~5관문의 전대를 주고 어부장을 고용한다. 어부장은 다년간 어장에서 종사하여 충분히 이 일에 경험이 있는 자로서 어기 중에는 고용주[雇主]를 대신해 어부를 지휘감독을 한다. 고기 잡는 일 일체를 관장하기 때문에 고용주가 이를 대접하는 것이 매우 후하다. 어살은 규모가 작아서 어부 2~3명에 불과하므로, 이들은 대부분 부근에서 고용하는 것이 일반적이다. 어부는 대개 부지런하고 열성적이며, 어기 중에는 (일에)전념한다. 평상시에는 임시가옥에서 생활하므로 자연스럽게 별천지를 이룬다. 그리고 때때로 고용주로부터 받은 탁주 한잔을 기울이며 피로를 푸는 것을 무상(無上)의 쾌락으로 여긴다.

일본인으로서 본 어업에 종사하는 경우는 통어자보다도 부산 거류자가 많고, 주로 경상도 연안에 어장을 빌려서, 호망(壺網) 및 부망(敷網)을 사용한다. 그래서 재작년부터 조선인을 모방해 어장을 사용하는 데 이르렀다. 어선은 폭 5척, 길이 3장 6척 가량의 것 또는 상판배를 이용한다. 호망은 1척의 어선에 2~3통을 사용한다. 1년 중에 있어서 어획고를 대략 개산해보면 대략 212,000여 원을 웃돈다.

청어 にしん 鰊 青魚

조선에 내유(來遊)하는 청어는 몸길이가 6~7촌인 것이 보통이다. 등부분은 청록색이고, 배부분은 은백색 및 구리색[銅色]의 광채를 띤다. 이를 일본 홋카이도산 청어와 비교한다면 그 체형이 다소 작다. 함경 · 강원 · 경상 각 도의 연안, 고요한 내만(內灣), 해조류가 풍부한 수심 6~15길인 곳으로 무리지어 와서 산란을 한다. 그 무리지어 오는 것이 홋카이도 연안과 같이 농밀하지는 않다.

무리지어 오는 시기는 대개 12월 상순부터 다음 해 2월 중하순에 이르는 사이이다. 하지만 함경도 연안에서는 다소 늦어, 12월 하순부터 다음 해 3월까지라고 한다. 최북단인 나진만 · 웅기만에서는 4~5월경을 통례로 한다. 시기에 따라서 겨울청어[冬鰊]라고 부르며, 11월경 같은 지방에 무리지어 오는 경우도 있다. 그 봄철에 오는 것은 겨울청어에 비해 체형이 더욱 작다. 또 드물게 여름철 6~7월경 함경도 신포 부근 연안에 솔치[小鰊][62]가 무리지어 오는 경우가 있다. 각 연안 모두 겨울철에 무리지어 오는 것은 해에 따라 더딤과 빠름이 있다. 온난한 해에는 비교적 빠르고, 한랭한 해에는 조금 늦는 것이 보통이라고 한다. 그 내유하는 시기가 남부 경상도 연안에서 빨라지고, 북부 강원 · 함경 양도 연안에 이름에 따라 점차 늦어지는 데서 본다면 마치 남쪽에서 와서 북쪽으로 가는 듯하지만 함경도 최북부 연안에서 특히 현저하게 빨리 내유하는 경우도 있다고 한다. 한국 동북지역 중부 연안은 지세가 심하게 만입하여 동조선만(東朝鮮灣)을 이루는데 그 최북부 및 남부 경상도 연안에 비하여 자연히 한류의 유역(流域)에서 멀어지는 점 등에서 추측한다면 이 물고기는 겨울철 한류가 흘러가는 방향을 따라 북쪽에서 남쪽으로 내려온 후 점점 북쪽으로 돌아가는 것 같다.

영흥만 · 통천만 · 장전만 · 영일만 · 울산만 · 부산만은 이 물고기의 주요 어장이며, 이밖에 함경도 웅기만 · 나진만 · 차호 · 신포 · 서호진, 강원도의 총석동 · 국동 · 후생포, 경상도의 각 만내(灣內) 및 거제도 연안 등 또한 이 어업이 행해지는 곳이다.

이 어업은 종래 오로지 조선인에 의해 영위되었는데, 근년에는 일본인이 신포 부근에서 정어리(멸치)지예망[鰮地曳網]을 전용하여 함께 고기잡이를 하는 경우도 있다. 또 영흥만 내에서는 북해도에서 행해지는 건망(建網)[63]을 사용하기에 이르러 어리(漁利)가 자못 유망(有望)하다고 한다. 이 밖에 영일만에서는 대부망(大敷網)을 사용하고 또 울산 · 부산 간 항만에 방렴을 사용하여 이 어업을 영위하기에 이르렀다.

조선인이 사용하는 어구는 방렴(方簾, 어살의 일종) · 자망(刺網)을 보통으로 하고,

---

62) 작은 청어를 말한다.

63) 定置網을 총칭하는 이름이라고 할 수 있다. 그물을 일정한 장소에 세워서 물고기를 잡는다는 뜻이다.

함경도 북부에서는 간혹 수조망(手繰網) 또는 예망(曳網)을 사용한다.

방렴의 경우 경상도 연안에서는 혹은 오로지 이 물고기를 목적으로 하는 경우도 있고, 혹은 대구를 주목적으로 하며, 이 물고기를 혼획(混獲)하기도 한다. 강원 · 함경 양도 연안에서는 오로지 이 물고기를 목적으로 하는 경우가 많다.

날생선 또는 염장하여 조선 각지에 소비된다. 가장 좋아하고 귀하게 여기는 것은 날생선에 필적할 만한 것이 없다. 경사스러운 의식[嘉儀], 특히 정월에는 제수용[供料]으로 빠지지 않는다. 일상적인 음식[食膳]에도 반드시 이를 올리는 풍습이 있다. 이 계절이 되면 소비가 갑자기 증가하고, 가격은 현저하게 오르는 것이 일반적이다. 날생선은 구워 고추장을 바르거나 간장에 졸여서 고춧가루로 간을 맞춰 식용으로 사용한다. 먼 지역으로 수송하는 경우에 내장을 제거하지 않고 몸 전체에 그대로 소금을 뿌린다. 비나 서리를 막을 수 있는 소옥(小屋)에 멍석을 깔고 방형으로 쌓는데, 한두 겹으로 아래위로 올려 쌓는 것에 불과하다. 날생선과 염장을 불문하고 볏짚으로 고기의 몸통을 가로로 엮어 20마리씩 연결하는데 이것을 1련이라고 하여 판매한다.

조선에서 생산되는 청어는 앞에서 기록한 것과 같이 모두 조선인의 식용으로 공급되는데(일본인이 소비하지 않는 것은 아니지만 그 양이 적다) 공급은 역시 부족하다. 근래 미국산 염장 청어 수입을 시도한 일이 있고, 또한 홋카이도 염장 청어도 가끔 수입하는 경우가 있다. 모두 조선산에 비해 체형이 크고 품질이 좋다고 한다. 조선에서 청어가 가장 많이 소비되는 시기는 2~4월 사이로, 이미 4월이 지나면 조기 등의 어류가 풍부해지기 때문에 거의 청어를 소비하는 사람이 없게 된다. 그러므로 그 수입시기에 대해서는 연구할 필요가 있다. 1년 중에 어획고를 개산(概算)하면 대략 25만원 내외이다.

민어 にべ 鮸 民魚

조선 서남해에 많고, 동해로 가면서 점차 감소하며 강원 · 함경연해에 이르면 거의 볼 수 없다. 어장은 완도 · 진도 · 태이도 · 칠산탄 · 격음열도 · 인천 · 진남포 · 연평열도 · 압록강이며 가장 주요한 곳은 목포 앞바다[沖合] · 태이도 · 금강하구 · 군산 근해와 압록강 하구이다. 가끔 제주도 서북 근해에도 내유(來游)하는 경우가 있다. 어기는 음력 3~9월까지의 기간으로 군산 근해는 5~6월, 진남포 · 압록강 근해는 6~7월, 목포 근해 · 태이도는 7~8월을 최성어기로 한다. 태이도는 예부터 민어 산지로서 그 이름이 높은데, 조선인은 연승과 중선을 이용하여 이를 어획해 왔지만, 지난 명치 39년(광무 10년 중) 일본 후쿠오카현 어민 난바 아무개[難波某]가 죽도 근해의 어업을 마친 후, 이 섬에 와서 그물눈이 성근 안강망을 이용해 시험 삼아 어획을 했는데 불과 한 번의 간만조(干滿潮)라는 단기간에 300원 정도의 어획이 있었으므로 곧 이를 전해 듣고 내어(來漁)하는 안강어업자가 속속 증가했다. 올해와 같은 경우는 그 수가 40여 척 이상에 달했다. 어구는 조선인은 외줄낚시와 연승을 주로 하고 때로는 주목(駐木) 또는 중선을 사용한다. 일본인은 안강망을 주로 하고 드물게 연승과 외줄낚시를 사용하는 경우도 있지만 그 수는 매우 적다. 마산 · 목포 · 군산 · 인천 근해에는 도미 연승 혹은 기타 외줄낚시로 혼획하는 경우도 있다. 미끼는 모두 장어 · 새우 기타 작은 물고기를 이용한다. 1년 중의 어획고는 개산(概算)하면 대략 41,200원 내외이다.

어획물은 출매선(出買船) 또는 행상(行商)에 판매한다. 매취자(買取者)는 이것을 연안시장에 보내어 날생선인 채로 판매하는데 물고기가 많이 잡힐 때에는 이것을 염장(鹽藏)한다. 그 방법은, 머리에서 척골(脊骨)을 따라서 3부분으로 갈라서 소금을 뿌리고, 10여 일 절여둔 후에 꺼내어, 그 염즙(鹽汁)으로 이것을 세척하고, 머리 및 꼬리 부분을 안쪽으로 구부려서 둥근 모양으로 만들어 무거운 것으로 눌러 두었다가, 맑은 날 꺼내어 2~3일간 건조한다. 민어는 조선인이 조기 다음으로 귀하게 여기는 어류로서, 음력 7월 관월제(觀月祭) 및 8월 추석(盂蘭盆) 때에 조기[石首魚]와 함께 민어를 먹는 풍습이 있다. 그러므로 그 판로(販路)는 넓고 가격 역시 싸지 않다. 올해 태이도(苔耳島) 어장에서 한 마리에 많게는 15전, 적게는 10전이며, 민어알[鰾]은 4전 내외이다. 일본인이 어획하는 경우 역시 출매선(出買船)에 매도하는 경우도 있다. 혹은 부근 연안의 시장에 보내기도 한다. 그러나 대개는 조선의 제조법에 따라 염건(鹽乾)해서 판매한다. 때때로 다른 염장어(鹽藏魚)와 같이 일본에 수송하기도 하는데 소비가 적어서 가격 역시 매우 낮다.

방어 ぶり 鰤 魴魚

방어는 조선 연해에서 널리 이것의 회유(回遊)를 볼 수 있는데 특히 강원 · 함경 양도에 풍부하다. 서남해에는 연안에 비해서 근해의 도서(島嶼) 사이를 무리 지어 다니는 경우가 매우 많고, 방어의 일종인 부시리[ひらまさ 혹은 ひらす][64] 역시 조선 남부해면의 온난한 때에 회유하는 경우도 적지 않다.

방어는 조선인의 기호에 적합하지 않으므로 과거부터 풍부하게 회유하였음에도 불구하고 이 어획에 종사하는 사람이 없었는데, 근년 일본인의 도래(渡來)가 증가함에 따라 판로(販路)가 조금씩 열리기에 이르러 점차 이 어업에 착안하기에 이르렀다. 어구(漁具)는 건망(建網) 및 지예망(地曳網)을 사용하는데, 지예망은 방어만이 아니라 삼치[鰆] 및 고등어[鯖] 등을 어획할 때 사용한다. 일본인도 또한 종래에는 이 어업에 종사하는 사람이 없었고, 단지 삼치유망[鰆流網] · 부망(敷網) 및 예망(曳網) 등으로 다른 어류와 함께 혼획(混獲)해서 때때로 부산시장에 출하하는 것에 불과하였으나, 근년 외줄낚시를 사용해서 오로지 이것을 조획(釣獲)하는 경우도 있다. 미끼[餌料]는 주로 미꾸라지[鰌] 및 새우[鰕]를 사용하고 또는 인조미끼[擬餌鈎]를 사용하기도 한다. 어기는 11월에서 이듬해 2월까지의 사이이다. 이 시기는 마침 일반어업의 휴지(休止)기간이고 어류가 부족하므로 어류의 가격이 자연히 높아서 거두어들이는 이익이 적지 않다.

어장은 강원도 삼척 · 강릉 · 양양 · 간성 각 군의 연안을 주로 하며, 함경도 전진 이북 웅기만에 이르는 연안 각지에서도 다소 어획한다. 부산 근해 및 거제 부근 도서 사이에서는 삼치유망[鰆流網] 등으로 혼획되는 경우도 있다. 전라남도 진도 근해에서는 오로지 목포재류일본어업자가 외줄낚시를 사용한다. 강원도와 함경도에서는 조선인뿐이며 아직 일본인이 이 어업에 종사하는 경우가 없으며, 1년 중의 어획고를 추산하면 대략 101,000원에 달한다. 이 물고기는 주로 일본인의 소비에 이바지하는 것으로 조선인이 어획하는 것은 날생선인 채로 가장 가까운 연안에서 일본출매선 또는 일본인에게 판매

---

64) 농어목 전갱이과의 바닷물고기로 방어와 닮았기 때문에 평방어 또는 납작방어라고 부르기도 한다. 겉모양이 비슷하나 방어보다 좀 더 납작하며 주둥이에서 꼬리지느러미까지 이어지는 노란색의 세로띠가 더 진하고 위턱의 뒷가장자리에 각이 둥글다, 몸길이도 방어보다 길어 약 2m까지 자란다.

하기도 한다. 교통이 불편한 지방에서는 대체로 배를 갈라서 염장하여 저장해두었다가 일본출매선이 오기를 기다려서 매매한다. 혹은 미리 약속한 일본인의 거류지에 수송하는 경우도 있다. 일본출매선이 매입한 것은 무릇 일본으로 수송해서 판매하는데, 때로 조선인에게 판매하는 경우가 있지만, 그런 경우는 아주 드물다.

일본인이 어획한 것은 그 수량이 아직 많지 않아서 시장과 가까울 때는 어선으로 운반하여 날생선인 채로 판매한다. 시장에서 먼 곳에서는 일본출매선에 판매한다. 출매선은 날생선인 채로 또는 염장해서 시모노세키[馬關]·하카타[博多] 등에 수송한다.

고등어 또는 고도리 さば 鯖 古道魚

4월 하순경에 먼저 조선 남부 근해[沖合]에 나타나며, 후에 동서 두 갈래로 나뉘어 동부는 강원도·함경도, 서부는 전라도·황해도·평안도에 내유한다. 충청도·경기도의 연해에서 이 물고기를 볼 수 없는 것은 대개 멀리 앞바다[沖合]를 통과하기 때문인 것으로 생각된다, 그리고 10월 하순에 이르면 각 도에서 모두 그 흔적이 끊긴다. 조선인은 예부터 이것을 어획하는 것이 적지 않으며, 일본인이 본 어업에 종사하는 경우는 가고시마현(鹿兒島縣) 통어자를 중심으로 한다. 지난 일본 명치 33~34년 무렵 점차 왕성한 단계에 이르렀는데, 한두 해 흉어가 이어져서 다소 위축되는 분위기가 있었지만, 근년 또다시 이 어업의 거두어들이는 이익이 많은 것에 착안하여 점차 출어선 수는 증가하고 어장은 확장될 기세이다.

현재 주요 어장은 함경 영흥만·강원도 연안 일대·부산 근해·욕지도·거문도·태랑도·사자도 및 제주도라고 한다.

어기는 함경도에서는 5~6월, 강원도에서는 6~8월까지, 부산 근해에서는 5월 중순~7월 중순까지, 전라도 근해에서 7월 상순~9월 하순까지, 제주도에서는 8~9월을 최성수기라고 한다.

어구는 조선인은 외줄낚시·자망(刺網) 및 지예망(地曳網)을 사용한다. 외줄낚시는 본 어업에서 주요한 어구로서 거문도 및 사자도 근해에서 가장 성행한다. 자망은 오로지 원산 부근에서 행해지는 것으로서, 그물눈[網目]은 2촌 5분, 길이는 3길인 것을

1척에 400~500길 가량을 탑재하여 20해리 내외의 근해에서 사용한다. 지예망은 강원도 연안에서 행하여지는 것으로서, 이 지방에서는 고기가 해안가에 가깝게 다가와 내유하기 때문이다. 제주도에서도 역시 지예망을 사용하지만 보통은 정어리(멸치)와 함께 혼획하므로 아직 전용 어구는 없다. 대개 제주도에서 고등어는 대부분 새끼이고, 성어가 내유하는 것을 거의 볼 수 없다. 일본인도 역시 외줄낚시를 주로 한다. 그렇지만 근년에는 함경도 연안에서 소대망(小臺網)[65]을 설치해서 작은 고등어를 어획하고, 분기망(焚寄網)[66]을 이용해서 큰 고등어를 어획하는 경우도 있다. 올해는 압록강에서 유망(流網)을 사용하였더니, 성적이 자못 양호하다고 한다. 일본인이 본 어업에 종사하는 경우는 가고시마 · 구마모토 · 나가사키 · 와카야마 · 가가와 · 오이타 · 야마구치 · 교토 · 후쿠이 등 여러 현에서 온 사람으로서, 그 어선의 수는 총계 140척에 달한다.

미끼는 공이(共餌)[67]를 보통으로 하고, 때로는 인조미끼[擬餌約]를 사용하는 경우도 있다. 전부 야간에 횃불[篝火] 또는 양등(洋燈)을 사용해 물고기를 끌어들여 어획하는데 풍어인 때는 하룻밤에 4~5천 마리를 잡는 경우도 있다.

고등어는 조선인이 좋아하는 바로 판로가 매우 넓다. 조선인이 어획하는 경우는 대개는 배를 갈라서 다량의 소금을 뿌려서 판매한다. 전라도 근해에서는 충청도 강경 · 광주 · 목포 부근으로 나가는 출매선에 매도한다. 부산 이북, 영일만 입구 및 강원도 죽변 부근에서 어획한 것은 마찬가지로 염장하고, 대개 부조 · 경주 · 영천 등의 시장으로 수송한다. 제주도에서 어획한 것은 정어리와 함께 건조하여 비료로 하며, 겨우 그 일부분을 식료품으로 염건해서 각지에 수송한다. 일본인이 어획한 것은 일본에 수송하는 경우는 매우 적고 대부분은 부산으로 운송하여, 동 지역의 어시장 부속창고를 빌려서 보관 위탁

---

65) 落網의 종류 중 하나이다. 낙망은 가장 발달한 정치망의 하나로 垣網 登網 箱網로 이루어져 있다. 원망을 통해서 물고기를 유도하여 등망에 들게 하고 마지막 상망에 가두는 방식의 그물이다. 멸치 등을 잡는 소형 낙망은 부설 부심이 얕고 그 규모도 작으며, 또한 그 구조도 간단하므로 이것을 小臺網이라 하여 대형 낙망과 구별하는 경우가 많다. 이 소대망은 경상남도 일대와 전라남도 남해안의 동부 연안에서 많이 사용하고 있다.

66) 불을 피워 물고기를 유도하여 잡는 어구를 말한다.

67) 아래위로 달린 두 개의 낚시 바늘에 같은 미끼를 다는 것을 말한다. 고등어는 반짝거리며 움직이는 미끼에 관심이 많다고 한다. 지렁이 · 새우 · 오징어 · 미꾸라지 · 고등어 · 전갱이 등의 살 등을 쓴다.

한다. 시장에 속하지 않고(시장에 출하하여 매매하지 않는다), 고등어만을 취급하는 중매인과 교섭하여 매매하며, 중매인은 이것을 조선인 판매용으로 염장하고〈통에 넣지 않는다(樽詰)〉, 가마니로 포장해서 대구 · 마산 · 통영 · 진주 등으로 수송한다. 또 만약, 날씨 상황이나 기타의 사정으로 어획물을 육지로 옮기지 못할 경우는 배 안에서 염장하거나 혹은 조선 출매선에 매도하는 경우도 있다. 1년의 생산액은 조선인은 약 42,000원, 일본인은 약 70,000원 합계 112,000원 정도가 된다.

갈치 たちのらを 大刀魚 刀魚 葛治魚

갈치는 5~6월경 얕은 곳에서 산란한다. 조선 연안에서 널리 생산되는데, 서남해에서 많고 동해에 이르면서 감소한다. 이 물고기는 조선인이 좋아하는 것으로, 수요가 많기 때문에 어업이 대단히 왕성하다. 청국인이 여기에 종사하는 경우도 자못 많은데 매년 단체를 이루어 와서 고기잡이한다. 일본인 또한 근년에 이 어업에 주목하기 시작했다.

어장은 전라 · 충청 · 경기 · 황해 · 평안의 여러 도에 걸쳐있지만, 특히 칠산탄 · 위도 근해에서 격음열도 · 죽도 · 연도 · 녹도 · 호도 등 여러 도서 사이를 주어장으로 한다.

어기는 음력 3~10월까지로, 죽도 근해에서는 5~6월, 진남포 및 압록강 근해에서는 6~7월이 최성기(最盛期)라고 한다. 9~10월경에 이르면 서남해 일대 도서 사이에서 흩어져 유어하는 경우도 있지만 그 수가 많지 않기 때문에 특별히 이를 잡는 일은 없다.

어구는 조선인은 연승 · 주목 · 중선 · 안강망 등을 사용한다. 경상도 연안에서는 어장(魚帳) 및 어살로 잡는데, 다른 물고기와 함께 혼획한다. 기타 연안 도처에서는 자가(自家)의 식용을 목적으로 외줄낚시를 사용하는 경우도 있다. 5~6인이 공동으로 한 척의 어선에 탑승하여 앞바다[沖合] 20~30리쯤 되는 곳에 이르러 야간에 모닥불을 피우고 조업하다가 다음 날 아침 귀항한다. 하룻밤에 한 사람의 어획량은 겨우 수십 마리에 지나지 않는다.

일본인은 안강망을 주로 사용하고 때때로 연승을 사용하는 경우도 있다. 안강망은 조기 및 도미 어업에서 사용하는 것과 같은 것으로, 이 어업의 기간이 끝나고 나서 본 어업으로 돌려쓰는 것이다. 생각건대, 본 어업에는 적절한 어구이므로 조기어업과 함께 장래 크게 발전할 것이다.

이 물고기는 조기와 함께 조선인의 수요가 많고, 초여름 모내기할 즈음에 소비가 가장 왕성하다. 때문에 이 시기가 되면 출매선(出買船) 및 행상인이 준비한 출매선이 서로 다투어서 어선 주위에 모여서 사들인다. 육지에서도 또한 여러 지방에서 어상(魚商)이 모여들어 이를 경쟁적으로 구매한다. 그래서 아무리 많이 잡히더라도 판매하기 곤란한 일은 없다. 출매선 및 행상인이 사들인 물고기는 이를 대중소 3종으로 구별한다. 크기와 상관없이 머리 부분을 위로해서 배열하고, 한 줄마다 물고기 몸통이 완전히 가려질 때까지 두텁게 소금을 뿌린다. 그리고 다시 그 위에 물고기를 배열한 다음, 앞과 같이 해서 층층이 거듭 쌓아 올려 저장한다. 이를 시장으로 가져갈 때에는 바깥 공기에 접촉되지 않도록 자리로 싸서 짐을 꾸린다. 시가는 한 마리당 큰 것은 9전 · 중간 것은 5전 · 작은 것은 2전 내외라고 한다.

청국인(淸國人)이 충청·경기·황해의 여러 도(道)에서 내어(來漁)하는 경우는 조금 양상이 다르다. 항상 단체를 조직하고 150~200석(石) 정도의 정크를 모선(母船)으로 하여, 14~15인이 승선하며, 어정(漁艇) 3~5척, 식료 및 음료수를 실어서 어장(漁場)에 이른다. 모선(母船)은 2중 갑판(甲板)을 덮고, 내부를 여러 구획으로 칸막이하여, 1인 또는 2인의 침실로 삼는다. 각각의 창구(艙口)를 설치해서 조수(潮水)의 침입을 막고, 상하 갑판 사이에는 보통 1척~1척 5촌 정도의 빈 곳을 두어 여기에 어구 · 어획물 등을 넣고, 위 갑판의 판자(板子)를 떼어 내어서 출입에 편리하게 한다. 파도가 배 안에 넘쳐 들어온 경우에는 아래 갑판의 배수구에서 배 밖으로 배출하는 구조로 되어있다. 어구는 연승(延繩)을 사용하고 때때로 외줄낚시를 사용하는 경우도 있다. 미끼는 모두 공이(共餌)를 주로하고 때때로 새우를 사용한다. 날이 샐 무렵 어정(漁艇)을 내려서 3~4인씩 이를 나누어 타고 조업한다. 모선(母船)은 항상 그 부근에서 선회한다. 만약 어업 중에 짙은 안개가 갑자기 생겨서 서로 소재지를 잃어버릴 염려가 있는 경우에는 모선(母船)에서 소라로 만든 나각을 불어 서로 신호로 삼고, 조업을 마치면 다시 그것을 실어서 근거지로 돌아간다. 어획물은 배 안에 설치된 어조(魚槽)에 작은 것은 온전한 상태, 큰 것은 칼집을 넣어 두 도막으로 잘라 소금물에 담근다. 항상 몸통이 염수로부터 노출되지 않도록 누르는 덮개를 쓰는데, 오랫동안 저장해도 광택을 잃지 않는다. 체형과 외관이 매우 양호하므로, 조선에 이전부터 있던 제품에 비교하면 품질이 우수해서 가격 역시 비싸다. 이는 모두 귀항(歸航)한 후 자국(自國)에서 판매한다. 출어자는 산동성(山東省)·등주부(登州府)·해남지방(海南地方)·내주부(萊州府)·복주(福州) 및 관동주(關東州) 연안에서 오는 사람이 많다. 평안도 근해에서 내어(來漁)하는 사람은 대망(袋網) 및 선망(旋網)을 사용해서 다른 어류와 함께 혼획(混獲)한다. 1년 중의 어획고(漁獲高)는 대략 154,000여 원에 이른다.

상어[68] ふか 鱶 鯊魚 鯌魚

조선에서 생산하는 상어는 청새리[ヤジ][69]·악상어[マブカ][70]·돔발상어[ヒレタカ][71]·곱상어[ウバ][72]·환도상어[ヲナガ][73]·귀상어[シュモク][74]·괭이상어[モダカ][75]·전자리상어[モダマ][76] 등으로, 그 중 청새리·악상어·돔발상어·환도상어가 많다고 한다. 연해 도처에서 서식하지만, 대부분은 울산(蔚山) 이남 흑산열도(黑山列島)의 사이, 제주도 및 황해도 근해이며 청새리·악상어·흉상어[メジロ][77]·괭이상어는 제주도 및 거문도 근해, 곱상어·돔발상어는 안도(安島)·소안도(所安島)·추자도(楸子島)·흑산열도(黑山列島), 전자리상어는 어청도에 많다고

---

68) 원문에는 삼어라고 되어 있으나 상어의 잘못이다.
69) メジロ鮫의 별명이지만 청새리 무태상어 등 흉상어과를 총칭하는 용어로 쓰인 것으로 보인다.
70) マブカ라는 말은 ネズミザメ로 학명은 *Lamna ditropis*이다. 우리나라 연안에서는 희귀한 종류이므로 같은 과에 속하는 청상아리, 백상아리 등을 나타내는 것으로 보인다.
71) '히레타카'라는 이름을 가진 상어는 두 종류가 있다. '히레타카쯔노자메(*Squalidae Blainville*) 히레타카후지쿠지라(*Etmopterus molleri*)이다. 두 종류 모두 우리나라의 상어 이름과 정확하게 일치하는 것이 없어서 일단 돔발상어로 번역해 둔다.
72) 학명은 *Cetorhinus maximus* 몸길이 5m, 몸무게 4톤에 달하는 상어이다. 본문 속의 명칭대조표에서는 기름상어라고 하였다. 들목상어라고도 한다.
73) 학명은 *Alopias pelagicus*이다. 영어로는 *thresher shark*라고 한다.
74) 학명은 *Sphyrna zygaena*이다.
75) 학명은 *Heterodontus japonicus*이다. 명칭대조표에서는 함복상어라고 하였다
76) 학명은 *Squatina japonica*이다. モダマ는 カズザメ의 나가사키 방언이다. 원문에는 モダカ로 되어 있으나 モダマ의 오기로 보인다.
77) 학명은 *Carcharhinus plumbeus*이다. 흉상어과 흉상어이다.

한다.

조선인이 본 어업에 종사하는 것은 매우 드물어서 대부분 일본 어업자의 독점사업(獨占事業)에 속한다. 현재 점점 쇠퇴하는 경향이어서, 수년 전의 성황(盛況)을 볼 수는 없으나 조선에서 일본인이 경영하는 중요어업임은 변함이 없다. 통어자(通漁者)는 오이타[大分] · 야마구치[山口] · 나가사키[長崎] · 후쿠오카[福岡] · 히로시마[廣島] · 효고[兵庫] · 고치[高知]의 여러 현으로 특히 오이타 · 야마구치 2현이 중심으로 한다.

1년 내내 어획하고 있지만, 어기는 봄 · 가을 두 기간을 주로 한다. 동해의 남부, 남해면 일대 및 서해면의 남부 여러 섬 사이에서 6~7월까지는 악상어, 9~11월까지는 돔발상어, 11~12월까지는 개상어[78], 12월부터~다음 해 1월에 걸쳐서 모조리상어(ケンブカ)[79]가 가장 많다. 어획된 모조리상어는 특히 서남해, 제주도 · 거문도 · 어청도에 많다.

조선인은 대개 연승을 사용하지만, 제주도에서는 자망을 사용한다. 또 어살 혹은 조기 외줄낚시로 혼획되는 것이 있다. 일본인은 오로지 연승을 사용한다. 미끼는 조선인은 정어리(멸치) · 고등어 · 붕장어 · 갯장어 및 볼락 등을 사용하며, 일본인은 준치 · 도미 · 삼치 · 방어 · 숭어 · 작은 상어[小鱶] · 농어 · 넙치 · 가자미 · 갯장어 · 점박이꽃게(トウヘヒ)[80] · 곰치 · 옥돔(クヅナ)[81]'등을 사용한다. 사용자에 따라서 각각 서로 다른데, 오이타현[大分縣] · 사가현[佐賀縣] 및 야마구치현[山口縣] 옥강포(玉江浦)의 어업자는 모두 상어연승으로 유명하지만, 오이타현 어선은 날방어[生鰤]를 가장 좋은 미끼로 하며, 그 다음으로 삼치 · 감성돔을 쓰고, 어쩔 수 없을 때는 숭어 · 농어 · 가자미 · 광어 · 갯장어 등을 사용한다. 또 11월경 부산 근해에 대구를 쫓아서 얕은 곳으로 오는 별상어를 잡는 데에는 오로지 대구를 사용한다. 그런데 야마구치현 어선은 여러

78) 학명은 *Mustelus griseus*이다.

79) 학명은 *Squalus brevirostris*이다. 일본 표준어는 ツマリッノザメ이다.

80) 上等兵 · 三等兵의 等兵을 トウヘヒ라고 읽은 것으로 학명은 *Portunus sanguinolentu*이다.

81) 甘鯛 즉 옥돔에 대한 京都 방언이다. 屈頭角 · 方頭角으로 표기하며 머리가 네모난 것에서 유래한 이름이다.

종류의 미끼를 사용하는 것이 아니라 오로지 점박이꽃게 및 갯장어만을 사용하며, 어쩔 수 없는 경우가 아니면, 다른 미끼를 사용하지 않는다. 점박이꽃게 및 갯장어는 정어리(멸치)를 미끼로 해서 외줄낚시로 어업자가 스스로 어획하는데, 연안에 쌓아 두었다가, 수시로 사용한다.

어선은 구조가 특별하지 않은 보통의 소형 어선으로 폭 3척, 길이 1장 2~3척 정도이며, 4~6명이 타서 조업한다. 일본인이 사용하는 것은 다른 종류의 어선에 비하면 선체가 크며 구조가 튼튼하므로 조업에 불편을 느끼지 않는 한 갑판을 덮는다. 또 양현에 방파선반을 설치하여 선체의 동요를 막는 등의 설비를 하여 대양의 항해에 잘 견딘다. 그 크기는 폭 9척 내지 1장, 길이 1장 7~8척이다. 1년의 어획고를 대략 계산하면 약 98,600여 원에 달한다.

조선인이 어획한 모조리상어는 대체로 등을 갈라서 그대로 말리거나 또는 염장하여 말려서 내지에 판매한다. 일본인이 어획한 상어는 종래 고기의 판매를 시작하지 않았기 때문에, 다만 상어 지느러미[鰭]만을 채취하여 청국 수출용으로 만들었으나, 고기 역시 근년 조선인 사이에서 소비되기도 하고, 일본인의 어묵으로 만드는 일이 많아졌으므로, 날생선 그대로 혹은 염장해서 부산 그 외의 지방에 수송 판매된다. 염장한 것은 일본인 사이에서도 소비되므로 겨울은 하카타(博多) · 시모노세키(馬關) 등에 수송하여 자못 고가에 팔려나간다고 한다. 또 제주도 및 거문도처럼 먼 지방에서는 대부분 육포(たれ, 가늘고 길게 잘라서 말린 것)로 만들어, 일본에 보내어 판매한다. 제주도에서는 조선인 및 일본인 모두 간장(肝臟)에서 기름을 짜는데, 오로지 조선인 사이에서 등화용 혹은 방충용으로서 소비된다. 가격은 석유통[罐] 1배(杯)에 1원 내지 1원 30전이라고 한다.

가오리 えひ 鱝 䱋魚

가오리는 조선 연안에서 널리 생산된다. 봄이 되어 온난해지면 점차 수심이 얕은 내만 및 연안의 사주에 군래(群來)하여 산란한다. 동남해에서는 노랑가오리(アカエヒ) 또는 매가오리(ハトエヒ) 및 홍어가 특히 많고, 겨울에 충청 · 전라남도 근해, 즉 어청도

· 위도 및 거문도 부근에서는 흰가오리가 많다.

조선인이 전업으로 이를 어획하는 데 종사하는 자는 매우 적고, 단지 어청도 및 위도에서 주로서 흰가오리를 어획하는 자가 있다. 일본인은 8~9년 전부터 낙동강구에서 이 어업을 개시하였다. 한때는 자못 성행하였지만 현재는 차츰 쇠퇴하는 경향이 있다. 그렇지만 다른 지방에서는 다소 어업에 종사하는 자도 있다. 요컨대 가오리어업은 아직 성대하지 않더라도 장래 유망한 어업이다. 현재 풍부한 산지로서 유명한 곳은 진남포 연해 · 한강구 · 아산만 · 안면만 · 금강구 · 줄포만 · 진도 · 강진만 · 보성만 · 순천만 · 하동만 · 진주만 · 진해만 · 낙동강구 · 부산만 · 울산만 · 웅기만 등이며 일본 어업자가 가장 많은 곳은 금강구 · 줄포 · 진도 · 인천 · 목포 · 마산 및 부산 등이다. 기타 연안 도처에 산란기에 즈음해서 시험적으로 연승을 내릴 때는 한 번에 쉽게 100마리 이상을 어획하는 경우도 있다. 또 매년 7~8월경 연안의 만내 도처에 치어가 유영하며, 이때 어살 및 궁선(弓船) 등으로 혼획되는 경우도 자못 많다.

어기는 음력 2월 하순부터 7월에 이르는 것이 보통이지만, 흰가오리만은 음력 12월부터 2월까지이다. 성어기는 마산 연해를 중심으로 각지 모두 점차 느려져, 진남만 근해에서는 음력 2~3월 무렵 목포 및 군산 연해에서는 5월, 인천 및 진남포에 이르러서는 6~7월, 북부 원산에서도 역시 6~7월을 성어기로 한다.

어구는 통상 연승(延繩) 및 공조연승(空釣延繩)을 이용하고, 조선인은 대부분 쥐놀래미 · 정어리(멸치) · 전갱이나 기타의 작은 물고기를 미끼로 해서 통상적으로 연승을 사용하지만, 일본통어자는 공조연승을 사용하기 때문에 근년에 모방하여 만들거나 혹은 그들로부터 구입하여 사용하는 경우도 있다. 그렇지만 공조연승은 다량의 침석(沈石)을 붙여서 해저에 침하시키는 것이므로 심해에서는 적당한 것이 아니기 때문에 흰가오리처럼 항상 연안 근처로 내유하지 않는 것에는 주로 보통의 연승을 이용하며 노랑가오리와 홍어가 혼획되는 경우가 매우 많다. 때문에 종종 밧줄이 절단되므로, 어구는 극히 튼튼한 것을 사용할 수밖에 없다. 군산에서 재류하는 후쿠오카현 출어자는 오로지 홍어를 어획하기 때문에, 특히 대형의 어구를 사용하며, 1일에 30~40마리를 어획한다. 장래에 매우 유망한 어업이다. 또한 수조망 및 어살 등에 혼획되는 것도 있지만, 그 양은 매우 적다.

1년 중의 어획고를 계산하면, 대략 128,000원 내외이다.

이 물고기(가오리)는 명태 및 조기에 다음가는 기호품으로, 조선인이 상식(常食)하는 어류인데, 대부분 날로 먹는다. 단 시장에서 먼 어장에서 어획한 것은 그늘에서 말리거나 염장해서 판매한다. 판로는 자못 넓어서 어떠한 한촌(寒村) 벽지(僻地)에 가더라도 없는 곳이 없다. 제조하는 경우, 어부가 스스로 배 위에서 작은 것은 복부를 갈라서 내장을 꺼내고, 또 입 부분은 아가미와 함께 제거하여 두 마리를 함께 묶어서 줄에 매달아 건조한다. 조금 큰 것은 좌우 양 지느러미를 따라 칼집을 넣어서 건조를 쉽게 한다. 또 홍어는 머리 부분에서 등골을 따라 반으로 갈라서 역시 그것을 수십 조각으로 가늘게 잘라 줄에 꿰어 2~3조각씩 연결해서 건조한다.

농어 すずき 鱸 鱸魚

농어는 전국적으로 널리 생산되지만 현재 어획하는 주요한 어장은 압록강(鴨綠江)·대동강(大同江)·한강(漢江)·금강(錦江)·영산강(榮山江)·낙동강(洛東江)의 각 하구 및 울산만(蔚山灣)으로, 가장 성한 곳은 압록강·한강·금강 및 낙동강 하구라고 한다. 가을 이후 추운 계절에 하구(河口)의 비교적 깊은 곳에 산란한다.

어기(漁期)는 4~9월까지로 어구(漁具)는 조선인 및 일본인 모두 연승(延繩) 및 외줄낚시[一本釣]를 주로 하지만, 어살·건간망(建干網)·조기 외줄낚시·통발[筌]·조망(漕網) 등으로 다른 물고기와 함께 혼획하기도 한다. 조선인은 주로 일본인 거주지 부근의 연안에서 일본인의 수요를 충당할 목적으로 어업하고, 일본인은 대부분 도미어업자들이 전업(轉漁)하는데, 여름 가을 교체기에 도미어업의 이익이 없을 때에 한다. 이 시기에는 물고기가 하구 연안에 무리지어 와서 때때로 물 위로 뛰어오를 때도 있으므로 어획하기 쉽다. 어기 초기는 하루에 겨우 20~30마리에 지나지 않지만 점차 절정기가 되면 하루에 300~400마리에 달할 때도 있다. 낙동강 및 금강 등에서 어획되는 것은 체형이 자못 크고, 길이가 3척 7~8촌이며, 무게가 2관(貫)[82] 이상에 이르는 것도 있다.

82) 1貫은 약 3.75kg.

그렇지만 연안에서 어살 혹은 건망 등으로 혼획되는 것은 작아서 길이 1척, 무게 300~400돈[目][83]에 불과하다. 또한 외줄낚시로 낚아 올린 것은 연승으로 낚은 것에 비하면 조금 작다. 1년 중에 어획고를 계산하면 대략 97,000원 내외이다.

이 물고기는 주로 일본인의 수요에 제공되는 것으로 조선인과 일본인을 막론하고 어획한 것은 무릇 일본인의 거주지로 수송해서 판매한다. 대부분은 날생선인 채로 판매되지만 드물게 염장해서 조선 농가의 수요에 응하는 것도 있다.

붉바리 あかう 赤魚

조선 전 연안에서 산출되지 않는 곳이 없지만, 그 중 가장 많은 곳은 남해 근해 도서 사이이며 강원·함경 양도 및 서해에 이르면서 점차 감소한다. 산란기는 겨울과 봄으로 멀리 다른 곳으로 옮겨가지 않는다. 조선인은 이 물고기를 좋아해서 날로 먹지만, 때로는 자연 건조한다. 그 수요는 아직 많지 않기 때문에 어업 또한 성행하지 않다. 일본 통어자도 종래 물고기 값이 저렴하기 때문에 이를 중요시하지 않았다. 하지만 근년 활주선이 발전함에 따라 활어를 멀리 일본 내지로 운반할 수 있고 또 시장에서 높은 가격을 받기에 이르자 갑자기 활기를 띠게 되었다. 올해의 경우 그 주요 어장인 적금도(積金島) 부근에 모인 어선은 150여 척, 어획고 8,000관(貫)에 달했다.

어장은 마산 근해의 여러 도서(島嶼) 사이, 욕지도·안도·적금도·낭도·국도·원오도·시산도·거문도·제주도·위도·어청도·녹도 등의 근해라고 한다.

어기는 봄·여름 두 계절에 걸치지만, 안도·욕지도 근해에서는 8~10월까지 3개월간, 적금도·낭도·원오도·시산도·거문도 근해에서는 5~8월까지를 성어기(盛漁期)로 한다.

어구는 조선인은 외줄낚시[一本釣]를 주로 사용한다. 또한 건망 및 연승으로 혼획(混獲)하는 경우도 있지만 그 수는 그렇게 많지는 않다. 일본인은 종래 외줄낚시만을 사용했지만 올해 연승을 시험적으로 사용하여 자못 양호한 결과를 얻었다고 한다. 또한 때때로 조승(鯛繩)으로 혼획하는 경우도 있다. 미끼는 모두 새우·오징어·낙지·정

83) 目은 돈쭝. 1돈쭝은 1000분의 1貫으로, 약 3.75g.

어리(멸치)·기타 작은 물고기를 사용한다. 1년 중에 어획고를 대강 계산하면 대략 56,700원 정도일 것이다.

본 어업에 종사하는 일본인은 개인영업에 의하는 경우도 있지만, 또한 다른 어업과 동일하게 활주선(活洲船)을 임대하여 동반하여 출어하는 경우도 있다. 히로시마·에히메·가가와·오카야마 등 여러 현에서 오는 경우가 많다. 이 방법에 따른 어획물은 특약(特約)에 따라 활주선에 매도한다. 활주선에는 길이 1장 2척·폭 8척쯤의 장방형의 바구니 수십 개를 갖추어 매입한 물고기는 수시로 여기에 던져 넣는다. 조수(潮水)가 흐르는 곳에 내려두었다가 5~6일이 지나 600~700貫에 달할 때 배 안의 수조[活洲]에 옮겨서 하카타·시모노세키·오사카·효고 등에 도착하여 시장 시세를 살펴서 판매한다. 시모노세키까지는 대체로 맑은 날에는 3일 정도면 도착하는 것이 보통이라고 한다. 여기에서 동쪽으로는 30~40톤쯤의 기선에 의해 이끌려 가는데, 오사카까지 예선(曳船) 운임은 1척당 150원이다.

준치 ひら 鰣 俊魚 眞魚

준치는 주로 전라·충청·경기 여러 도의 연해(沿海)에서 생산된다. 남해와 동해에는 매우 적고 5~6월경부터 점차 내해(內海)에 이르러 6~7월경에 산란한다. 이 물고기는 조선인이 즐겨 먹는 어류로서 소비가 자못 많기 때문에 조선인이 왕성하게 어획한다. 청국인(清國人) 또한 평안도 근해에 내어한다. 어장은 진도(珍島) 근해·목포만구(木浦灣口)·칠산탄(七山灘)·전주하구(全州河口)·격음열도(隔音列島)·금강구(錦江口)·죽도(竹島), 연도(煙島)·인천만내(仁川灣內)·어영도(魚泳島)·압록강(鴨綠江) 등으로 어기(漁期)는 5~7월 하순까지라고 한다.

어구(漁具)는 건망(建網)·연승(延繩) 및 유망(流網)을 사용한다. 대개는 야간에 조업하고, 연승(延繩)은 주간에도 사용하는 경우도 있다. 그 밖에 일종의 권망(卷網)을 사용해서 다른 물고기와 함께 혼획하는 경우도 있다. 청국인(清國人)은 오로지 권망(卷網)을 사용한다. 일본인(日本人)은 아직 전업(專業)으로 이 어업에 종사하는 사람이 없고, 겨우 후쿠오카현에서 오는 안강망업자(鮟鱇網業者)들이 여가에 부업으로 유망

(流網)을 사용하는 사람이 있을 뿐이다. 생각건대 어기가 짧고 어장이 좁기 때문이다. 일본인이 왕래하는 어장은 금강구(錦江口), 격음열도(隔音列島) 및 인천만내(仁川灣內)로 조금[小潮]시에만 조업(操業)하며, 1년 중에 어획고를 계산하면 대략 21,600원 정도이다.

어획물은 어장 부근의 시장에 보내거나 혹은 도매상에게 위탁판매(委託販賣)한다. 많이 잡으면 출매선(出買船)에 매도하는 경우도 있다. 사들인 사람은 이것을 구분해서 다듬지 않고 그대로 소금에 절여서 강경 및 인천 지방에 수송한다. 이 물고기는 민어 다음으로 판로(販路)가 매우 넓고, 가격 역시 높다. 청국인(清國人)은 어선 또는 운반선 안에서 염장하여 본국에 수송한다. 혹은 날생선인 채로 본국에서 온 출매선(出買船)에 판매하는 경우도 있다.

숭어 ぼら 鯔 秀魚 崇魚

숭어는 조선 연안 도처에서 생산되지만 그 가운데서도 요산지(饒産地)로 유명한 곳은 장전만(長箭灣) · 부산만(釜山灣) · 마산만(馬山灣) · 거제도(巨濟島) 동부연안 · 통영수도(統營水道) · 영산포(營山浦) · 금강(錦江) · 인천만(仁川灣) 등이라고 한다. 어기는 7월부터 다음해 3월에 이르는 사이로 가장 추울 때가 최성어기라고 한다.

어구(漁具)는 조선인은 투망(投網) · 건절망(建切網) · 걸낚시 · 자망(刺網)을 주로하고, 여름과 가을 무렵 하구(河口)와 항만(港灣) 등에 군유(群游)하는 것을 예망(曳網) 및 어살로 다른 물고기와 함께 혼획하는 경우도 있다. 일본인은 건간망(建干網) · 권자망(卷刺網) 및 석조망(石繰網)을 사용한다. 그 가운데서도 권자망(卷刺網)은 암초 및 해초 사이에 잠복한 것을 포위한 후 그 사이에 건망(建網)을 던져 물고기를 그물에 걸리게 하는 것으로 이 어업에 매우 적절한 어구(漁具)라고 한다. 평균 한 그물에 1,000원 내외를 어획한다. 통어자(通漁者)는 대부분 구마모토 · 오이타 · 후쿠오카 및 야마구치의 여러 현에서 오는 사람으로 배의 수는 약 50척 내외에 달한다.

본 어업은 풍흉(豊凶)이 일정하지 않으므로, 당초에 통어자가 매우 적었지만, 점차 증가하는 경향이다. 그렇지만, 현재는 오히려 전라도 이서와 부산 이북의 연안에서는 아직 전업으로 여기에 종사하지 않는다. 만약 이런 기세로 나아간다면, 머지않아서 이곳 해상에서 몇 배의 어선을 보게 될 것이다. 석조망(石繰網)은 공미리어업에 주로 쓰는 것으로 어법이 경쾌하기 때문에, 어업량에서는 권자망에 크게 미치지 못하지만, 그 수익에서는 오히려 큰 경우도 있다. 1년 중의 어획고를 대략 계산하면 약 44,400원 정도이다.

어기는 마침 한겨울이어서 다른 어류가 부족한 계절이므로 소비가 의외로 많고, 판매도 쉽다. 일본인은 대개 부산, 그 외의 개항장에 보내며, 간간이 일본에 수송하는 경우가 있다. 주로 날생선 그대로 판매하지만 드물게 염장하는 경우도 있다. 이 물고기는 일본인뿐만 아니라 조선인도 역시 즐겨 먹는다. 가격은 한 마리에 평균 200문(文) 이상이다.

병어 まながつを 魴 瓶魚

병어는 조선 서남해에 많으며, 동북에 이르면서 점차 감소하는데, 원산 근해에 이르러서는 거의 내유하지 않는다.

어기는 4월~8월에 이르지만, 사량도(蛇梁島)·하동만(河東灣)·여자만(汝自灣) 부근에서는 4~5월, 전라·충청·경기의 여러 도에서는 6~8월까지 사이를 최성어기로 한다.

조선인은 사량도(蛇梁島) 근해에서는 예망을 사용하여 어획하고, 그 외의 지방에서는 어살 또는 중선(中船)으로 다른 물고기와 함께 혼획한다. 일본인은 종래 전라도 이서의 각 섬들 사이에서는 삼치유망으로, 군산·인천 근해에서는 안강망으로 다른 물고기와 함께 혼획할 뿐 종전에는 이것을 전업으로 하는 자가 없었다. 하지만 수년 전 규슈 아리아케해 부근의 어민이 이 지방에서 행하는 병어유망을 가지고 와서 죽도·연도·녹도 근해에 시험삼아 사용하였는데, 그 결과가 양호하여 여기에 종사하는 자가 속출하였다. 올해는 안강망 업자가 부업으로 본업이 한산할 때 즉 조금[小潮] 때에 유망을 사용하는 자가 크게 증가하여 한 그물에 500마리 내외를 어획한다고 한다. 대개 장래 유망한 어업이라고 한다. 1년간 어획고를 대략 계산하면, 조선인 25,000원, 일본인 18,000원, 총계 43,000원을 웃돈다.

조선인이 어획한 것은 날생선 그대로 혹은 염장해서 연안 각지의 마을에 판매하지만, 원래 조기 · 갈치처럼 생산량이 많지 않기 때문에 두루 국내 시장에 유통되지는 않는다. 일본인은 다른 어획물과 함께 출매선에 매도하거나 혹은 시장의 도매상에 위탁 판매한다. 때로는 배를 갈라서 염장하여 일본에 수송하는 경우도 있지만 그 수는 매우 적다.

갯장어[84] はも 鱧

갯장어는 조선 서남해 특히 마산 · 목포 · 군산 · 인천 · 진남포 부근에서 풍부하게 생산되고, 점차 북해(北海, 현재의 발해)에 이르면서 감소한다. 충청 · 경기도 연해에서 생산되는 것은 크기가 매우 커서 종종 길이가 4척에 이르는 것도 있다. 갯장어도 역시 조선인이 즐겨 먹는 것이 아니므로 이것을 어획하는 자가 적었지만, 올해 일본 어업자를 모방하여 도미연승에 종사하는 사람들이 도미의 어획이 적을 때는 전업(轉業)하여 갯장어를 어획한다. 또 도미 어업에 종사할 때 어살 · 조기 외줄낚시 등에 혼획되는 경우도 있다. 일본통어자도 본 어업을 전업으로 하는 자는 적고, 대부분 도미 연승업자가 전업(轉業)하는 경우로 그 수는 약 50~60척에 불과하다.

어기는 봄 · 가을 두 계절로서 봄에는 3월 하순부터 6월 하순까지, 가을에는 8월 하순부터 10월 하순까지이다. 어장은 부산 근해 · 마산 항구 · 진해만내 · 통영 근해 · 거제도 · 사량도 · 남해도 · 가막양(加莫洋)[85] · 여자만 · 국도 · 격음열도 · 죽도 및 녹도 근해이다.

어구는 즉 도미 연승으로, 미끼는 전어 · 전갱이 · 천정어 · 정어리(멸치) · 밴댕이[サツバ][86] 기타 작은 어류를 사용한다. 그 가운데 전어 및 전갱이를 주로 한다. 1년 중의 어획고를 어림잡아 계산하면 대략 46,500원을 웃돈다.

갯장어는 종래 가격이 매우 저렴하여 한 마리에 겨우 3~8리(厘)에 불과하였으므로, 어업이 크게 일어나지 않았지만, 근년에는 일본인에게 판매할 목적으로 왕성하게 이를 어획하여, 날생선인 채로 혹은 배를 갈라 건조하여 일본인 거류지의 시장으로 운송하는

---

84) 원문에는 붕장어로 기록되어 있지만 鱧(はも)는 갯장어이다.
85) 여수 가막양만이다.
86) 학명은 *Sardinella zunasi*이다.

경우도 있다. 그런데 건제품은 지방이 많아서 대체로 황색으로 변하므로 외관과 풍미 모두 불량하여 소비가 활발하지 않았다. 일본어업자는 대부분 활주선을 동반하고 와서 특약시세로 어획물을 판매한다. 활주선은 10관목(貫目)에 3원 50전의 가격으로 사들인다. 먼저 길이 1장 2척 · 폭 8척 가량의 방형의 바구니를 물속에 매달아 놓고 조수의 흐름이 좋은 곳에 매달아 놓고, 고기가 가득 차서 1척 분의 분량에 달하면 그것을 활주선에 옮겨, 바로 시모노세키 · 오노미치 · 효고 등으로 운송하여 판매한다. 그렇지만 축양(畜養)이 매우 곤란하여 만약 물속에 보관하는 중에 비가 여러 날 내려 해수가 더러워지고 염분 농도가 옅어질 경우에는, 그 반수 이상을 잃어 의외의 손실을 초래하는 경우도 있다. 올해 국도(國島)[87] 창포를 근거지로 집합한 어선은 약 40척, 이를 따른 활주선은 50척에 달한다. 1척 평균 350원 내외의 어획을 하였다. 또 따로 오카야마 · 히로시마 · 오사카 지방 및 부산 어시장에서 활주선을 거제도 · 국도, 시연[シヲン][88] · 사량 등의 어장에 파견하여 특약선과 관계없이 어선으로부터 어획물을 사들이는 경우도 있다. 오사카 지방에서 시세는 약 15원 내외이며 이 지방 및 고베지방에 수송하는 도중 선적한 물량의 4%를 잃었다고 한다. 올해 가가와현의 수송선 소부사환(小富士丸)은 오사카에 수송한 갯장어가 2,700관에 달했고, 기타 석유발동기를 장치한 활주선이 도래한 것은 10척에 달했다.

붕장어[89] あなご 海鰻 海長魚

붕장어는 조선 연안에서 널리 산출되지만 남해안에 특히 많다. 이 생선은 조선인이 좋아하는 것이 아니므로 일부러 이것을 어획하는 일은 없다. 여기에 종사하는 것은 일본인뿐이고, 일본인이라 하더라도 대부분 히로시 · 가가와 · 오카야마 등 여러 현에서 내어(來漁)하는 도미연승 어업자가 늦가을 무렵 전어(轉漁)하는 자들이며, 전업자(專業者)는 매우 적다. 어기는 겨울부터 봄에 이르지만 최성어기는 11월부터 1월 무렵까지라고 한다. 현재 조업하는 어장은 영일만 · 울산만 이서(以西) · 국도(國島) 근해 사

87) 통영시 욕지면 동항리에 딸린 섬이다.
88) 국도와 사량도 사이로 생각되며 욕지도 아래 심여도가 있으나 자세히 알 수 없다.
89) 원문에는 바다빔쟝어로 기록되어 있다. 海鰻(あなご)은 붕장어이다.

이이며, 남해도(南海島) 부근이 가장 활발하다. 진남포(鎭南浦)에서도 또한 다소 어획한다. 어구는 낚시를 제외하면 보통 갯장어 어업에 사용하는 것과 다르지 않다. 미끼는 곰치를 사용한다. 어획물은 전업자는 모두 활주선(活洲船)에 판매하고, 도미연승 전업자(轉業者)는 자기 배의 활주(活洲)에 저장해서 귀국한 후 그것을 판매하는 자가 많다. 매년 여기에 종사하는 어선 수는 약 100척이고, 한 척의 어획고는 약 300원이며 총액은 30,000원이다. 여기에 수조망(手繰網), 기타 어구로 혼획되는 것이 약 5,000원으로, 합산하면 총생산액은 35,000원에 달할 것이다.

달강어 かながしら 火魚 달궁이

달강어는 5~6월 무렵 산란하기 위해 조기 · 갈치와 함께 연안에 내유한다. 조선에서는 충청 · 경기 이서(以西) 압록강에 이르는 사이에 많고, 동북해에 이르면서 점차 감소한다. 어기는 부산 · 마산 근해에서는 1년 내내, 서남해에서는 5~7월까지라고 한다. 조선 전 연안에서 조금씩 어획되지만, 아직 전용 어구는 없고 단지 연승(延繩) · 주목(駐木) · 중선(中船) · 외줄낚시 · 수조망(手繰網) 등으로 다른 생선과 함께 혼획할 뿐이다. 황해도 · 평안남도의 연안에서는 산동(山東) · 성경(盛京) 및 관동주(關東州)에서 오는 청국인(淸國人)이 선망(旋網) · 대망(袋網)으로 다른 생선과 함께 혼획하는 일이 많다. 일본인은 종래 도미연승 · 외줄낚시 · 수조망 · 안강망(鮟鱇網) 등으로 다른 생선과 함께 혼획하는 데 불과하였으나, 작년 후쿠오카현 야나가와(柳川)의 어부가 황해 · 평안 양도의 연안에 와서 안강망으로 시험삼아 어획하였는데 한 그물에 5,000마리, 한 척의 어획고가 1,000원 내외에 달해 자못 좋은 결과를 얻었기 때문에 이후 안강망을 사용해서 전업(專業)하는 어선이 크게 증가하여 그 수가 올해는 15척이 되었다. 1년의 어획고는 조선인이 약 18,000원 · 일본인이 약 22,000원 · 청국인(淸國人)이 약 15,000원, 합계 55,000원이다.

이 생선은 조선인이 매우 좋아하여 날생선, 염장에 의한 것 모두 매우 널리 소비된다. 어획물은 날생선인 채로, 혹은 많이 어획했을 때에는 염장해서 어장과 가까운 지방의 시장 또는 도매상에 위탁판매 한다. 황해 · 평안 양도 연안에서 어획한 것은 청국 안동현(安東縣) · 용암포(龍巖浦) 지방의 도매상이 파견한 출매선(出買船)에 판다. 출매선은 이것을 염장해서 각지에 수송한다. 중국인이 어획한 것은 조기 및 갈치와 함께 각각 자신의 배에 염장해서 저장해 두었다가 본국으로 돌아가서 판매한다. 또 일부는 안동현의 도매상이 파견한 출매선에 파는 경우도 있다.

학꽁치[90] さより 鱵 工魚

학꽁치는 이 나라 모든 연안에서 생산되는데 남해(南海)에 많고 서해와 북해로 멀어지면서 점차 감소하는 듯하다.

어장은 강원 · 함경 양도와 부산 · 거제도 · 마산 · 통영 · 거문도 · 어청도 근해라고 한다. 어기는 봄 · 가을 양 계절에 걸쳐 있지만 그 어획이 가장 많은 것은 9월에서 다음 해 2월까지라고 한다. 그리고 강원 · 함경 양도에서는 9~10월, 부산 · 마산에서는 12월에서 다음 해 3월까지, 어청도에서는 12월에서 다음 해 1월까지를 최성기라고 한다.

어구는 조선인은 연승(延繩) 및 예망(曳網)을 주로 사용하고, 일본인은 석조망(石繰網)을 사용한다. 석조망은 그 어법이 손쉬워 만내(灣內) 얕은 곳에서 사용하므로 가장 추운 흉어기에도 항상 조업할 수 있다. 따라서 다른 겨울 조업에 비하면 출어 일수가 많고 거둬들이는 이익이 비교적 많다고 한다. 1년 중의 어획고를 개산하면 대략 29,000원 정도이다.

어획물은 조선인 · 일본인 모두 부산 · 군산 · 인천 등 그 밖의 개항장에 보내서 선매(鮮賣)한다. 많이 잡으면 염장(鹽藏) 또는 건제(乾製)하고, 때때로 일본에 수송하는 경우도 있다. 이 물고기는 주로 재류(在留) 일본인이 소비하는 바이지만, 조선인도 역시 좋아한다. 마침 어류가 부족한 시기인데 소비가 매우 왕성하다. 그렇지만 원래 산액(産額)이 적은 어류이므로 도회(都會) 이외의 지방 시장에 나오는 경우는 없다. 어청도에 재주(在住)하는 조선인은 그것을 반건조하여 군산 · 인천 · 경기 지방에 수송한다.

90) 원문에는 공치로 기록되어 있다.

연어 さけ 鮭 鰱魚

연어는 조선 동해안 및 남해안의 하천에서 잡힌다. 특히 두만강으로 거슬러 올라가는 것이 가장 많다. 종래 각 하천의 어장은 궁내부(宮內府)가 관할하는 바로 백성으로 하여금 무분별하게 이 물고기의 어업에 종사하는 것을 허락하지 않았다. 따라서 여기 종사하려는 사람은 일정한 비용을 납부하여 특허를 받는 것이 관례였다. 대개는 조선인이며 일본인은 겨우 올해 비로소 영흥만 내의 용흥강에 내어(來漁)한 2~3조(組)와 종래 경상도 낙동강에서 영업하던 자가 소수 있을 뿐이다.

어구는 건망 · 권망 및 지예망으로서 일본인은 지예망만을 사용한다. 건망은 2~3간(間)[91]을 간격으로 하며, 지름 1치[寸] 5푼[分], 높이 7자[尺] 정도의 말뚝을 세우고, 여기에 폭 7자[尺] 그물코 3치[寸] 정도의 그물을 붙인 것이다. 하구에 설치하는 것은 그 모양이 마치 새가 두 날개를 펼친 듯한 것이거나 혹은 열쇠 모양인 것도 있다. 강 가운데에 설치하는 것은 강을 가로질러 한 장의 그물을 펼치고, 4정(町) 정도 떨어진 상류에 다시 강을 가로질러 장방형의 그물을 펼친다. 이 그물은 주로 야간에 사용하는 것으로 낮에는 상류와 하류 모두 다 그물을 말뚝에 말아 둔다. 물고기가 하류를 차단시킨 그물 안으로 들어오면 강가의 망루에 있던 어부들이 각각 손에 들고 있던 작살을 던져서 이를 찔러 어획한다. 장방형의 그물에 들어간 것은 1척 3촌 정도의 몽둥이(棍棒)로 이를 때려 잡는다. 권망은 폭 2척 남짓, 길이 20길로서, 이를 사용할 때에는 새벽녘에 두 사람의 어부가 각각 그물의 양 끝을 들고 물속에 설치된 망루 위에 앉아서 물고기를 살핀다. 물고기가 오면 어부는 몸을 날려 물속으로 뛰어 들어가 그물을 둘러쳐서 이를 어획한다. 망루는 폭 5척, 길이 7척, 높이 4척 정도로, 사방에 기둥을 세우고 여기에 멍석 등을 덮어서 지붕으로 삼는다. 지예망은 길이 6~7길, 폭 7척이며, 일본인이 사용하는 것도 역시 100길을 넘지 않는다.

어획고는 해에 따라서 풍흉이 있기는 하지만, 지금 그 중요한 하천의 평균수는 추측하자면 두만강은 500,000마리 · 유성강은 2,000~3,000마리 · 성천강은 3,000마리

---

91) 1간은 6자.

· 덕지탄과 용흥강은 20,000~30,000마리로 보아도 큰 차이는 없을 것이다. 그리고 그 가격 총액은 100,000~150,000원에 달하게 된다.

어획물은 두만강에서는 각 지방에서 와서 모이는 어상(魚商)에게 매도한다. 어상은 이를 소달구지에 실어서 수송하는데 도중에 부패할 것 같으면 여기에 소금을 뿌리는 것이 일반적이다. 그 외의 어장에서는 날생선 그대로 그 지역 부근에서 판매할 뿐이다. 또 이를 저장할 때는 여러 조각을 가로로 잘라서 각각 나무껍질을 끼워서 엮거나, 혹은 배를 갈라서 햇빛에 말린다. 가격은 해마다 다소의 차이는 있지만, 올해 두만강에서는 한 마리 25전, 유성강에서는 한 마리 60전에서 1원 50전으로 비싸고, 성천강과 덕지탄 등에서는 한 마리 60전이다.

은어 あゆ 鮎 銀口魚

은어는 대강천 · 춘복천 · 금호강(이상 낙동강의 지류) · 금강 · 용흥강 · 남대천 등의 여러 강에서 생산된다. 각지에서 얼마간 생산되는 경우가 있으나, 그중 가장 성행하는 곳은 대강천으로, 특히 일본인이 어업에 종사하는 경우가 매우 많다. 어구는 걸낚시[懸釣] · 권망 및 축(簗)이며, 일본인은 권망만을 사용한다. 일본인 하루 어획고는 약 20관(貫)이라고 한다. 조선인이 어획한 것은 바로 그 지방에서 판매하고, 밀양 부근에서 일본인이 어획한 것은 얼음을 채워 야간 기차에 실어서 부산 및 경성으로 수송한다. 가격은 밀양 부근에서 한 마리 2전인 것이 경성에서는 20전 이상으로 오른다.

뱀장어 うなぎ 鰻 長魚

뱀장어는 조선 동남지방에 많고, 점차 북쪽 지역으로 가면서 점차 감소한다. 뱀장어는 종래 조선인의 기호식품이 아니었기 때문에 그 어획에 종사하는 자가 없었고, 명치 27년경 일본어업자들이 낙동강 입구를 주요 장소로 하여 어업을 개시하였고, 어리(漁利)가 점차 감소함에 따라 어장을 확장하여 울산만 · 영일만 · 하동강(섬진강) · 금강 · 한강 및 압록강에 이르렀다. 이에 조선인도 역시 이것을 모방하여 연승 혹은 조포구(抓捕具)를 이용하여 뱀장어를 어획하여, 일본인이 사는 지역의 시장에 내놓아 판매한다. 일본인은 주로 오카야마[岡山]·구마모토[熊本]·히로시마[廣島]·후쿠오카[福岡] 및 야마구치[山口]의 여러 현에서 온 자들로서 대부분 활주모선(活洲母船)을 동반하고, 각자 20~30원씩 선금[仕込]을 받고 어장에 온다. 넓이 3척·길이 1장 3척 가량의 작은 어선에 한 명이 타고 조업한다. 이 어선은 배 안에 활주(活洲)를 설치하고, 노와 돛을 각각 1개씩 구비한다. 어기가 끝나면 부근의 마을에 맡겨두고 귀국하였다가 다음 해 다시 몸만 건너오는 것이 일반적이다. 미끼는 새우·지렁이·숭어·우렁이 등을 주로 사용하며, 때로는 작은 물고기를 사용하는 경우도 있다. 어획물은 모두 특약시세[特約相場]로 활주선에 매도한다. 올해 봄, 하동만 내의 만때기[92]를 근거지로 정하여 출어했던 것이 약 120척이고, 활주선은 20척에 달한다. 1인 1일 평균 5~6관씩 어획을 하였고, 이것을 한 어기로 평균하면 약 130원, 총 어획고가 15,600원 이상이다. 어기는 봄 가을 양 계절로서 봄에는 1~7월까지·가을은 9~11월까지이다. 어구는 조망(漕網)·연승(延繩)·장어긁개(鰻搔)·수조(手釣) 등으로 대개 연승과 장어긁개를 사용한다. 그리고 뱀장어는 시기에 따라 서식의 상태를 달리하므로 그 헤엄치는 무리가 많은 초여름 철에는 주로 조망을, 봄은 미끼를 필요로 하는 계절이므로 연승을, 초봄 및 가을에는 물이 차가워서 대부분 진흙 속에 잠복하기 때문에 오로지 장어긁개를 사용한다. 기타 전(箭)·안강망(鮟鱇網)·수압망(手押網) 등으로 혼획하는 경우도 있다.

원래 이 어업은 좁은 하천을 어장으로 하며, 공급에 한계가 있기 때문에 종래의 주어장(主漁場)에서는 이미 어리(漁利)가 감퇴되는 현상을 보인다. 장래 상당한 보호단속을 하지 않는다면 도저히 회복을 기대하기 어려울 것이며, 또 중요 어업이었던 지위를 잃는 데 이를 것이다. 1년 중 어획고를 대략 계산하면 대략 33,000여 원을 웃돌 것이다.

뱅어 しらうを 白魚

뱅어는 서남연해에 많고, 동북 연해로 갈수록 점차 감소하여 원산(元山) 부근에서는 거의 볼 수 없다. 체형이 커서 일본 규슈 아리아케해(有明海)에서 생산되는 것과 같으며 길이가 대개 4촌(寸) 이상에 달한다. 어기는 12월부터 다음 해 2월까지이며, 주요 어장

92) 하동만 안의 지명인데 현재 광양시 진월면 망덕으로 생각된다.

은 낙동강(洛東江) · 금강(錦江) · 한강(漢江) · 대동강(大同江) · 청천강(淸川江) · 압록강(鴨綠江) 등의 각 하구이다. 어구는 사수망(四手網) · 자망(刺網) · 초망(抄網) 등을 사용하고, 또 중선(中船) 및 하망(鰕網)으로 혼획하는 경우도 있다. 또 청국인(淸國人)의 하주목망(鰕駐木網)으로 혼획하는 경우도 적지 않다. 한강 · 대동강 · 압록강 등에서는 겨울에 강이 얼면 작은 구멍을 뚫고, 야간에 횃불을 피워 물고기를 유인하여 초망으로 그것을 잡는다. 일본인은 양견대망(兩樫袋網)을 사용하는데, 즉 낙동강구에서 오카야마현[岡山縣] 어민이 조업한다. 또 금강에서는 군산에 거주하는 어민이 안강망(鮟鱇網)을 사용해서 이른 봄 무렵 다른 물고기와 함께 혼획하는 경우도 있다. 1년 중 어획고를 계산하면 대략 5,000원에 달할 것이다.

망둥어 はぜ 沙魚 忘魚

망둥어는 6월 무렵 담수와 함수가 서로 교차하는 곳의 물풀, 혹은 작은 바위 등의 사이에 산란한다. 남서 연해의 얕은 곳에 많고, 동북 연해로 갈수록 점점 감소한다. 주요한 어장은 영일만 · 울산만 · 부산만 · 낙동강구 · 마산만 · 여자만 · 금강구 · 인천만 · 진남포 및 압록강구라고 한다. 어기는 10~12월까지이다.

어구는 연승을 주로 하고, 또 어살로 혼획한다. 기타 외줄낚시를 사용해서 유어(游漁)하는 경우가 많다. 미끼는 새우 · 갯지렁이[ゴカイ] · 도롱이벌레 · 지렁이를 사용하고, 드물게 예망(曳網) 및 사수망(四手網)으로 어획하는 경우도 있다.

금강 · 인천 및 진남포(鎭南浦) 근해의 갯벌에서 서식하는 것은 이사어(泥沙魚)라고 하는데, 형체가 커서 길이가 8촌 이상에 미치는 것이 많다. 물이 맑은 곳의 모랫바닥에 서식하는 것은 형체는 작지만 전자에 비하면 육질이 제법 뛰어나서, 조선인은 주로 이것을 회로 먹으며, 진남포 · 압록강구 부근에서는 염장 혹은 소금을 뿌려 꿰어서 말려 사용한다. 소금을 뿌려 꿰어 말린 것은 대소(大小) 2종류로 나누어 1관(串)에 20마리를 엮어서 판매한다. 어기는 마침 매우 추운 때로, 다른 날생선이 부족한 시기이기 때문에 일본인의 소비 또한 많다. 따라서 일본인의 거류지에는 조선인이 이것을 행상(行商)하는 경우도 있다. 군산 및 인천 등에 거주하는 일본 어민은 겨울 어업으로 부근의 항만

하구의 얕은 곳에 연승(延繩)을 사용해서 이것을 어획하는 자가 있는데, 하루의 어획고는 40~50근(斤)으로 한 근의 가격은 6~7전이라고 한다. 1년 중의 어획고를 계산하면 대략 5,000원을 상회한다.

새우 ゑび 鰕 蝦 새어

이 나라에 생산하는 새우는 참새우(眞鰕)[93]·백하(白鰕)[94]·보리새우(車鰕)[95]·바닷가재〔アカザエビ〕[96] 및 닭새우[伊勢鰕]의 5종류로 진하(眞鰕)·백하(白鰕)를 주로 하고, 보리새우(車鰕)·바닷가재는 그것 다음이다. 연해에 이르는 곳에서 생산되지 않는 곳이 없지만 그 대부분은 약간의 담수(淡水)가 주입되고 바닥이 모래갯벌[底質沙泥]인 내만(內灣)이라고 한다. 봄철 3월 초순부터 연안에 모여들고, 여름철 7월 하순에 이르러 다시 근해의 깊은 곳을 향해서 떠난다. 가을철인 8월 하순에 이르면 다시 연안 내만에 군집(群集)한다. 봄에 오는 것은 산란하기 위한 것으로서 가을에 비해서 군집(群集)이 매우 크다. 가을에 오는 것은 봄에 온 것에 비하면 체형이 작다. 어업자의 말에 따르면 가을 어획이 많은 때에는 다음 해 봄 또한 반드시 어획이 많다고 한다. 서해연안의 이르는 곳곳마다 조선인들이 이 어업에 종사하고 있다. 어획량이 매우 많은 명태(明太魚)·조기·정어리(멸치) 등에 다음가는 중요어업이다. 특히 평안북도 청천강구(淸川江口) 및 압록강구(鴨綠江口)에는 청국어선이 많이 몰려드는데 그 수는 100척에 달한다. 이들 어선은 안동현(安東縣) 서쪽에서 비자와(貔子窩)에 이르는 연안 각지에서 내어(來漁)하는 자로 청천강구에서 근거지를 삼으며, 운반선이 있어 때때로 자국(自國)과 어장을 왕복한다. 일본인도 또한 내어하는데, 주로 오카야마·히로시마 2현의 어선으로 오리도(五里島)·국도(國島)·여자만(汝自灣)·광양만(光陽灣) 등을 어장으로 한다.

---

93) 학명은 *Haliporoides sibogae*이다. 원래 일본 표준어로는 ひげながえび라고 하는데 시즈오카 지역에서는 ほねび라고도 한다.

94) 학명은 *Metapenaeopsis lata*이다.

95) 흔히 오도리라고 하는 종류로 참새우라고 하는 경우도 있다.

96) 원문에는 あかぞえび로 되어 있으나 그런 새우는 찾을 수가 없다. 비슷한 명칭으로 あかざえび가 있고 이는 학명이 *Metanephrops japonicus*이다. 바닷가재이다.

Metanephrops Japonicus

주요한 어장은 서부연해에서는 줄포만(茁浦灣) · 전주하구(全州河口, 만경강구) · 군산 근해 · 천수만(淺水灣) · 인천 근해 · 청천강구(淸川江口) 및 압록강구(鴨綠江口) · 남부 연안에서는 광양만 · 여자만 · 국도 · 지호도(芝湖島) · 보성만(寶城灣) 및 목포근해라고 한다.

어기는 봄 · 가을의 두 철이며, 봄에는 3월 하순에서 7월 하순까지, 가을에는 8월 하순에서 10월 중순에 이른다.

어구는 조선인이 사용하는 것은 전(箭) · 초망(抄網) · 궁선(弓船) 및 중선(中船) 등으로 전(箭) 및 초망(抄網)은 연안에서 가장 많이 사용한다. 궁선(弓船) 및 중선(中船)은 근해에서 사용하고, 일본인은 조망(漕網) 및 안강망(鮟鱇網)을 주로 한다. 간혹 타뢰망(打瀨網) 및 전(箭)도 사용한다. 특히 전(箭)은 인천 · 군산 연해에 가장 많고, 청국인은 조선의 주목(駐木)과 유사한 어구를 주로 한다. 또한 초망(抄網)을 사용하는 자도 있다.

어선은 특별한 종류의 구조를 갖춘 것은 없고, 단지 조선인의 중선어업에는 130석(石)을 실을 수 있는 대선(大船)을 사용한다. 일본인의 어선 가운데 특이한 것은 오카야마현의 어선 중에는 가족을 모두 태우고 오는 경우도 있다고 한다.

조선인이 어획한 것은 어선 내에서 각자 염장 혹은 날생선인 채로 출매선에 판매한다.

날생선인 채로 사들인 출매선은 스스로 그것을 염장하고, 큰 새우는 건새우로 만들어서 20마리를 1묶음[連]으로 하여 시장에 내놓는다. 소형인 것도 역시 때로 건새우로 만들어서 판매하는 경우도 있다. 여자만(汝自灣)·순천만(順天灣)·국도(國島) 부근에 있는 궁선(弓船)은 일본제조업자로부터 먼저 자금을 빌리고 또 그해 어기(漁期) 동안에 어획한 새우 전부를 제조업자에게 매도한다는 계약을 맺고 출어한다. 그 수는 약 60척에 달한다.

일본인이 어획한 새우 중 일부는 각종 연승의 미끼로 사용되기도 하고, 그 절반은 미리 특별히 약속한 제조인에게 매도한다. 제조인은 어선과 함께 어장에 도착해서 부근 도서에 근거를 정하고 창고[納屋]·제조장 및 건조장 등의 설비를 하고, 제품 수량이 700~800근 이상에 이르면, 운반선에 탑재하여 일본 또는 미리 정한 국도(國島) 및 지호도(芝湖島)의 근거지에 보내어 새우가루[摺鰕]로 만들어 100근을 1짝[捆]으로 포장해서 고베 또는 나가사키에 수송한다.

청국인은 청천강구의 어장에서는 사오포(沙五浦)·애도(艾島)·외순도(外鶉島)·운무도(雲霧島)에 근거지를 이루고 어획물은 대개 이곳으로 운반하여 건새우로 만든다. 한편으로 안동현(安東縣)으로 수송한 다음 그 지역 및 다른 지방에서 판매한다. 압록강구의 어장에서는 그 위치가 자국에 가깝기 때문에 어획물은 대개 날마다 자기 마을로 가지고 돌아가서 제조한다. 또 때로 배 안에서 익혀 두었다가 육지에 도착해서 건조하는 경우도 있다. 1년 중의 어획고를 개산하면 조선인은 약 402,800원, 일본인은 약 80,900원, 청국인은 약 291,500원으로, 총계 대략 775,200원 정도이다.

전복 あわび 鮑 生腹

전복은 연안에서 널리 이를 생산되는데, 그 중에서 많이 생산하는 곳은 함경남도 이남 강원도, 경상북도 일대의 연해, 경상남도의 거제도·욕지도, 전라남도의 거문도·생일도·태랑도·진도·제주도·흑산열도 및 충청남도의 어청도·토루코[トルコ]도97), 황해도의 소청도·대청도·백령도 부근 바다라고 한다. 함경남도·강원도 연해

97) 어청도와 소청도 사이의 큰 섬은 덕적도가 있으나, 자세히 알 수 없다.

에서 생산하는 것은 주로 까막전복[クロ][98]으로, 경상남도 이서남 각 도에서 생산하는 것은 왕전복[マダカ][99]을 주로 하며, 말전복[メタカ][100]도 섞여 있다.

전복어업은 해삼어업과 그 연혁이 같은데 옛날에는 조선인이 거의 이를 포획하는 일이 없어서 번창하지 않았다. 그런데 일본어업자가 전복을 잡아보니 도처에 전복의 군서(群棲)하지 않는 곳이 없었다. 그 크기가 자못 커서 1알(顆)의 무게가 800문 이상에 이르는 것도 있어, 당시 잠수기 1대로 1일 200관문의 전복을 어획하는 것은 쉬운 일이었다고 한다. 그리고 지금으로부터 25~26년 전 나가사키현 사람이 제주도에 도항(渡航)하여 포획에 종사한 데서 시작되었다. 이것이 실로 조선 연안에서 일본인 잠수기 어업의 효시라고 한다. 이후 조선에서 전복어업의 이익이 크다는 것을 일반이 알게 되어 점차 일본어선의 수가 증가하였다. 특히 이 무렵 마침 일본 나가사키 및 기타 지방에서 잠수기어업의 제한령이 발포되자 잠수기 어선이 조선으로 도항하는 경우가 일시에 격증(激增)하였다. 해삼과 함께 남획한 결과 혹은 전업(轉業)하여 해삼 · 홍합의 채수를 주로 하거나, 혹은 전혀 다른 어업으로 바꾸어 점차 그 수가 감소하여 이제는 당초의 성황을 볼 수 없음에 이르렀다. 그렇지만 또 해삼 · 홍합 · 가리비 등과 아울러 포획하는 동시에 근래 제품을 개량하여 양품(良品)을 내놓게 되면서 상당한 이익이 있다. 그리고 조사해보면 강원 · 함경 양도 연안 및 다른 지역에서 새로운 어장을 발견할 수 있을 것이다.

조선인이 전복을 채수하는 것은 오로지 나잠(裸潛)에 의지하는데 종래 남부 연안 특히 제주도에서 부녀자가 이에 종사하는 경우가 적지 않았다. 전체수는 약 1,500명가량 될 것이다.

일본인의 경우는 주로 잠수기를 이용하며, 나잠으로 채수하는 경우도 역시 적지 않다. 그 수는 잠수기(해삼, 기타 조개류도 채수한다) 137대(臺), 나잠어선[裸潛漁船] 68척[艘], 485인이며, 그 출어원들의 잠수기선은 나가사키 · 도쿠시마 · 에히메 · 오이타 · 히로시마 · 야마구치 · 효고 · 니가타 등의 여러 현이다. 나잠은 에히메 · 나가사

98) 학명은 *Haliotis discus*이다.
99) 학명은 *Haliotis madaka*이다.
100) 학명은 *Haliotis gigantea*이다. 원문에는 メタカ로 기록되어 있는데 メガイ의 잘못으로 보인다.

키 · 미에 · 후쿠오카 · 효고 · 구마모토 각 현이다.

잠수기로 전복을 채취하는 것은 남부 연해에 있어서는 거의 1년 내내 이루어지지만, 제주도와 같은 곳은 여름 7~9월의 3개월은 휴지(休止)하는 것을 통례로 한다. 강원 · 함경 양도 연안에서는 보통 여름부터 가을까지로 한다. 또 가을 해삼의 어기에 들어가기 전 및 겨울철에 함경도 연안 해삼 어기가 끝난 후 남하하면서 강원도 연안에서 채수한다. 나잠은 매년 4~10월에 이르는 온난한 계절에 한다.

조선인은 채취한 전복을 부근의 일본인에게 판매하는 경우가 없지 않지만, 대개 각 어촌에서 조선인 도매상에게 팔고, 도매상은 그것을 건제하여 조선 내의 각지에 팔아넘긴다. 그 건제법은 살을 껍질에서 떼어내어 소금을 뿌려 충분히 문질러 두었다가 2~3일 후 씻어서 10개를 1꼬지(串)에 꿰어서 하루 동안 건조한다. 그것을 전복이라고 한다. 또는 산지에서는 생건(生乾)한 것을 잘게 썰어서 밥상에 올리는 경우도 있다.

일본인은 잠수기에서 채취한 것을 부산 근해에서는 날것인 채로 판매하는 경우도 있지만, 대부분 근거지에서 건제(乾製)하거나 통조림으로 만들어서 부산 · 원산 · 목포 등의 개항장으로 수송한 후 나가사키 · 고베로 운반하면 해당 지역 청국(淸國) 상인(商人)의 손에 의해서 청국으로 수출된다. 건제품은 원래 쪄서 말린 전복[灰鮑]을 주로 했지만, 근래는 대체로 자연 건조한 전복[明鮑]으로 제조한다. 강원 · 함경 양도에서 생산되는 전복은 형체가 작아서 통조림 원료로 적당하다. 전복 통조림을 제조하는 곳은 강원도의 장전(長箭), 경상도의 울산 · 부산 · 대야도(代也島), 전라도의 생일도(生日島) · 진도 · 제주도라고 한다. 또 전복의 껍질은 나가사키 · 고베로 수출한다. 그 가격은 100근(斤)에 2~3원(圓)이다. 1년 중 생산액을 대략 계산하면 약 105,000여 원을 웃돈다.

조선인의 나잠업(裸潛業)은 미역을 주로 하고, 우뭇가사리 · 김 · 전복을 채취한다. 일본인의 나잠업은 전복을 주로 하고, 우뭇가사리 · 미역 · 홍합 등을 채집한다. 요즘 일본인 나잠업자는 매년 증가하는 추세이며, 종사자는 남녀가 다 있다. 배 한 척에 승선하는 인원은 8~18인으로 그 조직은 다른 어업과 내용을 달리하는데, 대개 포획물을 사들이는 계약에서부터 이루어진다. 즉 식료(食料)를 영업주가 지급하고, 어획물은 예약가격으로 영업주가 매수한다고 한다. 때문에 각자 다투어 부지런히 채집하는 것이 다른 어업에 비할 바가 아니다. 일본인의 잠수기어업에 관한 조직 등은 해삼어업과 같다.

해삼 なまこ 海鼠 海參

조선 연안에 생산하는 해삼에는 돌기(突起)가 높은 것, 낮은 것 및 몸 색이 붉은 것, 청흑색을 띠는 것 등 다양하다. 함경북도 두만강구 이남 경상 양도 연안을 지나 전라남도 소안도(所安島) 부근에 이르는 사이에서 생산하는 것은 돌기가 높고 몸 색이 청흑색을 띠며, 제주도 부근에 생산하는 것은 돌기가 낮고 몸 색이 붉다. 연안에서 널리 이것을 생산하지만 그 중에도 특히 많이 생산하는 곳은 함경 · 강원 · 경상 · 전라 각도의 연안이며 충청도의 어청도(於靑島), 황해도의 대청도(大靑島) 및 소청도(小靑島) 부근도 또한 그 생산이 적지 않다.

해삼어업은 옛날부터 이 나라에 행해졌지만, 그 어법이 미숙[迂遠]하여 산액(產額)이 적다. 지금으로부터 25~26년 전 일본 나가사키현 사람이 이 나라 연안에서 본 어업을 시작하였다. 도처에 해삼이 많이 서식하여 그 어리(漁利)가 자못 컸다. 이후 일본인의 잠수기어선(潛水器漁船)도 해가 갈수록 증가하게 되었다. 마침 나가사키현과 그 밖의 지역에서 잠수기어업의 금지 제한령이 발포되었기 때문에 이들 어업자는 물밀듯이 이 나라 연안에 출어하기에 이르러 지금부터 10년 전에는 어선수(漁船數)가 200여 척에 달하였다. 당시 일본인의 조선 연안 어업 가운데 가장 번성한 것이었다. 동시에 경쟁적인 남획(濫獲)이라는 폐단에 빠져서 일본인이 통어하기에 편리한 남부 연안에서는 점차 어리(漁利)가 감소하게 되었다. 이들 통어자의 조직인 조선해통어조합(朝鮮海通漁組合)은 전복과 함께 어장구역을 제한하고, 동시에 번식을 보호하려고 하였다. 이후 전업하는 자들이 연이어 나타나서 일부는 제주도 방면으로 물러가고, 일부는 북쪽으로 옮겨 강원 · 함경 양도 방면으로 옮겨가면서 지금은 지난날의 성황을 볼 수 없기에 이르렀다. 그렇지만 동북부의 함경도 및 강원도 연안에서는 오히려 어장이 넓고 해삼의 서식이 풍부하므로 어리(漁利)도 또한 적지 않다. 근년 조선인도 잠수기 어업을 경영하기에 이르는 등 아직 이 나라 중요어업의 위치를 잃지 않았다.

현재 저명한 해삼 어업은 함경도는 나진만 · 유진 · 사호 · 용좌 · 정호 · 이호 · 서호 · 마양도 근해 · 영흥만, 강원도에 있어서는 치궁 · 금란 · 두백 · 남애 · 장전 · 영호리 · 미구미 · 저진 · 황금 · 거진 · 아야진 · 속진 · 주문진 · 사천 · 한진 · 불래 · 장울리 · 후생포, 경상도와 전라도는 부산 근해 · 거제도 · 욕지도 · 사량도 · 남해도 · 안도 · 돌산도 · 금오도 · 손죽열도 · 거문도 · 제주도 · 추자도 · 흑산열도 · 소안도 · 생산도, 충청도의 어청도 및 황해도는 대청도 · 소청도 등이라고 한다.

어구는 조선인은 종래 항망(桁網)을 주로 하고, 혹은 끌(錯)[101]을 사용하는 경우도 있으며, 잠수기를 사용하는 경우는 함경도 연안에서 드물게 보이는데, 청국인과의 공동으로 경영한다. 일본인은 모두 잠수기를 사용하는데 한때는 회전식 잠수기를 사용하는 경우도 있었으나, 구조가 지렛대식(槓杆式)[102]에 비해서 빈번한 출어 중에 손상을 입은 곳을 수리하기에 곤란하기 때문에 최근에는 이를 사용하는 경우가 거의 사라지고 지렛대식 잠수기뿐이다. 그 어구의 숫자는 조선인은 형망(桁網) 약 300통 · 끌[錯] 약 250개 · 잠수기 3대라고 한다. 일본인은 잠수기 137대인데 그 중에서 조선에 자리 잡은 것이 원산에 30대 · 부산에 50대 · 제주도에 3대이고, 그 외는 통어하는 것이다.

어기는 함경 · 강원 연안은 봄 · 가을 두 계절에 머물며, 여름과 겨울은 쉰다. 겨울에 휴업하는 것은 추위가 매우 혹독하기 때문이다. 부산 이서남은 거의 1년 내내 조업을 하지만 그 중 봄 · 가을 두 계절을 성어기로 하며, 제주도 연안에서는 12월부터 다음해 2월까지 사이이고, 황해도는 봄부터 초여름에 이르는 사이라고 한다.

부산 근해 및 제주도 부근에서 영업하는 일본 잠수기 어업자 중 강원도의 전복을 채집하면서 점차 북쪽으로 올라가 가을 어기에 들어서면 함경도에서 해삼을 잡는 일에 종사하고, 12월 초순에 이르러 다시 강원도의 해삼 및 전복을 채집하면서 부산에 돌아오는 것을 통례로 하는 경우도 있다. 일본인의 출신 지역은 주로 나가사키 · 효고 · 도쿠시마 · 야마구치 등인데 근년 배의 수가 감소함에 따라서 한 척당 어획량은 증가하여 각각

---

101) 鑿의 오자로 생각된다.
102) 지렛대처럼 생긴 자루를 눌러 잠수기에 공기를 보내는 방식이다.

상당한 어리를 얻기에 이르렀다.

조선인은 종래 어획한 해삼을 날로 먹기도 하였지만, 대부분은 쪄서 말린 해삼(煎海蔘)[103]으로 가공하여 이를 저장한다. 조선인은 해삼이 보혈강장(補血强腎)에 특효가 있다고 하여 매우 귀중하게 여긴다. 산간벽지에 사는 자로서, 허약한 몸을 고치기 위해 해안으로 나와서 해삼을 먹는 경우도 있다고 한다. 잠수기로 어획한 것은 청국인을 대상으로 해삼으로 제조하여, 원산거류지 청국인 등에게 판매한다. 일본인이 어획한 것은 모두 어장 부근의 해안에서 가공한다. 제법(製法)으로 남제(藍製)·탄제(炭製) 두 종류가 있다.

1. 남제(藍製)[104]

어선이 어장에서 근거지로 돌아가자마자 창고업자는 어선에서 해삼을 수취하여 곧바로 쪄서 익힌다[煮熟]. 쪄서 익히기를 전후 두 차례 하는데 처음에는 해삼의 내장을 빼고 (항문부를 칼로 세로로 자른다)이것을 끓는 담수에 넣어 때때로 휘저어 섞어[攪拌] 펄펄 끓인다. 70% 익은 정도에 꺼내어서 수분을 없애고 식염을 섞어, 하루 밤낮 내지 이틀 밤낮 동안 둔다. 추가하는 소금의 양은 해삼 1통(4말들이)에 대해 여름에는 2되 5홉, 겨울에는 2되 7홉으로 한다. 소금으로 절이기(鹽漬)가 끝나면 통에서 꺼내 물을 부어서 부착물을 없애고, 다시 물 1말에 녹반(綠礬) 5문과 로크우레이드[ログウート] 7문을 녹여서 끓인 다음 해삼을 넣고 약 15분간 펄펄 끓인 다음 꺼내어 햇빛에 건조한다. 이따금 착색품(着色品)을 이용하지 않는 경우도 있다. 보통 원료 1통으로 해삼 12~13근을 얻을 수 있다.

2. 탄제(炭製)

내장을 꺼낸 해삼을 끓는 해수에 넣고 휘저어 70% 정도 익은 상태에서 꺼

103) 일본에서는 해삼을 생물은 海鼠라고 하며, 쪄서 말린 것은 海蔘(이리코)으로 구분한다.
104) 해삼을 건조하여 남색으로 물들이는 제법이다.

내어 1통에 대해 식염 6되의 비율로 4~5일간 절여 두었다가, 후에 소금물과 함께 다시 가마솥에 넣어서 펄펄 끓인다. 정도를 계산하여 꺼내고, 식기 전에 소나무 숯의 분말을 섞어서 착색한다. 제품 100근을 얻으려면, 원료 5통 반을 필요로 한다.

앞의 두 제품 중 탄제는 대부분 원산에 거류하는 잠수기업자가 행하는 바이고, 남제는 부산에 거류자 및 부산 근해 이서북의 잠수기업자가 행하는 방식이다. 탄제는 대체로 블라디보스톡[浦鹽斯德]으로 원산항에서 직수출하지만, 근년 원산거류 서도상점(西島商店)에서 청국 옌타이[芝罘]에 직수출을 시도하여 이미 2~3회 실행하였다고 한다.

남제는 원래 청국인을 위한 것이지만 그 수출에는 2가지 방법이 있다. 하나는 일단 일본 나가사키 또는 고베에 수출한 다음 그 지역의 일본 상인이 청국 상인의 손으로 넘겨 다시 청국에 수출하는 경우와 부산항에서 곧바로 청국에 수출하는 경우이다.

가격은 원산 지방에서의 조사에 의하면 100근에 대해 탄제는 20원~35원, 남제는 35~65원이라고 한다. 또 제주도에서의 조사에 따르면 제주도산의 상등품(대형의 것)은 70원 · 차등품(소형의 것)은 40~50원 · 강원도 연안산은 45~46원 정도이다. 일본 잠수기업에서 자본이 풍부한 자는 직접 나가사키 또는 고베로 수출하지만, 자본이 부족한 자는 어장에서 개항지(원산 · 부산 기타)로 배로 운송하여 일본인 혹은 청국인의 해산물상에 팔아넘긴다. 그 선금을 받은 자가 잡은 것은 예약한 일본인 도매상에 의하여 대부분 나가사키 또는 고베로 수출 판매된다. 요즘 1년 중의 해삼 및 그 제품 산액을 추산하면 대략 276,000여 원에 달한다.

잠수기어선은 폭이 7~8척으로, 구조가 동일하지는 않다. 한 척에 잠수부 1인 · 선장[船頭] 1인 · 망지(網持) 1인 · 수부(水夫) 6~8인 내지 9인이 탄다. 수심이 얕은 곳에서는 수부를 4~5인으로 줄여서 총인원 7~8인으로 작업하는 경우도 있다. 선원 고용방법은 전부 급료법(給料法)으로 하는 경우와 선장 · 망지 · 수부의 급료법으로, 잠수부에 한해서는 어획비율법[漁獲步合法]으로 하는 두 종류가 있다. 원산 방면에서 앞의 방식을 쓰는 경우는 1개월 급료가 선장 · 망지는 10~12원(圓), 수부는 8~10원, 잠수부는 25~30원이다. 후자의 방식을 채택한 경우는 어획한 해삼 1통마다 80전(錢)을 잠수부에게 분배해 준다고 한다. 그리고 두 방법 모두 선원의 식료는 영업주에게 부담시킨다. 원산 방면에서는 최근에 선원, 특히 잠수부가 부족하고, 또 본래 계속 나갈 수 없는 자가 많기 때문에 그 중에는 새로 일본에서 고용된 자도 있다. 일본에서 고용된 경우의 기차 · 기선 기타 필요한 여비는 편도 혹은 왕복 모두 고용주가 지급하는 것을 통례로 한다. 일본에서 해마다 통어(通漁)하는 잠수기어선에서는 고용주와 피고용자 상호 간의 관계가 대체로 원만하고, 동시에 피고용자 사이에서도 심한 악습이 있다는 것은 듣지 못했지만, 조선에 토착해서 영업하는 자 중에는 종종 악습이 있다. 생각건대 겨울 4개월간은 완전히 휴업상태가 되므로 어부는 그 사이 아무것도 할 수 없고 앉아서 다가올 어기를 기다리는 형편이므로 스스로 음주와 악습에 빠지는 결과를 면할 수 없게 된다. 그러니까 토착 잠수기 어선이 다가올 어기에 어부를 고용하는 데에는 당연히 보통 수부 1인에 대해 10원~20원, 잠수부 1인에 대해 30~50원의 선금을 필요로 하게 된다. 때로는 이중으로 선금을 받는 경우도 없지 않다고 한다. 결국 휴업 중 좌식(坐食)하는 일에서 비롯되는 폐단이므로 이를 고치는 데에는 일정한 직책을 주는 것이 나을 것이다. 요즈음 부산 · 원산 두 곳에서 잠수기업자는 폐풍(弊風)을 교정하고, 또 일반 조난자를 구호함으로써 동업자(同業者)의 복리를 증진함을 목적으로 이 업종의 조합을 조직해서, 어부에게 선금을 주지 않을 것 · 급여를 일정하게 할 것 · 어부를 고용할 경우에는 반드시 전고용주의 승낙을 거칠 것 · 기타 어선과 어부의 조난을 구호할 것 등을 규약으로 하였다. 또 두 지역으로 출어하는 잠수기업자에게 이에 가입하게 하는 방법을 강구하였다. 이처럼 이러한 규약으로 앞의 폐단을 교정하려 하는데 그 효과는 아직 분명하지 않다.

잠수기어업자는 출어지에서 도착하면 어장 부근의 적당한 곳을 택해서 가건물을 짓고 이를 근거지로 해서 매일 해삼을 포획하고, 그것을 근거지에 가지고 가서 제품으로 가공한다. 현재 어업자 스스로 어획물을 처리하고, 별도로 제조담당자를 두지 않는 것이 보통이라고 한다. 제조에 필요한 기구는 보통 가마(平釜; 지름 2척 3~4촌) 2개 · 4

말들이 통 20개 · 널 자리 20매 · 물통 1짐[荷] · 국자[柄杓] 대 · 소 2개 및 쇠로 된 뜰채[金綱攩] · 작은 주걱과 걸고리 각 1개이다. 부장(釜場)은 별도의 지붕을 씌운다.

출어하기에 앞서 미리 앞의 여러 창고재료와 제조용구 외에 식품 및 소금 등을 어선에 싣는다. 자력(資力)이 부족해서 다른 지원[仕込]을 받는 경우에는 출어준비기 중에 쌀과 소금을 수시로 출어근거지로 가져다주고, 대신 제품을 근거지에서 수송해서 그것을 판매하도록 위탁한다. 어기가 끝나 귀항한 후 결산하여 자본의 융통을 받은 자가 비용을 도매상에게 지불한다. 지불 금리는 월 3~4푼인데, 공급 받은 쌀과 소금 등의 잡비는 보통의 시가보다 비싸다. 그밖에 제조위탁 판매수수료로 보통 3푼을 지불하지 않으므로 도매상의 이윤이 매우 클 것 같지만, 이러한 지원을 받은 잠수어선 중 때때로 제품을 몰래 빼내 판매하는 경우도 있어서 결산 때에 도매상이 수지(收支)를 맞추지 못하는 경우도 없지 않다. 요컨대, 이러한 폐해를 교정하고 어업 조직을 고치는 한편 해삼 제조법을 개량하는 것과 동시에 청국에 직수출하는 것이 해삼 어업 상 현재의 긴요한 일이다.

굴 かき 牡蠣 石花

조선 연해에서 생산하는 굴의 종류는 긴굴[ナガガキ]105) · 벗굴[イタボガキ]106) · 참굴[マガキ]로 연해에 널리 생산되지만 특히 풍부한 곳은, 함경북도 조산만(造山灣)의 황어포(黃魚浦), 함경남도 영흥만내(永興灣內)의 서북부 송전만(松田灣), 경상북도 낙동강과 가덕도 사이의 해협(海狹), 전라남도 영산강구 및 경기도 인천근해, 황해도 순위도의 북동에서 가로로 뻗은 용위도(龍威島), 평안북도 압록강 바깥의 철산반도(鐵山半島)에 이르는 해안 신도열도(薪島列島)라고 한다. 황어포(黃魚浦)는 주로 긴굴이 나는데 근간 5~6년 전부터 채수(採收)를 시작한 곳으로 당초에는 그 조개 번식이 엄청나고 조개 역시 장대하여 껍질의 크기가 1척 3~4촌에 달하는 것이 드물지 않았다. 그 포(浦)는 주위 약 10리 남짓한 만으로 수심은 2~3길이고 가장 깊은 곳도 4길 내외에

105) 학명은 *Crassostrea gigas*이다. 참굴과 같으나, 길이가 좀 더 긴 특징을 가지는 生態型이다.
106) 학명은 *Ostrea denselamellosa*으로 토굴 또는 퍽굴이라고도 한다.

그친다. 원산에 거류하는 청국상인과 아울러 일본상인 및 웅기부근에 재류하는 일본인들이 일시에 왕성히 채수(採收)한 결과 지금은 자못 그 번식이 감소하였다. 송전만(松田灣)은 주로 참굴·벗굴을 생산하고 예로부터 이 나라 사람이 매년 그것을 채수(採收)한 곳이다. 그래서 원산에 거류하는 일본상인이 그것을 매수해서 말린 굴(乾蠣)로 제조하여, 청국 수출품으로 공급하기에 이르자 부근 일본인이 매수에 종사하는 경우도 해마다 증가하여 산액 또한 현저하게 증가하였다. 송전만(松田灣)은 분포구역이 자못 광활하고 또한 수심 때문에 번식력이 감소하는 일 없이 현재까지 지속적으로 상당한 수확이 있다. 가덕도 부근에서는 참굴·벗굴이 생산되는데 종래부터 연안에서 조선인이 그것을 채수(採收)하였다. 영산강구는 예전에 굴의 번식이 적지 않았지만 물의 흐름이 매우 빠르고, 지반에 변동이 생기는 한편, 굴을 채수하는 일이 비교적 왕성하였기 때문에 현재는 자연산 굴은 크게 감소하여 채수(採收)하는 자도 없어지기에 이르렀다. 그렇지만 굴에 인위를 가하여 번식을 도모한 다음 차례로 채수(採收)하는 것은 그 조개를 자연습성에 적응시킨 시킨 기술에서 비롯된다.

근년에 이르러 일본인으로서 영산강구에서 굴 양식업 면허를 얻어 사업에 착수한 자는 3조(組), 그 면적의 합계는 50정(町) 9단(反) 3무(畝) 19보(步)에 이른다. 인천 근해에서는 조선인이 굴을 채수(採收)하여, 인천·경기에 수송해서 날것으로 팔아넘기는 경우[售賣] 이외에는 염장해서 그것을 저장한다. 황해도의 용위도(龍威島)에는 일본인이 최근에 이주해서 조선인이 채수(採收)한 것을 매집(買集)하여, 청국수출품을 목적으로 말린 굴로 제조한다. 또한 껍질을 태워서 굴껍질재[牡蠣灰]로도 제조한다. 압록강 바깥에서는 간조(干潮) 무렵 연안에서 조선인이 조금 채수(採收)하는 것을 볼 수 있을 뿐이다.

요컨대 채수(採收)하고 굴을 매집(買集)하여 그것을 말린 굴로 제조하는 일은 일본인이 경영하는 경우도 있지만, 굴의 채수(採收)는 전적으로 조선인이 하는 일이다. 그 채수법(採收法)은 함경도에서는 어선에 2~3인이 승선하여 굴 서식장에 이르면 먼저 수간(水竿)으로 어선을 고정시키고, 나무로 된 긴 작대기가 달린 갈퀴로 긁어 올리거나, 또는 나무로 된 조개집게[木製貝狹]로 집어 올리는 것이 보통이라고 한다. 가덕도 연안에서는 긴 나무자루를 붙인 철제 갈퀴로 긁어 올려 채수하고, 압록강 바깥에서는 호미(手鍬)로 캐는 데 그친다.

채수기(採收期)는 함경도 방면은 매년 4~6월까지 및 9월~10월까지 두 계절이고, 가덕도 부근에서는 10월부터 이듬해 4월에 이르는 사이, 그 밖의 지역은 온난한 계절에 때때로 채수(採收)하며, 채수에 종사하는 자가 영흥만에는 약 150인, 황어포에 있어서는 한때 어선수 800척, 인원 2,000인 이상에 달하기도 했지만, 지금은 크게 감소하였다. 가덕도 부근에 있어서는 24~25인, 그 밖의 지역 연안은 대체로 다른 어업의 여가에 잡는데 그치고, 전업으로 하는 자가 적다.

앞에서 기술하였듯이, 굴 채수업은 현재 전부 조선인이 영위하는 바로 함경도에서는 대부분 일본인의 무역상에게 전차(前借)〈대개 미곡으로 한다〉하고 대신 채수 · 제조한 말린 굴을 약속 가격으로 거래한다. 한때 황어포에서는 채수한 굴의 생살을 일본인에게 공급하고, 일본인의 손으로 건제한 적도 있었다. 이 방법을 따를 때에는 분업으로 한다. 조선인은 채수만 담당하고 그 살을 빼내는 것은 채수에 종사하는 자의 가족(대개는 부녀)이 이를 분담하여 쌍방의 이익이 되기도 하지만, 일본인에게는 멀리 가서 출장 제조를 해야 하는 번거로움이 있어서 지금 이를 행하는 경우는 없다. 그 방면에 있어서는 오로지 청국수출용으로 말린 굴로 제조하고, 대체로 원산 거류 일본상인 또는 청국상인과 거래한다. 청국상인은 곧바로 이를 본국에 수출하고, 일본상인은 일단 나가사키 · 고베에 수송하여 같은 지역 일본상인을 거쳐서 청국 상인의 손에 넘겨서, 다시 청국으로 수출하게 된다. 그 밖에는 이를 산 채로 조선인 또는 일본인에게 팔아넘기거나 혹은 건제 또는 염장해서 조선 각지의 사람이 쓸 수 있도록 공급한다. 그 제조법은 아래와 같다.

> 지름 3척의 평평한 가마에 담수 두 말 정도를 담아 여기에 식염 5되를 넣어서 끓인 다음, 생굴은 무릇 4관문(貫匁)을 담아 40분간 끓여서 건져내어 발에 널어서 햇빛에 말린다. 맑은 날이면 약 5일 만에 다 말릴 수 있고, 비가 오거나 하면 일주일 이상을 소비하게 된다. 수출할 때는 135근이 들어

가는 상자를 만들어서 포장한다.

1년 동안의 생산액은 함경도에서 대략 57,000~58,000원, 그 밖의 연안에서는 대략 30,000원, 합계 87,000~88,000원 정도이다.

문어[107] たこ 蛸 絡蹄

문어는 전 연안에서 생산되지만, 왜문어[マダコ]는 동북 연안에 많고, 북진함에 따라 점차 체형이 커져서 길이가 7척 이상에 이른다. 특히 함경도 청진의 동북 소서수라(小西水羅) 연안에서 생산되는 것은 길이[口長] 7척, 무게[目方] 8~9관에 달하는 것도 있다. 주꾸미[イイダコ][108] 및 낙지[アシナガダコ]는 서남 연안의 사니(沙泥)지역에 많고, 동북해에 이르면 점차 감소한다.

어장은 왜문어는 함경도에서는 청진의 동북쪽인 소서수라 근해, 강원도에서는 영호진 · 미구미(味口味) · 장울리(長鬱里)[109] · 죽변 연안, 남해에서는 가덕수도[110] · 병산 열도 · 망와도 · 돌산도 · 삼천리 · 노량진 근해를 주로 한다.

주꾸미 및 낙지는 통영 · 하동만 · 여자만 · 보성만 · 강진만 · 진도 · 목포 · 천수만 · 인천만 · 진남포 · 압록강구 · 철산반도 등이다.

어기는 왜문어는 5~9월까지, 주꾸미는 4~10월까지이다. 그리고 낙지 호승(壺繩)의 전성기는 봄 · 여름의 교체기이다. 어구는 왜문어는 외줄낚시 · 갈고랑이[鈎] 및 호승을 이용한다. 주꾸미 및 낙지는 호승을 이용하는 경우도 있지만 그 수는 매우 적고, 대부분은 간조 시에 그 잠복처를 찾거나 또는 밤에 횃불[篝火]을 피워서 유인하여 손으로 포획한다. 호승은 80길 가량의 밧줄에 2길 가량의 간격을 두고 지름 6~7촌, 길이 1척 4~5촌 내지 2척 가량의 둥근 대나무[丸竹]를 매단 것으로서 삼천리 · 노량진 부근

---

107) 원문에는 락디라고 기록되어 있다. 일본에서는 蛸(たこ)는 문어목의 연체동물을 총칭하는 용어이다.

108) 학명은 *Octopus ocellatus*이다. 작은 눈을 가진 문어라는 뜻이다.

109) 현재 영호진 · 미구미는 찾을 수 없다. 삼척지역에 藏鬱里(현재는 莊湖里)가 있다.

110) 원문에는 德加水道로 되어 있으나, 가덕수도의 오기로 보인다.

에서는 이것을 사용하는 경우가 50~60척 있다. 때때로 일본인에게 초벌구이 단지[素燒壺]를 구입하여 사용하는 자도 있지만 아직 매우 적다. 또 대나무 대신으로 통발을 이용하는 경우도 있다. 부산 · 통영 근해에서는 수조망(手繰網) 및 낚시 도구로 어획하기도 하지만 조승 및 외줄낚시 미끼에 사용하는 것을 목적으로 하는 경우로 스스로 이것을 사용하거나 혹은 다른 어선에 판매한다. 연중(年中)에 있어서 어획고를 계산하면 대략 21,000원 내외이다.

주꾸미 및 낙지는 주로 미끼에 도움이 되는 것으로 조선인 · 일본인 모두 이것을 사용한다. 따라서 조선인은 그 수요에 응하기 위해 이것을 어획하는 경우가 많다. 이것에 종사자는 모두 부녀자로 하루 어획은 숙련된 자는 능히 100마리 이상에 이르지만 30~40마리를 보통으로 한다. 어획한 것은 지름 1척, 깊이 7촌 가량의 질그릇 또는 작은 통에 8할 가량의 해수를 담아 저장한다. 넣는 비율은 1통에 17~18마리로 한다. 때때로 바닷물을 바꾸어주면 5~6일간 저장할 수 있다. 그리고 수시로 어업자의 수요에 응하여 판매한다. 가격은 한 마리에 대해 봄철은 12문(文), 여름철은 3문 내외이다. 낙지는 조선인이 기호하는 바로 날것으로 식용하지만, 왜문어는 대부분 건조한다. 그 방법은 몸뚱이 부분에 대막대기를 삽입하여 이것을 타원형으로 팽팽하게 늘여서, 외피를 벗겨내고 그냥 말린다. 건조된 것은 표면에 백분이 생겨 외관이 자못 아름다워서 일본산 말린 오징어[袋鱧]와 매우 비슷하다. 제사나 잔치 때에 이용되기 때문에 판로가 자못 넓고, 전국의 도처 시장에서 판매된다. 가격 역시 낮지 않다. 주꾸미는 미끼에 사용되는 것 외에 날것을 식용하기도 하지만 건제하는 것은 없다.

오징어 いか 烏賊

조선에서 생산되는 오징어로는 참오징어[갑오징어] · 살오징어[빨강오징어] · 화살오징어 · 무늬오징어[흰오징어]의 네 종류가 있다. 참오징어 및 화살오징어는 서남연해 일대에서 많고, 동북해에 이르면서 점차 감소하여, 원산 지방에서는 거의 볼 수 없다. 살오징어는 강원도 및 남해에서 생산되며, 서해에서 볼 수 있는 일은 매우 드물다. 무늬오징어는 남해 근해의 도서 사이에서 가을에 내유하는 것을 많이 볼 수 있는데,

아직 주산지를 발견하지는 못했다.

어장은 참오징어는 전라 · 충청도 연안 이서에 이르고, 주요한 곳은 남해도 · 국도(國島) · 장도(獐島) · 칠산탄(七山灘) · 격음열도(隔音列島) · 연도(煙島) · 녹도(鹿島) · 강화도 · 용위도(龍威島) · 대화도(大和島) · 반성열도(磐城列島) 연안 등이라고 한다. 살오징어 및 화살오징어는 모두 거문도 · 추자도 · 제주도 등을 주 어장으로 한다. 무늬오징어는 태랑도(太郎島) · 거문도 등의 근해에서, 화살오징어와 함께 혼획할 뿐, 아직 주요 어장을 발견하지 못했다.

어기는 참오징어는 4~6월까지이며, 살오징어 및 화살오징어는 모두 3~5월까지, 무늬오징어는 9~11월까지라고 한다.

어구는 조선인은 외줄낚시를 주로 하고, 또 수조망(手繰網) 및 어살로, 다른 물고기와 혼획하는 경우도 있다. 일본인은 부망(敷網) · 외줄낚시 등을 주로 하고, 때때로 안강망(鮟鱇網) · 수조망 및 예망(曳網) 등을 사용하며, 다른 물고기와 함께 혼획하는 경우도 있다. 외줄낚시는 조선인 · 일본인 모두 인조미끼(루어낚시)를 이용하고, 그 구조는 대나무 · 사슴뿔 · 납 · 철 등의 끝에 많은 낚싯바늘[鈞]을 붙여, 한치[柔魚] · 고등어 · 정어리(멸치) · 전어 등의 광택 있는 껍질을 돌돌 만 것이다. 낮에는 낚싯줄을 길게 해서 물 바닥에 드리우고, 밤에는 낚싯줄을 짧게 해서 수면에서 사용한다. 또 밤에는 횃불을 밝혀서 물고기를 유인한다. 1년 중에 어획고를 계산하면 대략 25,000원 내외이다.

조선인은 생오징어와 마른오징어 모두 좋아하지만, 대부분은 피데기라고 하는 반건조 오징어로 만든다. 피데기는 말린 오징어와 비슷한데, 다만 그 말린 정도가 다를 뿐이다. 다리를 떼고 건조한 것도 있고 다리가 붙어 있는 경우도 있다. 조선 내에서 널리 소비되는데, 시장 도처에서 이것을 볼 수 있다. 일본인이 낚시로 잡은 것은 대체로 배 위에서 배를 갈라 내장을 꺼내 잘 씻어서 마른오징어로 제조한다. 그물로 잡은 것은 대개 다른 혼획물과 함께 산 채로 판매한다.

홍합 いがひ 貽貝 紅蛤

홍합은 조선 연해에 널리 생산되지만 그 중에서도 특히 생산이 많은 곳은 함경남도 영흥만구 이남 강원도 및 경상북도 연해 일대, 특히 거제도, 진해만구, 경상도의 욕지도, 안도 등이라고 한다.

조선인은 삼각형 뜰채에 긴 대나무 자루[竹柄]를 붙인 것[111]이나 시릿대[シリツテ][112]라고 부르는 철제끌 형태에 긴 자루[長柄]를 붙인 것으로 그것을 채수한다. 일본인은 잠수기 또는 나잠(裸潛)으로 채수하지만, 대부분은 해삼 또는 전복어업 여가에 잡는 데 불과하다. 홍합이 많이 번식하는 강원 · 함경 양도의 경우는 서로 잇닿아 겹쳐져 있거나 빈틈없이 착생(着生)되어 있는데도 불구하고, 그 채수가 번창하지 못한 것은 그 어리가 적어서 그런 것이 아니고, 그것을 채수하는 것보다는 해삼 · 전복을 채수하는 것이 이익이 많기 때문일 것이다. 도쿠시마현[德島縣]의 잠수기 어선은 경상남도의 욕지도를 근거지로 삼고 오로지 경상남도 근해에서 홍합을 채수하는 경우도 있다. 또한 미에현[三重縣] 시마[志摩]에서 온 나잠업자(裸潛業者)는 근년 함경남도 영흥만구에서 우뭇가사리 · 전복과 함께 채수하는 경우도 적지 않다.

조선인은 어선 1척에 어부 2~3인을 태워 매년 2~10월에 이르는 사이에 채수하고, 일본인은 잠수기의 경우는 11월에서 다음 해 4월까지 · 나잠(裸潛)의 경우는 5~9월까지 채수한다.

조선인은 날것을 소비하는 경우도 있지만, 대부분은 그냥 건제(乾製)한다. 그 방법은 살을 껍데기에서 떼어내고, 큰 것은 1개씩 작은 것은 꼬챙이에 꿰어서 하루 동안 말린다. 보신에 효능이 있다고 해서, 일반적으로 즐겨 먹는 풍습이 있다. 일본인이 채수하는 경우에는 각자의 근거지에서 홍합을 건제(乾製)하여 담채(淡菜)라고 해서 부산 · 원산을 거쳐서 나가사키 · 고베에 수송하면 청국상인의 손에 의해서 청국에 수출한다. 그 제조법은 껍질 채로 가마 안에 넣어서, 껍데기가 열리면 가마 안에서 건져 올려 살을 껍질에서 제거하고, 대자리에 널어서 모두 하루 동안 말린다.

1년 중의 산액은 조선인의 어획고는 대략 4,000원, 일본인의 어획은 각자 어획고 대략 18,000원, 합계 32,000원[113] 정도이다.

---

111) 원문에는 ヤグパン이라고 표기했으나 알 수 없다.
112) 시릿대는 대나무의 종류인데 같은 이름으로 불렸는지에 대한 것은 알 수 없다.
113) 한국인 4,000과 일본인 18,000원을 더하면 22,000원인데 원문대로 표기하였다.

홍합에서 진주를 얻는 경우는 적지 않다. 진주로서 가치는 크지 않지만, 드물게 유리색의 광택을 갖추어, 장식품으로 쓸 수 있는 것도 있다. 모두 일본에 수출해서 진주상인과 거래한다.

김 あまのり 海苔 海衣

조선에서 생산하는 김은 잎의 면적이 크면서 단생(單生)하는 것과 여러 잎과 줄기가 나오는 것이 있다. 전자는 맛있지만, 후자는 다소 못하다. 크기가 큰 것은 폭 8촌, 길이 1척에 달하는 것도 있다. 연안에서 두루 생산되는데, 가장 많은 곳은 울산만 · 낙동강 · 하동강구 · 장직로해(長直路海) · 완도 · 장자도 · 위도 및 어청도라고 한다. 하동강구에서는 섶나무가지[篊朶]를 세워서 이를 양식하는 방식이 왕성하게 행해진다. 장직로해에서 또한 행해지지만, 아직 활발하지 않다. 자연산이든 양식하는 것이든 관계없이 조선인은 이를 채수(採收)해서 (김을)떠서 건제하여 판매한다.

하동강구에서의 김 양식업 기원에 관해서는 확실한 기록이 존재하는 것이 아니지만 다만 고로(古老)들이 전하는 바로 짐작해보면 적어도 200년 이전인 듯하다. 전하는 바에 의하면, 이곳에 살던 한 할머니가 해안에 나가서 패류를 채취하며 지냈는데 우연히 나뭇조각이 흘러와서 이를 살펴보았더니 온통 김이 붙어 있었다. 뜯어서 그 맛을 보았더니 자못 좋았다. 그래서 인공적으로 나무를 물속에 세워 둬도 이와 같게 될 것이라고 생각하였다. 그 다음 해 섶나무가지[篊朶]를 세워두었더니, 과연 좋은 결과를 얻었다. 당초는 채수(採收) 후에 그냥 건조해서 식용으로 사용하는 데 지나지 않았지만, 언제부터인지 짚으로 짜서 만든 발[藁簀]을 사용해서 (김을) 뜨는 방법을 발견하였고, 판로 역시 확장함에 따라서 본업에 종사하는 자가 크게 증가하여, 오늘에 이르러서는 중요한 산업이 되었다. 그 구역은 하동 · 돌산 · 광양 · 곤양의 네 군에 걸치며, 가장 성행한 곳은 광양군으로, 연해에 이르는 도처에 섶나무가지를 볼 수 있다. 광양군 이외의 지방은 모두 주위가 10리(里) 내외인 섬이어서 면적이 좁고 게다가 매우 높고 비탈지다. 그 몇 군데를 개간해서 보리와 조의 경작에 종사하지만, 겨우 섬사람 양식에 약간 도움이 되는 데 지나지 않고, 연중 생계를 유지하는 데 부족하다. 그러므로 오로지 섬사람은 노인 · 어린

아이 · 부녀자에 이르기까지 본업에 종사해서 생계비의 7~8할을 거두어들인다. 섶나무가지는 누구나 자기 마음대로 설치할 수 없으며, 그 장소는 선조 이래 소유권을 소유한 경우 논 산 들[田圃山野]에 있는 것과 다르지 않아서, 매매 저당의 물건이 될 수 있다. 그러므로 가난한 사람은 점차 부유한 사람에게 병탄되어 해가 지나면서 빈부 격차를 낳는다. 매매 가격은 1단보[反步] 당 약 45~50원이고, 1년 동안 대차(貸借)하는 경우 약 4원 50전~7원이다. 광양군에서는 대개 1년 동안의 계약으로 임차해서 영업하는 자가 많다.

제조는 조악해서 시작한 지 오래된 것과 달리 어떤 개량이나 진보된 흔적도 볼 수 없다. 그 방법은 먼저, 착생 후 40~60일을 지나 이것을 채취하여 염분을 없애고 티끌을 제거한다. 도마 위에서 잘게 썰어서 길이 1척, 넓이 8촌 가량의 볏짚으로 만든 발[藁簀] 위에 올려놓은 길이 8촌, 넓이 5촌 가량의 나무틀[木枠] 안에 약 1작(勺) 가량의 비율로 투입한다. 이것을 물을 담아 두는 큰 통[水槽] 안에 집어넣어, 김을 발 전체에 평평하게 늘어놓은 후, 물기를 빼고 나무틀을 제거한다. 이렇게 해서 4~5매에 달하면 건조장에 운반하여 햇볕에 말린다. 건조장은 특별히 설비된 것은 아니고, 단순히 가옥의 담장 또는 구릉의 경사면 등을 이용한다. 이런 곳에 널어서 햇볕에 말리고(爆乾), 일몰 전에 거두어들인다. 다 마른 것은 떼어내어[剝取] 다음 날 다시 햇볕에 말린다. 이렇게 해서 제조가 완료된 것은 40매를 한 묶음으로 해서, 볏짚 혹은 갈대 등으로 이것을 묶어 하동 시장에 나가서 판매한다. 또 전주 · 공주 · 나주 · 광양포 · 목포 · 인천 · 경성 부근으로부터 매집을 위해 모여든 상인에게 매도하는 경우도 있다. 가격은 해의 풍흉에 따라 차이가 있지만, 한 묶음에 40~50문을 보통으로 한다. 흉작의 해에는 70문으로 등귀하는 경우도 있다.

산출액에 대해서는 아직 정확한 통계를 추정할 만한 것은 없지만, 하동강구 부근에서 제조업자의 호수는 약 500호로 1호 1만 매를 제조한다고 가정하여, 한 묶음에 50문으로서 계산하면 가격은 62,500관문 즉, 126,000원을 웃돈다. 또한 다른 지방에서 갯바위에서 채수하여 제조한 것을 합산하면 전국 산출액은 약 166,000원에 달할 것이다.

풀가사리 ふのり 海蘿 加士里 가ᄉᆞ리

풀가사리는 남부 경상도, 전라도의 각 근해 도서, 충청도의 어청도 및 황해도의 백령도 근해에서 생산된다. 이 중 주요 산지는 전라도의 진도·소안도·제주도·추자도·완도 등으로서 초봄 무렵에 간조선 상의 암초에 착생한다. 이 암초는 대개 그 지방 마을의 전유물로서 함부로 다른 사람에게 채수를 허락하지 않는다. 또 자기 마을 내의 사람이라 하더라도 정해진 기간 외에는 채수하지 않는 것이 관행이다. 낫 또는 조개껍질로 이것을 긁어내어 모으고, 건조하여 목포·부산 등으로 수송하여 일본상인에게 매도한다. 일본상인은 일부는 이것을 씻어 말리고 대부분은 다시 그대로 오사카로 수출한다. 그 씻어 말린 것은 대부분 일본인의 지붕 회반죽 기타 벽체도장용으로 사용한다. 일본에 수출하는 것은 100~150근을 넣어 포장한다. 품질은 진도산을 최상으로 하는데, 일본에서 최우등품인 히젠[肥前]·고토[五島]산에 못지않다고 한다. 그 산출 계절은 4~5월경에 끝나고 1년간 산액은 약 80,000원 내외에 달한다. 조선 남부 지방에서 중요한 수산물의 하나라고 일컬어진다.

우뭇가사리 てんぐさ 石花菜 牛毛加士里

조선에서 생산되는 우뭇가사리는 우뭇가사리[マクサ][114], 히라쿠사[ヒラクサ][115] 두 종류로, 우뭇가사리가 주로 생산된다. 함경·강원·경상·전라 각도 연안에 분포하고, 그 주산지로 현재 알려진 곳은 함경도의 영흥만 내외, 강원도의 치궁만(致弓灣), 경상도의 울산만·부산 근해·거제도·안도, 전라도의 진도·소안도·제주도이다.

종래 남부에서 조선인 부녀자가 잠수해서 채수할 뿐이었는데, 근년 일본인이 채수에 종사하는 자가 갑자기 증가했다. 특히 영흥만·치궁만과 같은 곳은 과거부터 아직 채수에 종사하는 자가 없었는데, 작년에 이르러 비로소 많이 생산되는 곳임을 발견하였다.

---

114) 학명은 *Gelidium elegans*이다.
115) 학명은 *Ptilophora subcostata*이다.

그것은 수심 2~3길에서 9~10길에 이르는 암초 일대에 많이 번성해서, 잠수부 한 사람이 하루 능히 60관문(貫匁) 이상을 채수하는 것은 쉬운 일이라고 한다. 이들 일본인은 미에 · 나가사키 · 야마구치 · 오이타 등의 여러 현에서 오는 자로, 대개 영업주와 함께 모선(母船)을 타고 와서 우뭇가사리 이외에 홍합 · 전복 · 미역도 채수한다. 채수물은 예약가격으로 전부 영업주가 사들이는 방법을 취한다. 우뭇가사리는 해안가에서 건조하고 원래의 형태 그대로 15~16관(貫)을 넣어 포장해서 고베 · 오사카로 수송한다. 조선인이 채수한 것은 모두 일본인에게 매각한다. 조선인이 그것을 채수하는 데 이른 것은 일본인이 매수하기 때문이다. 채수기는 5~6월부터 10월경 사이이다. 최근 1년 조선인이 채수한 것이 약 20,000원, 일본인이 채수한 것이 약 40,000원, 합계 60,000원 내외이다.

다시마 こんぶ 混布 海帶 昆布

조선에서 생산되는 다시마는 긴다시마[浜中昆布, ナガコンブ][116]의 일종으로 함경남도 서호진(西湖津) 이북 연안 일대에서 생산된다. 북쪽으로 갈수록 분포가 점차 많아지며, 그중에서도 성진(城津)의 동북쪽 무수단(舞水端) 이북 어대진(魚大津)에 이르는 연안 · 청진(青津)의 동북쪽 소서수라(小西水羅) 근해, 두만강구 우안(右岸) 서수라(西水羅) 근해가 가장 많다고 한다. 무수단(舞水端) 부근에서 생산되는 것은 조체(藻體)가 가늘고 작아서 폭 2촌 내외, 길이 2~3척에 미치지 못하지만, 이곳보다 북쪽으로 가면 점차 크고 긴 것이 생산되는데, 폭 3~4촌, 길이 5척 내외에 달하는 것도 있다. 대부분 수심 2~3길의 연안 암초에 족생(簇生)하는데 종래에는 오로지 조선인이 채수하였다. 가장 왕성한 곳은 갈마포(葛麻浦)이고 그 다음이 소서수라라고 한다. 갈마포(葛麻浦)는 무수단(舞水端) 곶[岬角]의 남서면에 만입(灣入)된 곳으로, 인가(人家) 20여 호에 불과하지만 매년 수확철이 되면 멀리 강원 · 경상 양도에서 채수업자가 몰려와서 연안에 가건물을 짓고, 왕성하게 채수에 종사한다. 보통 긴 자루의 낫 또는 말개[卷取竿]를 사용하며, 소선(小船) 또는 암초에서 채수한 다시마[昆布]는 솥에 넣어서 잠시 삶은 다

116) 학명은 *Laminaria longissima*이다.

음 모래 위에 펼쳐서 건조한다.

채수기는 여름 6~7월 무렵이며 한창일 때에는 갈마포(葛麻浦)와 같은 경우는 그것을 적재하기 위해 특별히 기선(汽船)이 기항(寄港)하는 것을 관례로 한다. 판로는 조선 내지로, 일단 그것을 원산(元山)에 집적(集積)한 후에 각 지역으로 나누어 수송한다. 1년의 산액은 대략 40,000원 내외에 이른다.

미역 わかめ 若布 甘藿

미역은 함경 · 강원 · 경상 · 전라 각도 연해에서 생산한다. 특히 함경 중부 이북, 강원도 및 경상도 북부에 많은데, 종래 미역이 많이 착생하는 암초는 대개 조선인 전유자가 있어서 함부로 다른 사람의 채수를 허락하지 않는 관행이 있다. 조선인은 자못 이를 즐겨 먹는다. 특히 충청도 지방의 임산부는 산후(産後)에 반드시 이를 먹는 풍습이 있다. 일본인 역시 이를 즐겨 먹으므로 판로가 매우 넓다. 지금 오로지 조선인이 채수하고 있으며, 함경 · 강원 지방 연안에서는 대부분 낫으로 베어 채취하는데 간혹 풍랑 때문에 연안에 표착한 것을 줍기도 한다. 남부 연안에서는 나잠으로 이를 채수한다. 1년 산액이 강원도 연안만으로도 300속(束), 가액(價額) 12,000원이고, 그 이외 연안을 통틀어서 약 50,000원이 되어 합계 62,000원에 달한다.

부록

조선에서 생산되는 것과 그렇지 않은 것에 상관없이 수산물 명칭을 일본 명칭과 대조하면 아래와 같다.

수산물 한일 명칭 대조표[水産物日韓名稱對照表]

일본 명칭		한국 명칭	
いわし	鰮	멸치[1) ミヨルチ	幾魚 鰄魚
いか	烏賊	오징어 ヲチユングオ	烏賊魚
いな	鯆	동어 トンケオ	冬魚
いるか	海豚	돌고래	-
いわな	鯇	곤들매기[2)	-
いかなご	玉筋魚	까나리[3)	-
いだ	-	황어[4)	-
いせゑび	龍蝦	닭새우 カゼ[5)	螯
いわだこ	岩章魚	문어 ムンオ	文魚
いがひ	貽貝	홍합 ホングハブ	紅蛤
はも	鱧	갯장어[6) ブングチヤングオ	-
はぜ	沙魚	망둥이 マングヅンイ	忘魚
はなたれだひ	-	흑도미 ホクトミ	贅道味
はや	鮑	황어[7)	-
はまぐり	蛤	백합 ペクハブ	白蛤
はいがい	伏老	꼬막[8)	-
にしん	鰊	청어 チヨンクオ 비웃 ビウツ	青魚
にべ	鮸	민어 ミンオ	民魚
ぼら	鰡	숭어 スングオ	崇魚 秀魚
ぼをぼう	魴鮄	성대[9)	-
ほたてがい	帆立貝	가리비 カルイビ	-
ほつきがい	北寄貝	사할린 북방 대합[10)	-
ほや	石蜐	멍게[11)	-
とびゑひ	鳶鱝	매가오리 メ—カラリ	-
どじよう	鰌	미꾸라지 ミツクリ	鰌魚
とこぶし	腹魚	오분자기[12)	-
とりがひ	鳥貝	새조개[13)	-

ちぬ	海鯽(黑鯛)	먹도미 モクトミ[14]	黑道味 黑刀味
おつとせい	膃肭獸	해구 ヘーグー	海狗
おこぜ	鰧	쑤기미[15]	-
わに	鰐	상어[16] アクオ	鰐魚
わかさぎ	公魚	빙어[17]	-
わかめ	若布	미역 メヨク	甘藿
かれい	鰈	광어 クワングオ[18] 넙치 ノブチ	廣魚
かつを	鰹	물치 ムルチ[19]	-
がんぎゑひ	-	홍어 ホングオ	鮏魚
かます	魣	꼬치고기[20]	-
かながしを	火魚	달강어 タルチングイ	火魚
かわうそ	水獺	수달 スタル	水獺
かははぎ	鮍魚	쥐치	-
かに	蟹	게 ケエー	蟹
かき	蠣	굴 クル	石花
がざみ	冠蟹	꽃게[21] ケエー	蟹
かひ	貝	조개 チヨグ	蛤
からすがひ	蚌貝	홍합[22]	-
かじめ	搗布	감태[23]	-
たひ	鯛	도미 とーミ	道味 刀味
たら	鱈	대구 テーグオ	大口魚
たちのうを	大刀魚	갈치 カルチ	刀魚 葛治魚
たこ	蛸	낙지[24] ラクチ	絡蹄 小八蛸 大八蛸(文魚)
たいまい	瑇瑁	대모 テーモ	玳瑁
たいらぎ	王珧貝	키조개[25]	-
つのじ	-	상어[26]	-
ねこざめ	猫鮫	함복상어 ハムボクサングア	-
なまず	鯰	메기 ミエギ	-
なまこ	海鼠	해삼 ヘーサム	海蔘
うなぎ	鰻	뱀장어 ベームチヤングオ	長魚
うばざめ	姥鮫	기름상어[27] キルムサングア	-
うに	海膽	성게[28]	-
のこぎりさめ	一	톱상어 トブサングア	-
のり	海苔	김 キーム	海衣
くじら	鯨	고래 コレ	鯨
ぐち	石首魚	조기[29] チヨグウイ	石魚

くろいを	黑魚	자리돔[30]	-
くつそこ	牛舌魚(鞦底魚)	소대[31] ソヲ	-
くらげ	水母	해파리 ヘパリ	-
まながつを	魴	병어 ビヨングオ	瓶魚
ます	鱒	송어 ソングオ	松魚
まてがい	竹蟶	구신맛[32] クシンマツ	蟶
ふか	鱶	상어 サングオ	鯊魚
ぶり	鰤	방어 バングオ	魴魚
ふぐ	河豚	복어 ボク	河豚
ふな	鮒	붕어 ブングオ	鮒魚
ふのり	海蘿	풀가사리 カサリ	加士里
このしろ	鰶(鱅)	전어 チヨンオ	鱣魚
こち	鯒	낭대[33] ナングテ	-
こひ	鯉	잉어 リングオ	鯉魚
こんぶ	昆布	곤포 コンポ 다시마 タシマ	昆布(小) 海帶(大)
ゑひ	鱝	가오리 カオリ	䱵魚
ゑそ	鱠	성대[34]	-
ゑつ	鱎[35]魚(鰰)	도루묵	-
ゑび	鰕	새우 セウ	鰕魚
てんぐさ	石花菜	우뭇가사리 ウモカサリ	牛毛加士里
あなご[36]	海鰻	바다뱀장어[37] タベームチヤングオ	海長魚
あら	鯇	다금바리[38]	-
あじ	鯵	전갱이[39]	-
あこう	赤魚[40]	붉바리	-
あんこう	鮟鱇	아구 アグ	-
あゆ	鮎	은어 ウンクオ	銀口魚 銀魚
あざらし	海豹	바다표범[41]	-
あげまき	蟶	죽합[42] チユクハソ	竹蛤
あわび	鮑	전복 セングボク	生鰒
あじか	海鱸	강치[43]	-
あさり	蜊	참조개[44] チヤムチヨゲ	-
あかにし	紅螺(赤辛螺)	소라고동 ソラコトング	-
あらめ	荒布	대황[45]	-
あおのり	青苔	파래 パーレ	-
あおさ	-	갈파래[46]	-
さば	鯖	고등어 コフンダオ	古道魚

さはら	鰆	망어 マンタオ 삼치 サムチ	亡魚 一名 麻魚
さより	鱵	학꽁치 コングチ	工魚 公魚
さけ	鮭	연어 ヨンオ	鰱魚
さかたざめ	-	죽상어[47] チュクサンダア	-
さざゑ	榮螺	참고동[48] チャムコトンダ	-
さだひ	-	고동[49] コツン	-
きすご	鱚	보리멸[50]	-
ぎんぼ	-	비도라지[51] ピトラヂ	-
めんたい	明太魚(北魚)	명태 ミヨングテ 북어 ブクオ	明太魚 北魚
めばる	目張魚	천링어[52] チヨンイングオ	-
みるくい	-	왕우럭조개[53]	-
しび	鮪	참치[54]	-
しゅもくざめ[55]	橦木鮫	귀상어 クイサングア	-
しらうを	白魚	뱅어 ベングオ	白魚
しやこ	鰕姑	갯가재[56] カゼー	螯
しほふき	鹽吹	새조개[57] セチヨゲ	-
しじみ	蜆	재첩	-
ひらめ	鮃	가자미[58] カトヤミ	加魚
ひら	鰣	준치 チユン	俊魚
ひじき	鹿角菜	녹미채[59]	-
もがい	藻貝	새꼬막 コマクチヨグ	-
すずき	鱸	농어 ノングオ	鱸魚
すつぽん	鼈	자라 チヤラ	鼈
すなめり	滑魚	상괭이[60]	-

1) 일본에서 'いわし(鰮)'는 정어리, 멸치 등을 총칭하는 용어인데, 이곳에서는 멸치라고 하였으므로 본문 번역에 따랐다.

2) 원문에서는 미상이라고 되어 있으나, 학명은 *Salvelinus leucomaenis*로 학계에서는 홍송어라고 하며 보통 곤들매기라고 하는데 남한에서는 멸종된 어종이다. 다만 정확히 곤들매기를 가리키는 것인지 산천어 등과 같은 여러 가지 아종을 총칭하는 것인지 분명하지 않다.

3) 원문에서는 미상이라고 되어 있으나, 학명은 *Ammodytes personatus*이고 까나리를 뜻한다.

4) 원문에서는 미상이라고 되어 있으나, 학명은 *Tribolodon Hakonensis*로 황어를 뜻한다. 다만 '이다'는 德島縣에서 쓰는 방언이고, 이를 東京에서는 'はや', 일반적으로는 'うぐい'라고 부른다.

5) 원문은 가재라고 되어 있으나 닭새우를 말한다.

6) 원문에는 붕장어로 되어 있으나 'はも'를 붕장어로 번역한 것은 잘못으로 생각된다. 현재 우리나라에서 '하모'는 갯장어를 말하며, 주산지인 여수 지역에서는 이를 참장어라고 부른다. 갯장어는 양턱이 크고 날카로운 이빨과 큰 송곳니를 가지고 있어서 바다의 갱이라고도 불리나 외모와는 달리 얌전한 물고기라고 한다. 붕장어는 커 봐야 1m 정도인데 갯장어는 2m 정도까지 자란다. 등은 회갈색

학명은 Conger myriaste, 영어로는 Congereel이라고 한다. 붕장어 혹은 바닷장어라고 불린다. 측면에 난 흰색의 감각공으로 쉽게 다른 장어와 구별할 수 있다.

학명은 Gymnothorax kidako. 일본에 海鰻(우미우나기) 또는 우쯔보라고 한다. 이는 곰치로 '아나고'를 海鰻이라고 한 것은 잘못이다.

이고 배는 흰색이다.

7) 원문에서는 미상이라고 되어 있으나, 학명은 *Tribolodon Hakonensis*으로 황어를 말한다.

8) 원문에서는 미상이라고 되어 있으나, 학명은 *Anadara granosa*이며 灰貝 즉 꼬막을 말한다.

9) 원문에서는 미상이라고 되어 있으나, 학명은 *Chelidonichthys spinosus*이며, 성대를 말한다.

10) 원문에서는 미상이라고 되어 있으나, 학명은 *Pseudocardium sachalinense* 이며, 사할린 북방대합, 일본에서는 보통 ウバガイ라고 한다.

11) 원문에서는 미상이라고 되어 있으나, 멍게를 말한다.

12) 원문에서는 미상이라고 되어 있으나, 학명은 *Sulculus diversicolor supertexta*로 전복과에 속하는 오분자기를 말한다.

13) 원문에서는 미상이라고 되어 있으나, 새조개이다. 학명은 *Fulvia mutica*이다.

14) 감성돔이라고도 한다.

15) 원문에서는 미상이라고 되어 있으나, 쑤기미(*Lnimicus japonicus*)이다. 한자는 魚+天+鬼로 되어 있으나, 보통은 鰧으로 쓴다.

16) 원문에는 악어라고 되어 있으나 이는 さめ(상어)를 뜻한다. 일본에서는 鰐이라는 한자는 악어와 상어를 같이 의미한다.

17) 원문에서는 미상이라고 되어 있으나, 빙어를 뜻한다. 학명은 *Hypomesus nipponensis*이다. 이 고기는 일본에서 ししゃも라고 부르는 물고기와 혼동하기 쉬운데, ししゃも는 학명이 *Hypomesus japonicus*로서 바다에서만 서식하고, 빙어는 기수역에서도 서식한다.

18) 가자미라고 하는 것이 옳다. 이 대조표에서만 가자미와 광어가 바뀌어 있다. 이 책의 다른 부분에서는 鰈은 가자미, 鮃은 넙치라고 하였다.

19) 물치(다래)의 학명은 *Auxis thazard*이며, 일본어로 ヒラソウダ라고 한다. 'かつを'의 학명은 *Katsuwonus pelamis*이다.

20) 학명은 *Sphyraena pinguis*이며 魳로 쓰기도 한다.

21) 학명은 *Portunus trituberculatus*로 꽃게를 말한다.

22) 학명은 *Mytilus coruscus*로 홍합을 말한다. 일본에서는 烏貝, '이가이'라고도 한다.

23) 원문에서는 미상이라고 되어 있으나, 감태를 말한다. 학명은 *Ecklonia cava*이다.

24) 일본에서 'タコ(蛸)'는 문어 · 낙지 등을 총칭하는 용어인데, 이곳에서는 낙지라고 하였으므로 본문 번역에 따랐다.

25) 원문에서는 미상이라고 되어 있으나, 키조개를 말한다. 학명은 *Atrina(Servatrina) pectinata*이다.

26) 원문에서는 미상이라고 되어 있으나, 丹後地域에서 사용하는 상어의 방언이다.

27) 돔발상어과의 곱상어를 기름상어라고도 한다.

28) 원문은 미상으로 되어 있으나, 성게를 말한다.

29) 원문은 ぐち로 되어 있다. 원래는 조기 · 부구치 · 수조기 · 흑조기 등을 총칭하는 용어이다. 그러나 『한국수산지』에서는 조기(きぐち)를 나타내는 말로 쓰고 있다.

30) 자리돔에 대한 사투리로 보인다. 보통은 스즈메다이(すずめだい)라고 한다. 벤자리를 뜻하기도 한다.

31) 그밖에도 ウシノシタカレイ 또는 シタヒラメ라고도 한다.

32) 맛조개를 말한다. 학명은 *Solen strictus*이다

33) 양태의 사투리이다. 학명은 *Platycephalus indicus*이다.

34) 사백어를 말한다. 학명은 *Leucopsarion petersi*이다. 일본에서는 素魚라고도 한다.

35) 鱎는 갈치 혹은 사백어 · 뱅어 등을 가리키는 글자다. 한편 鰰은 도루묵(*Arctoscopus japonicus*)을 가리킨다.

36) 일본의 경우 'あなご(穴子)'는 이를 지칭하는 한자가 없었다. 이는 'あなご'가 18세기 초기까지 일본에서 별로 잡히지 않았기 때문으로 보인다. 『和漢三才圖會』(1712)에 처음으로 'あなご'가 기록되었고, 『料理無言抄』(1726)에 앞의 책을 근거로 한 기록이 보인다. 따라서 이 물고기를 지칭하는 한자가 없었고 한자로 표기할 때는 '穴子' 혹은 '海鰻'으로 표기한 것으로 보인다. 따라서 이 책에서는 海鰻을 'あなご'로 보고 붕장어로 번역하고, 鱧은 'はも'로 간주하였다. 그렇지만 한편으로는 '하모'라는 음이 '海鰻'에 대한 唐音이라는 설이 있어서 여전히 의문이 남는다.

37) 'あなご(穴子)'는 현재 우리나라에서 붕장어라고 불린다. 따라서 'あなご'를 '바다뱀장어'라고 한 것은 민물장어인 뱀장어에 대한 용어로 생각된다. 한편으로 海鰻이라는 용어는 'うみうなぎ' 또는 'うつぼ'라는 다른 종류의 물고기에 대한 용어로도 쓰이므로 혼동의 여지가 있다.

38) 학명은 *Niphon spinosus Cuvier*로, 다금바리를 말한다. 부산에서는 펄농어라고 한다. 제주도 남방 해역에서 남쪽으로 연결된 대륙붕 가장자리에 많이 서식한다.

39) 전갱이를 말한다.

40) 赤魚라고 불리는 고기에는 두 종류가 있다. 일본에서는 *Sebastes matsubarae* 즉 볼락(속칭 메발)을 あこうだい라고 하며 이를 줄여서 'あこう' '赤魚'라고 부른다. 한편 あこう는 *Epinephelus akaara* 즉 농어과의 '붉바리'를 뜻하기도 한다. 그리고 메바루 즉 볼락의 항목이 있으므로 여기서는 붉바리로 옮겼다.

41) 바다표범을 말한다.

42) 죽합은 '붉은 맛'이라고 하고 일본어의 あげまき는 *Sinonovacula constricta*로 가리맛조개를 가리킨다.

43) 강치를 말한다.

44) 학명은 *Ruditapes philippinarum*이며, 우리말로 바지락에 해당된다. 그런데 참조개는 백합의 이칭이다.

45) 大荒을 말한다. 갈조류의 해조로 한국과 일본에 주로 분포한다. 학명은 *Eisenia bicyclis*이다.

46) 미상으로 되어 있으나 갈파래를 뜻하며, 학명은 *Ulva lactuca*이다.

47) 학명은 *Rhinobatos schlegelii*이고 가래상어라고 한다. 죽상어는 까치상어라고도 하며 ドチザメ라고 하여 다른 종류다.

48) 흔히 소라라고 한다.

49) さだひ라는 이름의 卷貝類를 확인할 수 없다.

50) 보리멸을 말한다. 학명은 *Sillago sihama*이다.

51) 현재는 배도라치라고 한다.

52) 현재 볼락 혹은 천정어라고 한다.

53) 왕우럭조개 혹은 우럭조개로 학명은 *Tresus keenae*이다.

54) 참치를 말한다.

55) 원문은 しもくざめ로 되어 있으나 しゅもくざめ의 오기이다.

56) 원문은 가재라고 되어 있으나 '갯가재'이다. 쏙과 비슷하지만 일본어로 あなじゃこ이다.

57) 학명은 *Corbicula fluminea*이며, 동죽 또는 바지락 개량조개라고도 한다, 새조개와는 다른 것이다.

58) 鮃을 '가자미'라고 한 것은 본문의 오류인 것 같다. 『한국수산지』의 다른 부분에서는 鮃을 '히라메' 즉 광어라고 하였는데, 여기에서만 鮃을 가자미라고 하였다. 본문대로 표기하였다.

59) 녹미채 또는 톳을 가리킨다.

60) 쇠돌고래라고도 학명은 *Neophocaena phocaenoides*이다.

부경대학교 인문한국플러스사업단 해역인문학 아카이브자료총서 01

한국수산지韓國水産誌 Ⅰ-1

초판 1쇄 발행 2023년 10월 31일

지은이 (대한제국) 농상공부 수산국
옮긴이 이근우(대표번역), 서경순
펴낸이 강수걸
편 집 강나래 신지은 오해은 이소영 이선화 이혜정 김소원
디자인 권문경 조은비
펴낸곳 산지니
등 록 2005년 2월 7일 제333-3370000251002005000001호
주 소 48058 부산광역시 해운대구 수영강변대로 140 부산문화콘텐츠콤플렉스 626호
홈페이지 www.sanzinibook.com
전자우편 sanzini@sanzinibook.com
블로그 http://sanzinibook.tistory.com

ISBN 979-11-6861-208-2(94980)
979-11-6861-207-5(세트)

* 책값은 뒤표지에 있습니다.
* Printed in Korea